国家级职业教育规划教材

人力资源和社会保障部职业能力建设司推荐

高等职业技术院校焊接技术及自动化专业任务驱动型教材

金属材料焊接

JINSHU CAILIAO HANJIE

葛国政　主编

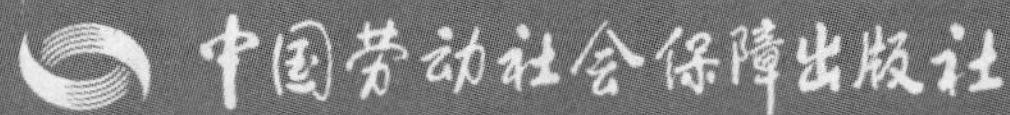

中国劳动社会保障出版社

图书在版编目(CIP)数据

金属材料焊接/葛国政主编. —北京：中国劳动社会保障出版社，2011
高等职业技术院校焊接技术及自动化专业任务驱动型教材
ISBN 978-7-5045-8925-5

Ⅰ. ①金… Ⅱ. ①葛… Ⅲ. ①金属材料-焊接-高等职业教育-教材 Ⅳ. ①TG457. 1

中国版本图书馆 CIP 数据核字(2011)第 035816 号

中国劳动社会保障出版社出版发行
(北京市惠新东街 1 号 邮政编码：100029)
出 版 人：张梦欣

*

三河市华骏印务包装有限公司印刷装订 新华书店经销
787 毫米×1092 毫米 16 开本 13.75 印张 315 千字
2011 年 4 月第 1 版 2022 年 5 月第 5 次印刷
定价：25.00 元

读者服务部电话：(010) 64929211/84209101/64921644
营销中心电话：(010) 64962347
出版社网址：http: // www.class.com.cn
http: // jg.class.com.cn

前言

为了更好地满足企业对焊接技术及自动化专业高技能人才的需求，全面提升教学质量，人力资源和社会保障部教材办公室组织全国有关院校的一线教学专家、企业技术专家，在充分调研企业生产实际和学校教学实际的基础上，精心编写了高等职业技术院校焊接技术及自动化专业教材，包括《金属熔焊基础》《冷作技术》《焊条电弧焊技术》《埋弧焊技术》《气体保护焊技术》《金属材料焊接》《焊接结构生产》和《焊接检测技术》。

本套教材紧紧围绕焊接工艺制定、焊接操作、焊接施工管理、焊接质量控制和检测等岗位的要求，参照《国家职业技能标准·焊工》设计内容，并确定以培养焊接工程现场操作能力、典型结构件焊接工艺制定能力、焊接质量检测与控制能力、焊接工程施工组织管理能力为主要教学目标。

焊接工程现场操作能力：主要通过《冷作技术》《焊条电弧焊技术》《埋弧焊技术》《气体保护焊技术》的教学，使学生能熟练进行一般性焊接工程的施工，能完成焊接材料选择、划线、号料、下料、装配、焊接等工作，熟悉相关设备。

典型结构件焊接工艺制定能力：主要通过《金属熔焊基础》《金属材料焊接》《焊接结构生产》的教学，使学生能熟练编制简单容器结构、桁架结构、格架结构、梁柱结构等常见中小型结构的焊接工艺，能读懂典型焊接结构的设计资料并对其合理性做出判断。

焊接质量检测与控制能力：主要通过《焊接检测技术》的教学，使学生能较熟练运用有关检测设备和方法并依据检测标准进行焊接质量检测。

焊接工程施工组织管理能力：主要通过《焊接结构生产》的教学，使学生能熟练进行焊接工程的现场组织与管理等工作。

在教材内容的组织上，采用任务驱动的编写思路。在教材的每一单元，首先提出具体的学习任务，使学生明确目标，产生学习的积极性；然后结合具体实例，讲解完成任务所需要的相关知识，使学生认识由感性上升到理性；在任务实施环节，详细介绍完成任务的步骤和注意事项，使学生能够顺利完成任务，增强学生的成就感。

在本套教材编写过程中，我们得到了有关省市人力资源和社会保障部门、高等职业技术院校和相关企业的大力支持，教材的编审人员做了大量的工作，在此表示衷心感谢！同时，恳切希望广大读者对教材提出宝贵的意见和建议。

人力资源和社会保障部教材办公室

2011年3月

简　介

本书由人力资源和社会保障部教材办公室组织编写，人力资源和社会保障部职业能力建设司推荐使用。教材内容由金属焊接性及其试验方法、非合金钢（碳素钢）的焊接、合金结构钢的焊接、不锈钢的焊接、耐热钢的焊接、铸铁的焊接、非铁金属材料的焊接、异种金属材料的焊接、新材料的焊接等模块组成，每个模块下有若干教学任务，每个教学任务按任务提出、任务分析、相关知识、任务实施、任务评价、思考与练习等环节展开。

本书为高等职业技术院校焊接技术及自动化专业教材，也可作为成人高校、本科院校举办的二级职业技术学院和民办高校的相关专业教材，或作为自学用书。

本书由天津机电职业技术学院葛国政、张维津，天津石油职业技术学院刘军帅，天津城市建设管理职业技术学院赵敏，大庆职业技术学院李文聪，广东省高级技工学校罗茗华，天津百利机电控股集团有限公司郭建辉编写。葛国政担任主编并统稿，张维津担任副主编，天津中德职业技术学院付书林、辽宁冶金技师学院王长忠主审。

目　录

模块一 金属材料的焊接性及试验方法

在新材料的研制开发、新工艺的科学研究以及新型焊接结构产品的投产准备等工作中，都应当进行相关的焊接性分析和试验，也就是应当对具体焊接工艺条件下金属材料的焊接性进行试验及评定，以确保获得优质的焊接质量以及满足焊接结构产品的使用条件和技术要求。焊接性研究的基本方法是先分析后试验，即在焊接性理论分析的基础上再做必要的焊接性试验。焊接性分析可以避免试验的盲目性，焊接性试验可以验证理论分析的结果。总之，焊接性的分析与试验是焊接性研究中的两个重要方面。

任务1 金属材料焊接性理论评估

技能点

◎ 能够对金属材料的焊接性进行分析。

知识点

◎ 金属材料的焊接性及其影响因素、分析金属材料焊接性的方法。

任务提出

金属材料经过焊接加工，形成焊接接头而实现材料的连接。在具体的焊接条件下，有的金属容易焊接，有的就难以焊接。焊接后焊接接头质量有优良和低劣之分，能否满足产品在气密性、耐蚀性、耐磨性等方面的使用性能要求，都可以反映出金属材料的焊接性。所以，焊接性是金属材料的重要性能指标之一。

某低合金结构钢化学成分的质量分数为 w（C）＝0.2%、w（Mn）＝0.85%、w（Cr）＝0.09%、w（Mo）＝0.11%、w（V）＝0.015%、w（Ni）＝0.07%、w（Cu）＝

0.065%，试求该低合金结构钢的碳当量并对其焊接性进行评估。

任务分析

影响钢材焊接性的主要因素是其化学成分，在各种元素中，碳元素对钢材焊接性的影响最明显，其他元素的影响程度可先折合成碳的含量，然后用碳当量来估算被焊钢材的焊接性。另外，硫和磷对钢材焊接性的影响也很大，因此各种钢材对硫、磷的含量都必须严格限制。

相关知识

一、金属材料焊接性的概念

金属材料焊接性是指金属材料对焊接加工的适应能力。它主要是指金属材料在一定的焊接工艺条件（包括焊接方法、焊接材料、焊接参数、结构形式等）下，焊接成符合设计要求、满足使用要求的构件的难易程度。通常将焊接性分为工艺焊接性和使用焊接性两类。

1. 工艺焊接性

工艺焊接性是指在一定焊接工艺条件下，材料能否获得优质、无缺陷焊接接头的能力。就熔焊而言，根据其焊接热过程的特点，又有热焊接性和冶金焊接性之分。所谓热焊接性，是指焊接热过程对热影响区组织性能及产生缺陷的影响程度，用以评定材料对焊接热过程的敏感性（晶粒长大倾向及组织性能变化）。热焊接性与材料性质及焊接工艺条件相关。冶金焊接性是指冶金反应对焊缝性能和产生缺陷的影响程度，包括合金元素的氧化、还原、蒸发，焊接区气体的溶解和析出，以及对气孔、夹杂、裂纹等缺陷的敏感性。冶金焊接性直接影响焊缝的化学成分及其组织。

2. 使用焊接性

使用焊接性是指在给定的焊接工艺条件下，焊接接头或整体结构满足使用要求的能力。其中包括焊接接头的常规力学性能、低温韧性、高温蠕变、疲劳强度，以及耐热、耐蚀、耐磨等特殊性能。

二、金属材料焊接性的影响因素

金属材料的焊接性除了受材料本身性能影响外，还受到制造工艺条件、结构设计条件及使用条件等因素影响。

1. 材料因素

材料因素是指焊接时直接参与物理化学反应和发生组织变化的所有材料，包括母材本身和使用的焊接材料。如焊条电弧焊用的焊条、埋弧焊用的焊丝和焊剂、气体保护焊用的焊丝和保护气体等，它们在焊接时都直接参与熔池及半熔化区的冶金过程，直接影响焊接质量。正确选用母材和焊接材料是保证焊接性良好的重要基础，必须十分重视。

2. 工艺因素

对于同一母材，当采用不同的焊接方法和工艺措施时，会表现出不同的焊接性。如钛合金对氧、氮、氢极为敏感，用气焊和焊条电弧焊不可能焊好，而用氩弧焊或真空电子束焊时因能防止氧、氮、氢的侵入，故容易焊接。

焊接方法对焊接性的影响主要来自两个方面：一是热源的特点（功率密度、加热方式、热源参数及极性），它可以直接影响焊接热循环的主要参数，从而影响焊接接头的组织与性能；二是不同的保护方式（如熔渣保护、气体保护、气渣联合保护或真空保护），它会影响焊接冶金过程，从而对焊接接头的质量和性能产生重要影响。

工艺措施对防止焊接接头缺陷的产生、提高使用性能也有重要的影响。最常见的工艺措施是焊前预热、焊后缓冷和消氢处理，它们对防止热影响区淬硬变质、减小焊接应力、避免氢致冷裂纹等是比较有效的措施。

3. 结构因素

结构因素主要是指结构设计形式和焊接接头形式。它主要通过影响应力的分布状态进而影响焊接性，例如，结构形状、尺寸、板厚、接头形式、坡口形式、焊缝布置及截面形状等都是影响焊接性的结构因素。在结构设计时应使焊接接头处的应力处于较小状态，焊接时能够自由收缩，避免接头处产生缺口、截面突变、余高过大、交叉焊缝等，这样有利于减小应力集中，防止产生焊接裂纹。

4. 使用条件

焊接结构的使用条件是多种多样的，例如，有的在高温或低温下工作，有的在静载或动载条件下工作，有的则在腐蚀介质中工作等。在高温下工作时，有可能发生蠕变；在低温或冲击载荷下工作时，会发生脆性破坏；在腐蚀介质中工作时，焊接接头要求具有耐腐蚀性。总之，使用条件越不利，焊接性就越不容易得到保证。

综上所述，金属的焊接性与材料、工艺、结构、使用条件等密切相关，所以不能脱离这些因素而单纯从材料本身的性能来评价焊接性。因此，很难找到一项技术指标可以概括金属材料的焊接性，只能通过多方面的研究对其进行综合评定。

三、金属焊接性的评定

焊接性评定分间接评定和直接评定两种，间接评定是通过材料的化学成分进行估计，有时也将材料厚度与结构刚度、冷却速度、扩散氢含量等因素考虑在内；直接评定就是通过试验方法确定焊缝金属的抗热裂纹能力、焊缝及热影响区金属的抗冷裂纹能力和抗再热裂纹能力、焊接接头的抗脆性转变能力，以及针对焊接接头的使用性能所做的各种试验（如力学性能试验、耐磨损试验、耐高温与低温试验、各种抗腐蚀能力试验、导电性和导磁性试验等）。有时为了某一特定结构的要求还要追加其他试验项目，如焊接接头的抗层状撕裂试验、核能容器焊接接头的防中子辐射试验、真空设备焊接接头的真空度试验等。

1. 间接评定

它是通过分析金属的化学成分、物理性能、相图特点、连续冷却转变图（CCT 图）或模拟焊接热影响区的连续冷却转变图（SHCCT 图）等，在一定程度上来评定金属焊接性的方法。

（1）利用金属的化学成分分析

1）碳当量法。钢材的化学成分对焊接热影响区的淬硬及冷裂倾向有直接影响，因此可以用化学成分来分析其冷裂纹敏感性。各种元素中，碳对冷裂纹敏感性的影响最显著。因而，人们就将各种元素都按相当于若干含碳量折合并叠加起来求得碳当量。所谓“碳当量”，就是把钢中包括碳在内的合金元素对淬硬、冷裂及脆化等的影响折合成碳的相当含量。碳当量法是一种粗略评价冷裂纹敏感性的方法。国际焊接学会推荐的碳钢和低合金高强度钢碳当量计算公式为

$$CE(\%) = C + Mn/6 + (Cr + Mo + V)/5 + (Ni + Cu)/15 \qquad (1—1—1)$$

式中的化学元素符号表示该元素在钢材中的质量分数。

碳当量 CE 值越高，钢材的淬硬倾向越大，冷裂纹敏感性也越大，焊接性越差。经验表明，当 $CE<0.4\%$ 时，钢材的淬硬倾向和冷裂纹敏感性不大，焊接性良好，焊接时一般可不采取预热等工艺措施；当 $CE=0.4\%\sim0.6\%$ 时，钢材的淬硬倾向和冷裂纹敏感性增大，焊接性较差，焊接时需要采取预热、控制焊接参数、焊后缓冷等工艺措施，以防止产生冷裂纹；当 $CE>0.6\%$ 时，钢材的淬硬倾向大，容易产生冷裂纹，焊接性差，焊接时需要采用较高的预热温度和采取其他严格的工艺措施以及焊后热处理等，才能保证焊接质量。

由于碳当量计算公式是在某种试验情况下得到的，对钢材的适用范围有一定限制。它只考虑了化学成分对焊接性的影响，没有考虑冷却速度、扩散氢含量和结构刚度等重要因素对焊接性的影响，故利用碳当量法只能在一定范围内粗略地评估焊接性。

2）焊接冷裂纹敏感指数法。焊接冷裂纹敏感指数（Pc）不仅考虑了母材的化学成分，又考虑了熔敷金属含氢量与拘束条件（板厚）的作用，对焊接冷裂纹敏感性的间接评定比碳当量法更加客观准确。例如，斜 Y 形坡口焊接裂纹试验的冷裂纹敏感指数公式为

$$Pc(\%) = C + Si/30 + (Mn + Cu + Cr)/20 + Ni/60 + Mo/15 + V/10 + 5B + \delta/600 + [H]/60 \qquad (1—1—2)$$

式中 δ——板厚，mm；

[H]——焊缝中扩散氢含量，mL/100 g。

式（1—1—2）适用于低碳且含多种微量合金元素的低合金高强度钢。适用条件：$w(C)=0.07\%\sim0.22\%$、$w(Si)\leqslant0.60\%$、$w(Mn)=0.4\%\sim1.40\%$、$w(Cu)\leqslant0.50\%$、$w(Ni)\leqslant1.20\%$、$w(Cr)\leqslant1.20\%$、$w(Mo)\leqslant0.7\%$、$w(V)\leqslant0.12\%$、$w(Nb)\leqslant0.04\%$、$w(Ti)\leqslant0.05\%$、$w(B)\leqslant0.005\%$、$\delta=19\sim50$ mm、$[H]=1.0\sim5.0$ mL/100 g（按 GB/T 3965—1995《熔敷金属中扩散氢测定法》测定）。

根据 Pc 值可以通过经验公式求出斜 Y 形坡口焊接裂纹试验条件下，为了防止冷裂纹需要的最低预热温度 T_0（℃）为

$$T_0 = 1\,440Pc - 392 \qquad (1—1—3)$$

（2）利用金属材料的物理性能分析。金属的熔点、热导率、线膨胀系数、比热容以及密度等物理性能指标，对焊接热循环、化学冶金反应以及凝固相变等过程都有明显的影响，根据金属材料物理性能的特点，可以预测出在焊接过程中出现的问题，并设法加以预防及解决。如在焊接热导率大的材料时，由于其散热快，焊接凝固过程中很容易产生气孔、未熔合等缺陷；而一些热导率小的材料（如钛、不锈钢），则由于高温停留时间延长会导致晶粒粗化。此外，焊接线膨胀系数大的材料（如不锈钢），焊接接头的应力变形必然严重；焊接密度小的材料（如铝及其合金），则容易在焊缝中形成气孔或夹杂物。

（3）利用金属材料的化学性能分析。化学性能比较活泼的金属（如铝、钛及其合金），在焊接过程中极易被氧化。有些金属对氧、氢、氮等气体较敏感，在进行焊接时，需要采用

较可靠的保护方法（如惰性气体保护焊或在真空中焊接），有时焊缝背面也需要采取保护措施，以防止氧、氢、氮等对焊缝及热影响区的污染。

（4）利用合金相图分析。大多数被焊材料都是合金，或至少含有某些杂质元素，因而可以利用其相图分析焊接性问题。例如，对于共晶型相图来说，其固、液相线之间温度区间的大小，会影响结晶时的成分偏析，影响生成低熔点共晶体的程度，也影响脆性温度区间的大小，这是分析热裂倾向的重要参考依据。另外，若结晶凝固时形成单向组织，则焊缝晶粒易于粗大，也是形成热裂纹的重要影响因素。

（5）利用 CCT 图或 SHCCT 图分析。对于各类低合金钢，可以利用其各自的连续冷却曲线（CCT 图）或模拟焊接热影响区的连续冷却曲线图（SHCCT 图）分析其焊接性问题。这些曲线可以大体上说明在不同焊接热循环条件下将获得哪种金相组织和硬度，可以估计有无冷裂危险，以便确定适当的焊接工艺条件。

上面列出的几个焊接性分析的主要依据只作为分析焊接性时的参考，而不能作为准确的评价指标，只有通过焊接性试验才能得到准确的结果。

2. 直接评定

直接评定法是通过试验结果进行评定，虽然比间接评定法复杂，但准确性要高得多。因此，一般程序都是先以间接评定法对材料的焊接性进行估计，然后再根据估计得出的焊接性，设计出可行的焊接工艺方案，并以直接评定法进行焊接性试验，以确认所制定焊接工艺方案的正确性。常用的焊接性试验方法包括斜 Y 形坡口焊接裂纹试验方法、T 形接头焊接裂纹试验方法、焊接热影响区最高硬度试验方法、焊缝和焊接接头常规力学性能试验方法等。

任务实施

一、碳当量的计算

由钢材的碳当量计算公式（1—1—1）得

$$CE(\%) = C + Mn/6 + (Cr + Mo + V)/5 + (Ni + Cu)/15$$

$$= 0.2\% + 0.85\%/6 + (0.09\% + 0.11\% + 0.015\%)/5 + (0.07\% + 0.065\%)/15$$

$$= 0.394\%$$

二、焊接性的评估

经验表明，当碳当量 $CE < 0.4\%$ 时，钢材塑性良好，淬硬倾向不明显，焊接性良好。在一般的焊接工艺条件下，焊件不会产生裂缝，但对厚大工件或低温下焊接时应考虑预热。

此钢材的碳当量 $CE = 0.394\%$（$< 0.4\%$），故焊接性良好。

三、评估可靠性分析

利用碳当量法估算钢材焊接性是粗略的，因为钢材焊接性还受结构刚度、焊后应力条件、环境温度等影响。例如，当钢板厚度增加时，结构刚度增大，焊后残余应力也较大，焊缝中心部位将出现三向拉应力，这时实际允许的碳当量值将降低。因此，在实际工作中确定材料焊接性时，除初步估算外，还应根据情况进行焊接裂纹试验及焊接接头使用焊接性试验，为制定合理焊接工艺方案提供依据。

任务评价

金属材料焊接性理论评估的评分标准见表1—1—1。

表1—1—1　　金属材料焊接性理论评估的评分标准

序号	考核内容	评分标准	配分	得分
1	金属材料焊接性	焊接性的定义10分，焊接性的分类10分	20	
2	焊接性的影响因素	四个影响因素各占5分	20	
3	焊接性的评定	间接评定部分20分，直接评定部分10分	30	
4	碳当量的计算	正确列出碳当量公式10分，计算5分	15	
5	冷裂纹敏感指数（*Pc*）的计算	正确列出冷裂纹敏感指数公式10分，计算5分	15	
总分合计			100	

思考与练习

1. 什么是金属材料的焊接性？
2. 影响金属材料焊接性的因素有哪些？
3. 如何评定金属材料的焊接性？

任务2　金属材料焊接性试验评估

技能点

◎ 掌握金属材料焊接性试验的常用方法。

知识点

◎ 金属材料焊接性试验的内容、方法和种类。

任务提出

金属材料焊接性试验即评定母材焊接性的试验。通过焊接性试验可以评定某种金属材料焊接性的优劣，可对不同材料的焊接性进行比较，为选择焊接方法、焊接材料和确定焊接参数提供可靠依据。

为了评定金属材料在焊接加工时对缺陷的敏感性和焊接接头能否满足结构的使用性能等要求，相应的金属材料焊接性试验的方法很多。因抗裂性能是衡量金属材料焊接性的主要标志，所以在实际生产中常用金属材料的焊接裂纹试验来评定其焊接性。

斜Y形坡口焊接裂纹试验又称“小铁研”试验，主要用于碳钢和低合金高强度钢焊接热影响区对冷裂纹敏感性的评定，是最常用的抗裂性试验之一，具有试件易于加工、操作简单、试验结果可靠等优点。Q235钢是最常见的低碳钢，试对其进行斜Y形坡口焊接裂纹试验，请根据试验结果评价其焊接性。

任务分析

斜Y形坡口焊接裂纹试验属于自拘束裂纹试验，要求严格遵守《焊接性试验——斜Y形坡口焊接裂纹试验法》的规定进行操作，包括试件制备、焊接、裂纹的检测和计算等。该试验是一种苛刻的抗裂性试验，可根据试验中冷裂纹的产生情况来对试件的焊接性进行评定。由于其拘束度大，因此只要试验焊缝表面裂纹率小于20%，实际构件焊接生产时就不会产生冷裂纹（不包括定位焊、短段焊和补焊）。

相关知识

一、金属材料焊接性试验的内容

针对材料的不同性能特点和不同使用要求，焊接性试验内容包括焊缝金属抗热裂纹的能力、焊缝及热影响区金属抗冷裂纹的能力、焊接接头抗脆性转变的能力、焊接接头的使用性能。

1. 焊缝金属抗热裂纹的能力

热裂纹是熔池金属结晶过程中，由于一些有害元素的存在，在结晶末期形成低熔点共晶组织并受到热应力的作用而产生的。热裂纹的产生不仅和母材有关，而且与焊接材料的选择和使用有关。热裂纹是一种较常发生且危害严重的焊接缺陷，所以测定焊缝金属抗热裂纹的能力是焊接性试验的一项重要内容。

2. 焊缝及热影响区金属抗冷裂纹的能力

焊缝及热影响区金属在焊接热循环作用下，由于组织及性能变化，加上焊接应力和扩散氢的影响，可能产生冷裂纹。冷裂纹在低合金高强度钢焊接中是较为常见的缺陷，而且也是一种危害严重的缺陷，因此焊缝及热影响区冷裂纹敏感性试验是焊接性试验中最常用到的，也是很重要的一项试验内容。

3. 焊接接头抗脆性转变的能力

在低温条件下工作的焊接结构和承受冲击载荷的焊接结构，可能经过焊接的冶金反应、结晶、固态相变等一系列过程，其焊接接头会发生粗晶脆化、组织脆化、热应变时效脆化等现象，使接头韧性严重下降，即焊接接头发生脆性转变。因此，对这类焊接结构用材料，需要做抗脆断能力（或抗脆性转变能力）的试验。

4. 焊接接头的使用性能

根据焊接结构的使用条件对焊接性提出的性能要求来确定试验内容，使用要求是多方面的，例如在腐蚀介质中工作的焊接结构要求具有耐腐蚀性能，就应做焊接接头的耐晶间腐蚀或耐应力腐蚀能力等试验；厚板结构要求具有抗层状撕裂性能时，就应做 Z 向拉伸或窗口试验，以测定该钢材抗层状撕裂的能力。此外，还有焊接接头的耐磨性、低温冲击韧性、蠕变强度、疲劳强度以及产品技术条件要求的其他特殊性能。

二、金属材料焊接性试验方法的种类

金属材料焊接性试验的方法很多，根据试验内容和特点可以分为工艺焊接性和使用焊接性两大方面的试验，每一方面又可分为直接法和间接法两种类型。

1．直接法

有两种情况：一种情况是模拟实际焊接条件，通过实际焊接过程考察是否产生某种焊接缺陷，或产生缺陷的严重程度，根据结果直接评价材料焊接性（即焊接性对比试验），也可以通过试验确定获得符合要求的焊接接头所需的焊接条件（即工艺适应性试验），这种情况一般用于工艺焊接性试验；另一种情况是直接对实际产品进行焊接性试验。

2．间接法

一般不需要焊接，只需对产品使用的材料做化学成分、金相组织或力学性能的试验分析与测定，根据结果和经验推测材料的焊接性。

金属材料焊接性试验方法的种类见表 1—2—1。

表 1—2—1　　金属材料焊接性试验方法的种类

	工艺焊接性	使用焊接性
直接法	焊接热裂纹试验 焊接冷裂纹试验 消除应力裂纹试验 层状撕裂试验 焊接气孔敏感性试验	实际产品结构运行的服役试验 压力容器的爆破试验
间接法	用碳当量推测焊接性 以裂纹敏感指数及临界应力为判据 连续冷却组织转变图 断口分析及金相组织分析 焊接热影响区最高硬度	焊缝及接头的常规力学性能试验 焊缝及接头的低温脆性试验 焊缝及接头的断裂韧性试验 焊缝及接头的高温性能试验 焊缝及接头疲劳、动载试验 焊缝及接头耐蚀性、耐磨性及应力腐蚀开裂试验

三、金属材料焊接性试验方法

1．斜 Y 形坡口焊接裂纹试验

此试验主要用于评定碳钢和低合金高强度钢焊接热影响区对冷裂纹的敏感性，属于自拘束裂纹试验。其试验要求应遵守《焊接性试验——斜 Y 形坡口焊接裂纹试验法》的规定。

（1）试件制备。试件由被焊钢材采用机械加工方法制造而成，形状及尺寸如图 1—2—1 所示，板厚为 9 ~ 38 mm。

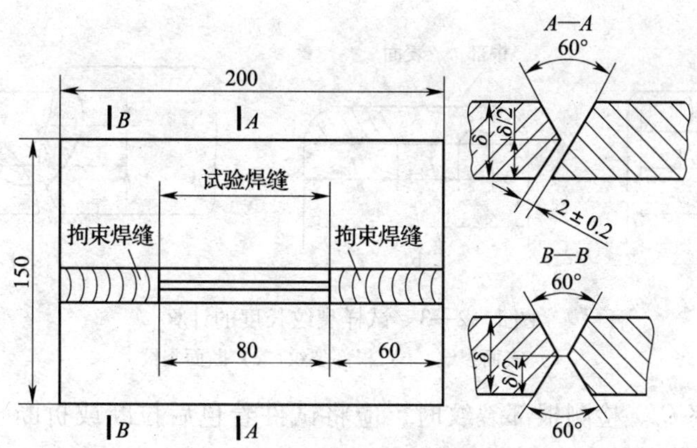

图 1—2—1　斜 Y 形坡口焊接裂纹试验用试件形状及尺寸

（2）试验。试验焊缝应选用与母材匹配的焊条，并注意严格按要求烘干。用焊条电弧焊施焊的试验焊缝如图 1—2—2a 所示，用自动送进装置施焊的试验焊缝如图 1—2—2b 所示。试验焊缝只焊一道，不要求填满坡口，并可在不同温度下施焊。

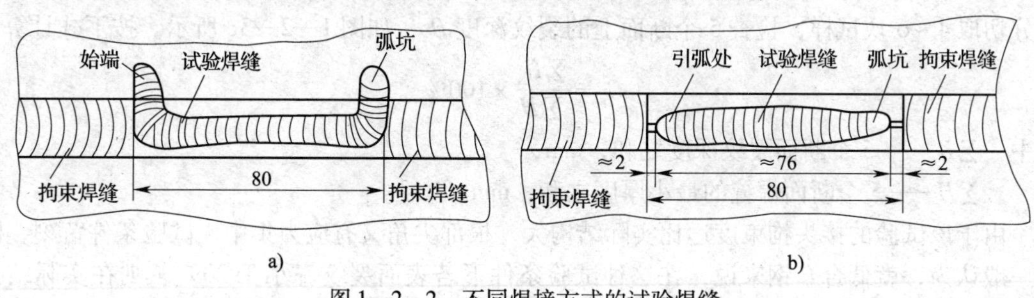

图 1—2—2　不同焊接方式的试验焊缝

a）焊条电弧焊的试验焊缝　b）焊丝自动送进的试验焊缝

在试板两端各焊接长度为 60 mm 的拘束焊缝，拘束焊缝用低氢型焊条进行双面焊接，先从背面焊第一层，然后再焊正面第一层，依次交替焊接。在焊接时，注意避免发生角变形和未焊透（因为角变形会改变应力状态，未焊透会引起应力集中，也会影响应力状态），并保证试件中间待焊部位有 2 mm 的间隙。试验焊缝在焊前应清理干净，最后用丙酮清洗。

推荐的试验焊接参数：焊接电流 $I=(170\pm10)$ A，电弧电压 $U=(24\pm2)$ V，焊接速度 $v=(150\pm10)$ mm/min，焊条直径 4 mm。

焊完将试件放置 48 h 后，用肉眼或放大镜检测表面裂纹，然后用机械加工方法截取一段试验焊缝，并对其断面进行研磨腐蚀，用放大 20～30 倍的金相显微镜检测裂纹。

（3）计算。按下列方法分别计算表面、根部和断面的裂纹率。试样裂纹长度的计算如图 1—2—3 所示。

1）表面裂纹率 C_f。如图 1—2—3a 所示，按下式计算：

$$C_f=\frac{\sum l_f}{L}\times100\%$$

式中　$\sum l_f$——表面裂纹长度之和，mm；

L——试验焊缝长度，mm。

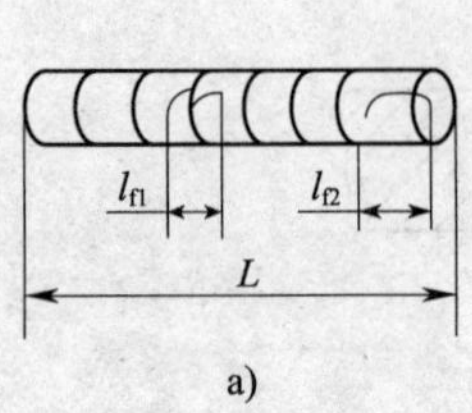

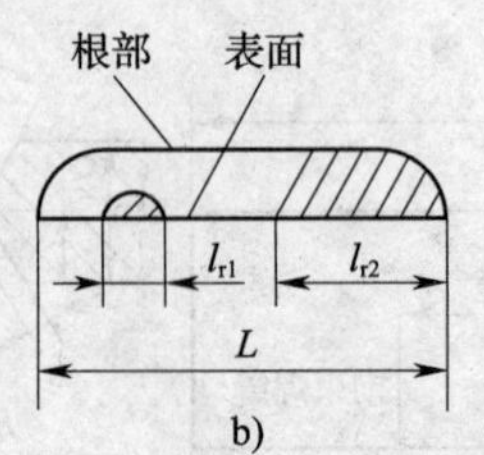

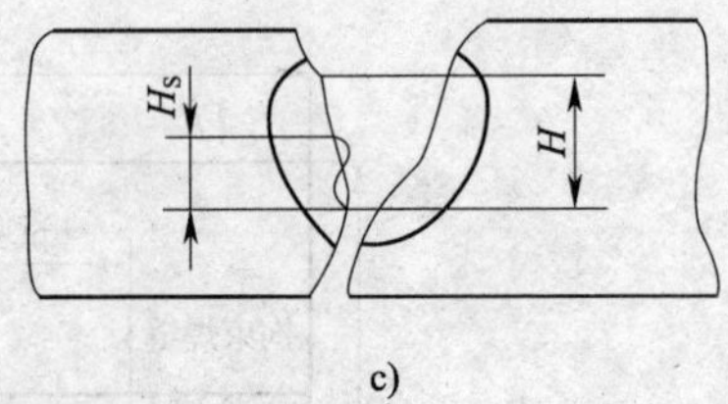

图 1—2—3　试样裂纹长度的计算

a）表面裂纹　b）根部裂纹　c）断面裂纹

2）根部裂纹率 C_r。检测根部裂纹时，应将试件着色后拉断或折断（见图 1—2—3b），再进行根部裂纹测量。按下式计算：

$$C_r = \frac{\sum l_r}{L} \times 100\%$$

式中　$\sum l_r$——根部裂纹长度之和，mm。

3）断面裂纹率 C_s。在试验焊缝宽度开始均匀处与焊缝弧坑中心之间，用机械加工方法等分切取 4 ~ 6 块试样，检查 5 个断面上的裂纹深度 H_s，如图 1—2—3c 所示。按下式计算：

$$C_s = \frac{\sum H_s}{\sum H} \times 100\%$$

式中　$\sum H_s$——5 个断面裂纹深度之和，mm；

$\sum H$——5 个断面焊缝的最小厚度之和，mm。

由于该试验的接头拘束度远比实际结构大，根部尖角又有应力集中，试验条件苛刻，因此一般认为，就低合金钢来说，在这种试验条件下若表面裂纹率小于 20%，则在实际结构焊接时就不致产生裂纹，但不能有根部裂纹。

这种试验方法的优点是试件易于加工、不需特殊装置、操作简单、试验结果可靠，缺点是试验周期较长。

除斜 Y 形坡口焊接裂纹试验外，还可以仿照此标准做成直 Y 形坡口的试件，用于考核焊条或异种钢焊接的裂纹敏感性，其试验程序及裂纹率的检测和计算与斜 Y 形坡口焊接裂纹试验相同。

2. 插销试验

插销试验法是用于测定碳钢和低合金钢焊接热影响区冷裂纹敏感性的一种定量试验方法。该试验方法消耗材料少，结果稳定可靠，因此在国内外得到广泛应用。我国已制定国家标准《焊接用插销冷裂纹试验方法》。经适当改动，该方法还可用于测定金属材料对消除应力裂纹和层状撕裂的敏感性。

插销试验的基本原理是根据产生冷裂纹的三要素（即钢的淬硬倾向、焊缝含氢量及接头的应力状态），定量测出被焊钢材产生焊接冷裂纹的临界应力作为冷裂纹敏感性的评定指标。

插销试验先将被焊钢材加工成直径为 6 mm 或 8 mm 的圆柱形插销试棒，插销的一端开一首尾相接的环形或首尾有一定距离的螺旋缺口，其形状和尺寸如图 1—2—4 所示，各部分尺寸详见表 1—2—2。缺口位置与热输入量有关，见表 1—2—3。再将插销带有缺口的一端插入加工后的底板孔内，底板材料应与被试材料相同或两者的物理参数基本一致，其形状及尺寸如图 1—2—5 所示，要求插销上端与底板的上表面平齐，下端与加载夹头连接。然后，在底板上按规定的焊接热输入量熔敷一焊道，使其中心线通过插销的中心，并注意该焊道的熔深应保证缺口尖端位于热影响区的粗晶区内，如图 1—2—6 所示。

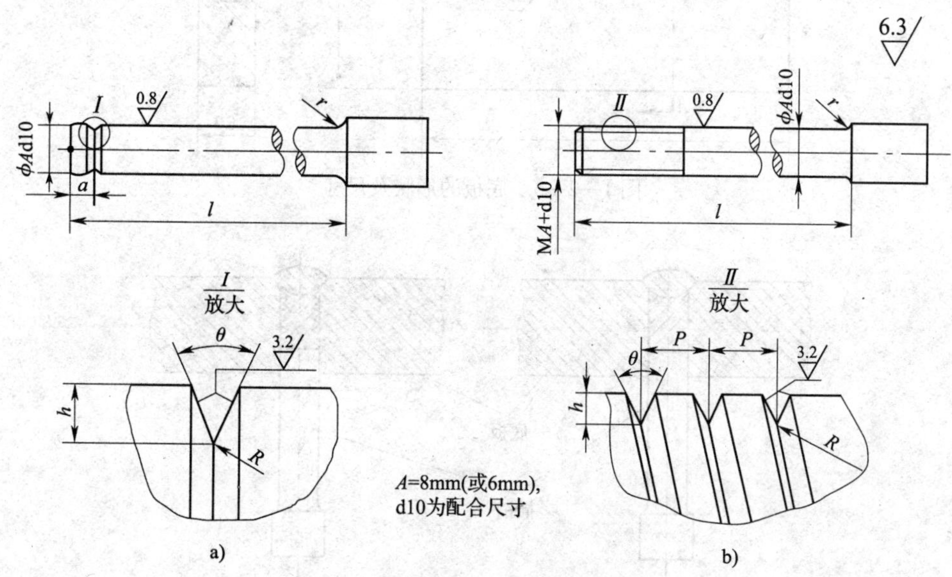

图 1—2—4　插销试棒的形状和尺寸

a）环形缺口插销　b）螺旋缺口插销

表 1—2—2　　插销试棒的尺寸

缺口类型	ϕA（mm）	h（mm）	θ（°）	R（mm）	P（mm）	l（mm）
环形	8	0.5 ±0.05	40 ±2	0.1 ±0.02	—	大于底板的厚度，一般为 30 ~ 150
螺旋					1	
环形	6	0.5 ±0.05	40 ±2	0.1 ±0.02	—	
螺旋					1	

表 1—2—3　　缺口位置与热输入量的关系

E（kJ/cm）	a（mm）	E（kJ/cm）	a（mm）
9	1.35	15	2.0
10	1.45	16	2.1
13	1.65	20	2.4

在不预热的条件下，待焊后冷却至 100 ~ 150℃ 时加载；如有预热，则应在高出初始预热温度 50 ~ 70℃ 时加载，规定的载荷应在 1 min 内，并在试件冷却到 100 ~ 150℃ 或高出初始预热温度 50 ~ 70℃ 以前加载完毕；如有后热，则应在后热以前加载。

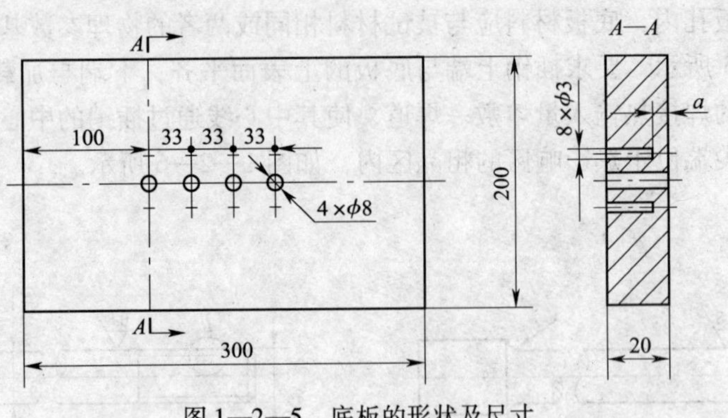

图 1—2—5　底板的形状及尺寸

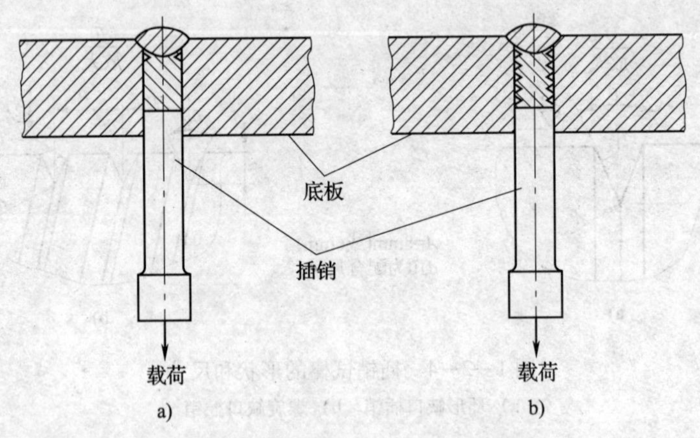

图 1—2—6　插销试棒、底板及熔敷焊道

a）环形缺口插销　b）螺旋缺口插销

对试件加载后并保持到试件断裂，然后再逐渐减小载荷重复试验。在无预热条件下，直到试件 16 h 后不断裂即可卸载；如有预热或预热后加热时，载荷应至少保持 24 h 后不断裂才可卸载，此时得到的应力值即临界应力值。改变含氢量、焊接热输入量和预热温度，可得到不同的临界应力。临界应力越小的材料，其冷裂纹敏感性越大。

3. 焊接热影响区最高硬度试验

该试验方法是以焊接热影响区的最高硬度评定钢材在焊接热循环作用下淬硬倾向的焊接性直接试验法。在大多数低合金钢中，热影响区的最高硬度与冷裂倾向存在着某种直接关系。因此，它也算作一种冷裂纹试验法。焊接热影响区的最高硬度能比碳当量更好地反映钢种的淬硬倾向和对冷裂纹的敏感性，因为它不仅能反映出钢中化学成分的影响，也反映了材料金相组织的作用。这种试验方法最初由国际焊接学会提出，然后被许多国家接受，并纳入各国试验标准。我国于 1984 年公布了《焊接性试验　焊接热影响区最高硬度法》，该试验方法的特点是试验程序简单、无需专用设备和测试仪表、试验结果准确、可比性强、试样尺寸小、试验费用低。

焊接热影响区最高硬度试件的形状如图 1—2—7 所示，其尺寸见表 1—2—4。试件的标准厚度为 20 mm，若板厚超过 20 mm，则需机械切削加工成 20 mm 厚，并保留一个轧制表面；若板厚小于 20 mm，则无须加工。试件可采用气割下料。鉴于在预热条件下焊接时，由于热扩散的关系，试件尺寸较小将影响硬度值，为此规定用于预热条件下焊接的试件尺寸比室温下焊接的试件尺寸大。

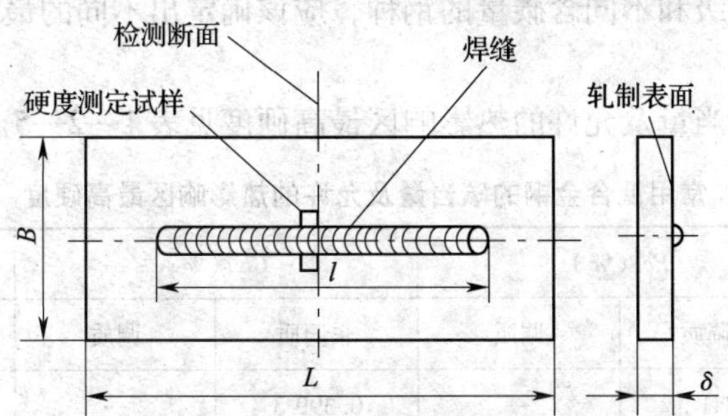

图 1—2—7　焊接热影响区最高硬度试件的形状

表 1—2—4　　**焊接热影响区最高硬度试件的尺寸**　　mm

试件号	试件长度 L	试件宽度 δ	焊缝长度 l
1 号试件	200	75	125 ± 10
2 号试件	200	150	125 ± 10

焊前应严格清理试件表面的铁锈、油污和水分等杂质。焊接时将试件架空，下面留出足够的空间。1 号试件在室温下焊接，2 号试件在预热温度下焊接。在试件表面中心线水平位置沿钢材轧制方向进行焊接，焊缝长度为（125 ±10）mm，如图 1—2—7 所示。焊接参数：焊条直径 4 mm、焊接电流 170 A、焊接速度 150 mm/min。焊后自然冷却 12 h 后，采用机械加工方法垂直切割焊缝中部，然后在断面上切取硬度测定试样，注意切取过程中必须冷却切口，以免焊接热影响区的硬度因断面温度升高而下降。

试样表面经研磨、腐蚀后，按图 1—2—8 所示位置测量硬度，在 O 点两侧各取 7 个以上的点作为硬度测定点，每点的间距为 0.5 mm，采用载荷为 100 N 的维氏硬度计在室温下测定。试验按《金属维氏硬度试验方法》（GB/T 4340.1—1999）的有关规定进行。

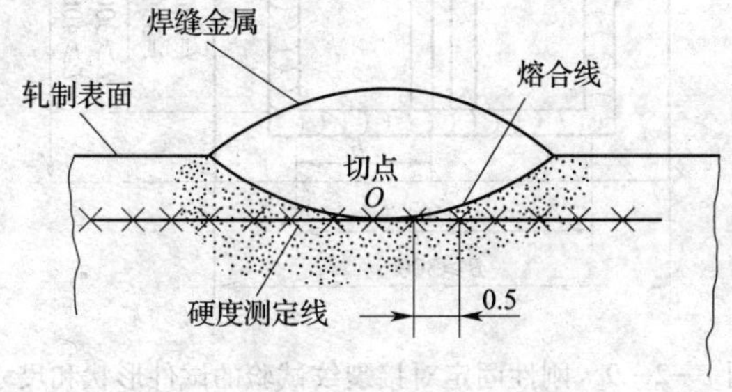

图 1—2—8　硬度测量的位置

按照国际焊接学会（IIW）早期提出的最高硬度试验的评定标准，当最高硬度大于或等于 350 HV 时，即表示钢材的热影响区有冷裂倾向，这是以不允许热影响区出现马氏体为依据的。近年来，大量实践证明，对不同的钢种、不同工艺条件，上述的统一标准是不够科学的。因为材料的焊接性除了与其成分组织有关外，还受应力状态、含氢量等因素的影响。另外，对低合金钢来说，即使热影响区有一定量的马氏体组织存在，仍然具有较高的韧性及塑性。因此对不同强度等级和不同含碳量的钢种，应该确定出不同的最高硬度标准来评价其焊接性。

常用低合金钢的碳当量及允许的热影响区最高硬度见表 1—2—5。

表 1—2—5　　常用低合金钢的碳当量及允许的热影响区最高硬度

钢　号	*Pc*（%）		*CE*（%）		最高硬度（HV）	
	非调质	调质	非调质	调质	非调质	调质
Q390	0. 241 3	—	0. 399 3	—	400	—
Q420	0. 309 1	—	0. 494 3	—	410	380（正火）
14MnMoV	0. 285 0	—	0. 511 7	—	420	390（正火）
18MnMoNb	0. 335 6	—	0. 578 2	—	—	420（正火）
14MnMoNbB	—	0. 265 8	—	0. 459 3	—	450

4. 刚性固定对接裂纹试验

刚性固定对接裂纹试验方法主要用以评定焊缝金属的热裂倾向，也可以评定热影响区冷裂倾向。试件形状和尺寸如图 1—2—9 所示。

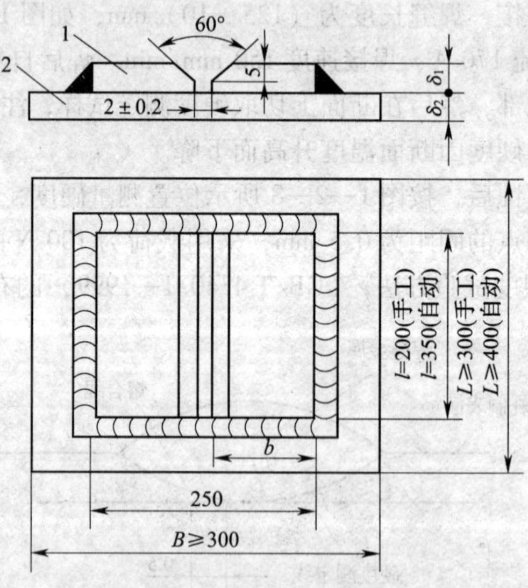

图 1—2—9　刚性固定对接裂纹试验的试件形状和尺寸

1—试件　2—刚性底板

试验前将试件四周焊固在刚性底板上。当试件厚度小于或等于 12 mm 时，固定焊缝的焊脚 *K* = 试件厚度；当试件厚度大于 12 mm 时，焊脚 *K* = 12 mm。试板的间隙要保持均匀，待试件固定焊缝冷却至室温后再焊接试验焊缝。试验时在坡口内焊一道试验焊缝，试验采用的焊接参数应尽量接近实际生产的焊接条件。

焊接试验可在室温下进行，也可以在不同的预热温度下进行。焊后试件在室温下放置 24 h 后，检查表面有无裂纹，然后用机械加工方法截取两个断面研磨、浸蚀，进行断面裂纹检查。刚性固定对接裂纹试验方法以有无裂纹为评定标准。

任务实施

一、试件制作

依据《焊接性试验——斜 Y 形坡口焊接裂纹试验法》的规定，对 Q235 试件进行试验。焊接参数见表 1—2—6。

表 1—2—6　　Q235 试件斜 Y 形坡口焊接裂纹试验焊接参数

焊条型号	焊条直径	焊接电流	焊接电压	焊接速度	试验层数
J422	4 mm	170 A	23 V	150 mm/min	单层

试件焊好后，在自然条件下放置 48 h 后方可对其进行裂纹检测。

二、裂纹检测

1. 敲去焊渣，清理焊缝表面污垢，用低倍放大镜观察焊缝表面，对焊缝表面裂纹情况作记录。试验结果：焊缝表面裂纹数应为 0。

2. 将试验焊缝用圆盘铣刀切成同样宽度的 6 片，检查 5 个断面的裂纹深度，并作记录。试验结果见表 1—2—7。

表 1—2—7　　Q235 试件斜 Y 形坡口焊接裂纹试验断面数据记录

断面号	1	2	3	4	5
断面最小厚度（mm）	6	6	6	6	6
裂纹数	0	0	0	0	1
裂纹长度（mm）	—	—	—	—	2

三、裂纹率计算

1. 表面裂纹率计算

$$C_f=\frac{\sum l_f}{L}\times 100\%$$

$$=\frac{l_{f1}+l_{f2}+\cdots+l_{f5}}{L}\times 100\%$$

$$=0$$

2. 断面裂纹率计算

$$C_s=\frac{\sum H_s}{\sum H}\times 100\%$$

$$=\frac{H_{s1}+H_{s2}+\cdots+H_{s5}}{H_1+H_2+\cdots+H_5}\times 100\%$$

$$=\frac{2\ \text{mm}}{30\ \text{mm}}\times 100\%$$

$$=6.7\%$$

四、结果分析

经放大镜观察，试验焊缝表面没有出现裂纹。切开后，观察断面，焊缝裂纹只有一个，出现在焊缝的底部，经计算 $C_f=0$，$C_s=6.7\%$，因此 Q235 钢焊接性很好。

任务评价

金属材料焊接性试验评估的评分标准见表 1—2—8。

表 1—2—8　金属材料焊接性试验评估的评分标准

序号	考核内容	评分标准	配分	得分
1	焊接性试验的内容	四个焊接性试验的内容各占 5 分	20	
2	斜 Y 形坡口焊接裂纹试验	试验目的 6 分，过程 6 分，结果评定 8 分	20	
3	插销试验	试验目的 6 分，过程 6 分，结果评定 8 分	20	
4	焊接热影响区最高硬度试验	试验目的 6 分，过程 6 分，结果评定 8 分	20	
5	刚性固定对接裂纹试验	试验目的 6 分，过程 6 分，结果评定 8 分	20	
总分合计			100	

思考与练习

1. 根据材料的不同性能特点和不同使用要求，焊接性试验包括哪几个方面的内容？
2. 焊接热影响区的最高硬度为什么能说明金属材料的冷裂纹敏感性？
3. 试简述斜 Y 形坡口焊接裂纹试验法的内容。

模块二　非合金钢（碳素钢）及其焊接工艺

钢的分类方法很多，一般是根据不同需要采用不同的分类方法。国家标准《钢分类》将钢材以两种方式进行了分类：一种是按化学成分分类，另一种是按主要质量等级、主要性能及使用特性分类。按化学成分，钢材分为非合金钢、低合金钢和合金钢三类。非合金钢按质量等级又分为普通质量非合金钢、优质非合金钢和特殊质量非合金钢三类，每一类又按主要特性分为若干小类。

本模块所述的非合金钢即旧标准中的碳素钢，又称碳素钢，具有较好的力学性能和工艺性能，其冶炼简单，价格低廉，因而在焊接结构的制造中应用非常广泛。

任务 1　低碳钢的焊接

技能点

◎ 能够根据低碳钢的成分特点和性能正确选择焊接材料及制定焊接工艺。

知识点

◎ 低碳钢的成分与力学性能、焊接性、焊接工艺要点。

任务提出

Q235 钢是最常用的低碳钢。Q235 钢板 V 形坡口对接平焊（要求单面焊双面成形）是焊接过程中经常遇到的焊接形式，如图 2—1—1 所示。现要求采用焊条电弧焊对其进行焊接，请制定出合理的焊接工艺方案。

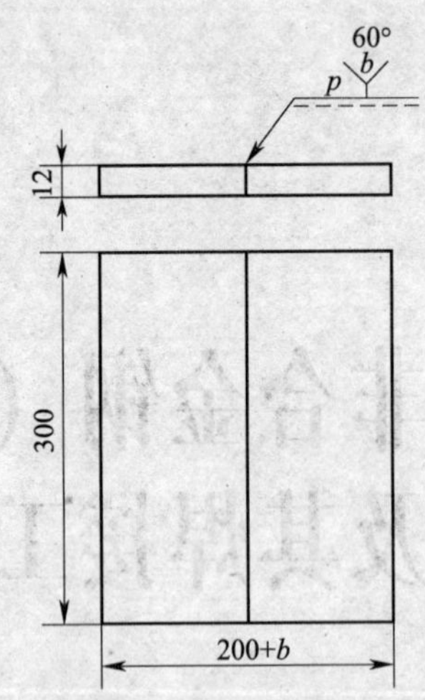

图 2—1—1　Q235 钢板 V 形坡口对接平焊

任务分析

Q235 钢为低碳钢，焊接性优良。通常 Q235 钢中 w（C）≤0.22%、w（Si）≤0.3%、w（Mn）≤0.8%，强度不高，塑性好，因此焊接时不会产生严重的硬化组织或淬火组织，接头的塑性和冲击韧性良好。在焊接 Q235 钢时，一般不需预热、控制层间温度和后热，焊后也不必采用热处理改善组织。

相关知识

一、非合金钢及其分类

非合金钢（碳素钢）是以铁为基础成分，含有少量碳［w（C）≤2.11%］的铁碳合金。非合金钢中除了以碳作为主要合金元素外，还有锰和硅等少量有益元素。另外，非合金钢中还有硫、磷等杂质元素，各钢种都对杂质元素的含量作了严格限制，对于某些非合金钢还要限制铬、镍、铜、氮等元素的含量。

非合金钢按碳的质量分数可分为低碳钢［w（C）＜0.25%］、中碳钢［w（C）＝0.25%～0.60%］和高碳钢［w（C）＞0.60%］，按冶炼时钢液的脱氧程度可分为沸腾钢、镇静钢和半镇静钢，按主要质量等级可分为普通质量非合金钢、优质非合金钢和特殊质量非合金钢，按用途可分为碳素结构钢、碳素工具钢和铸造碳钢。根据某些行业的特殊要求及用途，对普通质量非合金钢的成分和性能作些调整，从而派生出一系列专业用结构钢，其中与焊接关系密切的有压力容器用非合金钢、锅炉用非合金钢和桥梁用非合金钢等。在焊接结构用非合金钢中，常按碳的质量分数对其进行分类，因为非合金钢的焊接性及焊接工艺的制定原则主要取决于含碳量。

非合金钢的焊接性主要取决于含碳量，随着含碳量的增加其焊接性逐渐变差，见表 2—1—1。其他元素的含量较低，对焊接性的影响很小，远不及碳的作用显著。

表 2—1—1　　非合金钢焊接性与含碳量的关系

钢　种	w（C）（%）	典型硬度	典 型 用 途	焊接性
低碳钢	≤0.15	60 HBW	特殊板材和型材、薄板、带材、焊丝	优
	0.15～0.25	90 HBW	结构用型材、板材和棒材	良
中碳钢	0.25～0.60	25 HRC	机器部件和工具	中（推荐采用低氢焊接、预热和后热）
高碳钢	≥0.60	40 HRC	弹簧、模具、钢轨	差（必须采用低氢焊接、预热和后热）

二、低碳钢的焊接性

由于低碳钢含碳量低，锰、硅含量也少，所以，通常情况下不会因焊接而产生严重硬化组织或淬火组织。低碳钢焊后的接头塑性和冲击韧性良好，焊接时，一般不需预热、控制层间温度和后热，焊后也不必采用热处理改善组织，整个焊接过程不必采取特殊的工艺措施，焊接性优良。但在少数情况下，焊接时也会出现困难。

1．母材或焊接材料化学成分超标

若低碳钢母材的含碳量、含硫量过高，焊接时可能出现裂纹，特别是在焊接角焊缝、对接多层焊的第一道焊缝、整个板面的单面单层焊缝和大间隙对接的第一道焊缝的过程中更易出现裂纹。若采用了质量不符合要求的焊条，使焊缝金属中的碳、硫含量过高，也可导致焊接裂纹产生。

2．采用旧冶炼方法生产的转炉钢

该转炉钢含氮量高，杂质较多，因而冷脆性和时效敏感性大，焊接接头质量差，焊接性较差。这类钢绝不能用于重要的焊接结构。目前，国内生产的转炉钢的质量已经大为改善，可以用于重要的焊接结构，但必须进行焊接性鉴定，尤其应注意对冷脆敏感性和时效敏感性的检测，以确保焊接质量。

3．低碳沸腾钢

由于沸腾钢脱氧不完全，其含氧量较高，钢中硫、磷等杂质分布不均匀，出现硫、磷的局部偏析，其冷脆性和时效敏感性大，焊接热裂倾向较大。对于承受动载荷或严寒下工作的重要结构，尽量不要采取这种钢。

4．焊接方法选择不当

如在埋弧焊时由于热输入量大，会使焊接热影响区过热区出现粗晶组织，使热影响区韧性降低；电渣焊的热输入量比埋弧焊还要大，会使焊接热影响区晶粒更加粗大，韧性降低更为明显，所以焊后必须进行细化晶粒的正火处理，提高其韧性。

5．在低温条件下焊接刚度较大的构件

此种情况下焊接应采取一定的措施，如焊前预热、保持层间温度、采用低氢焊接材料等，以避免较大的焊接应力和裂纹的出现。

三、低碳钢的焊接工艺

1．焊接方法的选择

可用于低碳钢的焊接方法很多，如焊条电弧焊、气体保护电弧焊、埋弧焊、电渣焊、等离子弧焊、气焊、电阻焊、摩擦焊、热剂焊和钎焊等，几乎包括所有的焊接方法。近年来所开发的各种高效率、高质量的焊接工艺和方法，如高效率铁粉焊条和重力焊条电弧焊、氩弧焊封底—焊条电弧焊联合使用法、单面焊双面成形、采用烧结焊剂和快速焊剂的埋弧焊、窄间隙埋弧焊、药芯焊丝气体保护电弧焊、旋转电弧加热焊等，这些高效率、高质量的焊接方法在低碳钢焊接结构中获得了日益广泛的应用。

2. 焊接材料的选用

焊接时根据焊件强度等级及工作条件等来选择焊接材料。表2—1—2为焊接低碳钢常用的焊接材料。

表2—1—2　　焊接低碳钢常用的焊接材料

钢号	焊条电弧焊			埋弧焊		CO_2 气体保护焊
	一般结构	焊接动载荷、复杂与厚板结构、重要受压容器和低温下焊接	施焊条件	焊丝牌号	焊剂牌号	
Q235 Q255	E4303 E4313 E4301 E4320 E4311	E4315、E4316 （E5015、E5016）	一般不预热	H08A	HJ430 HJ431	H08Mn2Si H08Mn2SiA
Q275	E5015 E5016	E5015、E5016	厚板结构预热至150℃以上	H08MnA		
08、10 15、20	E4303 E4301 E4320 E4311	E4315、E4316 （E5015、E5016）	一般不预热	H08A H08MnA	HJ430 HJ431 HJ330	
25	E4315 E4316	E5015、E5016	厚板结构预热至150℃以上	H08MnA H10MnA		
20g	E4303 E4301	E4315、E4316 （E5015、E5016）	厚板结构预热至100～150℃	H08MnA H08MnSi H10Mn2		
20R	E4303 E4301	E4315、E4316 （E5015、E5016）	一般不预热	H08MnA		

注：表中括号内的焊条型号表示可以代用。

用焊条电弧焊焊接低碳钢时，大多使用以E43××系列的焊条，因为低碳钢结构通常使用抗拉强度平均值为420 MPa的钢材，而E43××系列的焊条熔敷金属的抗拉强度不小于420 MPa，在力学性能上正好与之匹配。这一系列焊条有多种型号，可以根据具体母材、受载情况等加以选用。

低碳钢埋弧焊时，一般选用H08A或H08E焊丝与高锰高硅低氟熔炼焊剂HJ430、HJ431、HJ433相配合，应用较广泛。焊接时，焊剂中的MnO和SiO_2在高温下与Fe反应，还原出的 Mn 和 Si 进入熔池。熔池冷却时，Mn 和 Si 的一部分可对熔池进行脱氧，剩余部分则作为合金成分过渡到焊缝组织，有利于保证焊缝的综合力学性能。所以，如选择无锰、低锰或中锰型焊剂，则焊丝应选用 H08MnA 或其他合金焊丝。二氧化碳气体保护焊用焊丝可分为实芯焊丝和药芯焊丝两大类。

电渣焊熔池的温度比埋弧焊要低，焊接过程中焊剂的更新量较少，所以焊剂中的硅、锰还原作用弱，故低碳钢电渣焊时若仍按埋弧焊选 H08A 和高锰高硅低氟焊剂，则焊缝中就得不到足够数量的硅和锰。另外，根据共存原则，锰的过渡系数与焊剂的碱性关系较大，碱性越大，锰的过渡系数越大。为此，低碳钢的电渣焊应选用中锰高硅中氟的 HJ360 与 H10Mn2 或 H10MnSi 焊丝配合，也可使用高锰高硅低氟的 HJ430 焊剂与 H10MnSi 焊丝匹配。

3. 焊接工艺要点

低碳钢焊接一般不需采用特殊的工艺措施，但若在寒冷冬季施焊时，由于焊接接头冷却速度较快，故产生的裂纹倾向增大，尤其在焊接厚板角焊缝、厚板多层焊角焊缝或对接多层焊缝中第一道及最后一层时，开裂倾向就更大。为避免裂纹的产生可采取如下措施：

（1）焊前预热，焊接过程中严格保持层间温度不低于预热温度。

（2）采用低氢或超低氢焊接材料。

（3）定位焊时加大焊接电流，减慢焊接速度，适当增加定位焊缝截面和长度，必要时进行预热。

（4）整条焊缝应尽量连续焊完，避免中断。

（5）不应在坡口面以外的母材上进行引弧，在熄弧时要填满弧坑。

（6）尽可能不在低温条件下弯板、矫正和装配焊件。

（7）尽可能改善严寒下的劳动条件。

以上措施可单独采用或综合采用。

预热温度可根据试验结果和生产实践具体确定，不同产品的预热温度不尽相同，低碳钢焊接结构低温焊接时的预热温度见表 2—1—3。

表 2—1—3　　低碳钢焊接结构低温焊接时的预热温度

板厚（mm）	低碳钢管道、压力容器结构	板厚（mm）	低碳钢梁、柱、桁架结构
≤16	环境温度不低于 -30℃时，不预热；低于 -30℃时，预热到 100 ~ 150℃	≤30	环境温度不低于 -30℃时，不预热；低于 -30℃时，预热到 100 ~ 150℃
17 ~ 30	环境温度不低于 -20℃时，不预热；低于 -20℃时，预热到 100 ~ 150℃	31 ~ 50	环境温度不低于 -10℃时，不预热；低于 -10℃时，预热到 100 ~ 150℃
31 ~ 40	环境温度不低于 -10℃时，不预热；低于 -10℃时，预热到 100 ~ 150℃	51 ~ 70	环境温度不低于 0℃时，不预热；低于 0℃时，预热到 100 ~ 150℃
41 ~ 50	环境温度不低于 0℃时，不预热；低于 0℃时，预热到 100 ~ 150℃		

四、低碳钢的先进焊接工艺方法

在压力容器、锅炉制造和电力安装工程中，常用到以下比较先进的焊接工艺方法。

1. 窄间隙埋弧焊

窄间隙埋弧焊（见图2—1—2）与普通坡口埋弧焊相比具有明显的优越性，如坡口窄、焊缝金属填充量少，可以节省大量的焊材和焊接工时。由于焊接熔敷金属少，焊缝收缩量小，焊接内应力小，对热影响区组织影响也小，同时母材熔化量少，焊缝金属受母材成分的影响较小，其杂质和合金成分等对焊缝作用较小。另外，由于窄间隙焊时热输入量较低，使焊缝金属和热影响区的组织明显细化，从而提高其力学性能，特别是塑性和韧性。该焊接方法已在大型火电锅炉、核电、化工机械、重型机械等行业的厚壁筒体结构的焊接中得到广泛应用。

图2—1—2　窄间隙埋弧焊坡口及其焊接设备

窄间隙气体保护焊与窄间隙埋弧焊相比，虽然前者间隙更窄、效率更高，但在电弧的稳定性、气体保护的有效性和电弧对磁场的敏感性等方面都可能出现问题，而且由于间隙更窄，一旦出现问题返修更为困难。因而对于要求绝对可靠的大型核能容器来说，一般均选择后者而不选择前者。

2. 自动窄间隙 MIG 全位置焊

自动窄间隙 MIG 全位置焊（见图2—1—3）主要用于大直径厚壁管的焊接，采用射流过渡的脉冲 MIG 焊，调节因素多，可实现焊缝不同空间位置时所需的调节能力。一般采用细丝（ϕ0.8～1.2 mm）富氩混合气体（$Ar+CO_2$）保护焊。

图2—1—3　自动窄间隙 MIG 全位置焊接设备

3. 钨极氩弧焊封底背面成形工艺

这一工艺主要用于无法直接在背面焊接而要求焊透的受压容器、管道或其他产品的焊接施工。焊接时，接头根部熔化，背面形成焊缝，或背面虽不形成凸出的焊缝但根部完全焊透。

4. 多丝 MIG/MAG 焊（见图 2—1—4）

采用两根或两根以上的焊丝进行 MIG/MAG 焊可成倍地提高焊接效率并改善焊缝成形，该工艺已日益受到人们的关注。如大型电站锅炉装置中的膜式壁很大，它由许多根钢管与钢带彼此相间焊接而成，材料都为低碳钢，正反两面都需要焊接。若使用埋弧平角焊，焊完一面后再焊接另一面，焊接变形很大。改为 2 头或 4 头 MIG 焊，拼焊少数几根钢管与钢带后，再翻转焊接另一面，最后将如此焊成的小块膜式壁拼焊成完整的膜式壁，可有效减小焊接变形。

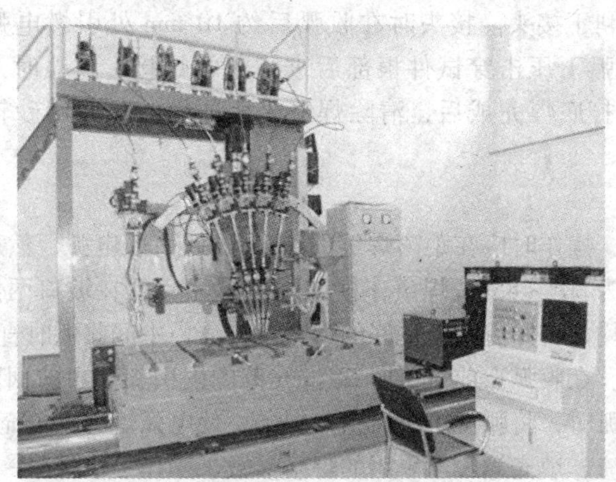

图 2—1—4　多丝 MIG/MAG 焊接设备

任务实施

一、焊前准备

1. 焊材选择

选用 E4303 焊条，在 100～150℃范围内烘干，保温 1～1.5 h。

2. 坡口清理

清除坡口面及其正反两侧面 20 mm 范围内的油、锈及其他污物，直至露出金属光泽。

3. 装配

（1）装配间隙：始端 3 mm，终端 4 mm。

（2）定位焊：采用与焊接试件相同材料的焊条，并在试件反面两端定位焊，焊点长度为 10～15 mm，预置反变形量 3°～4°，错边量不大于 1.2 mm。

二、焊接参数

焊接参数见表 2—1—4。

表 2—1—4　　焊接参数

焊接层次	焊条直径（mm）	焊接电流（A）
打底焊（1）	3.2	100～105
填充焊（2、3）	4.0	160～170
盖面焊（4）		140～160

三、焊接操作要点

1. 打底焊

打底焊操作时先在试件的定位焊缝处引燃电弧，电弧稍作停顿，然后作横向锯齿形向前运条。焊接时当电弧击穿试件背面，坡口底部每边被熔化约 2 mm 形成熔孔时，将电弧提起 1.5 mm 左右。熔孔的大小可由焊条角度和弧长协调控制，注意熔孔的大小和熔池形状要保持一致。收弧时焊条下压使熔孔稍增大后，慢慢向后方一侧带弧 10 mm 左右衰减熄弧，使之形成一个斜坡，以利于接头。接头时在收弧后约 10 mm 处引燃电弧后向前运条，到达收弧熔池前端时，电弧下压击穿试件根部后进行正常焊接。收弧时，将弧坑填满后抬起焊条，使电弧熄灭。打底焊完成后，清除焊缝表面的熔渣，并用砂轮机打磨接头及焊缝夹角。

2. 填充焊

填充焊道为两层，操作时应在距离焊缝约 10 mm 处引燃电弧，然后将电弧拉回端部施焊。焊接时焊条角度为 80°~85°，焊条作横向锯齿形摆动，在坡口两侧稍作停留，以保证熔池及坡口两边温度均匀，并有利于良好的熔合及排渣。中间收弧时直接提拉焊条即可，迅速更换焊条进行接头。在收弧点前方 10~20 mm 范围内引弧，再拉回弧坑处划圆接头，然后进行正常操作。收弧时，将弧坑填满后抬起焊条，使电弧熄灭。填充第二层焊缝之前首先清除上一道焊缝的熔渣，填充第二层采用的焊接参数、操作手法与第一层相同。焊完后，填充焊道的高度距母材表面 0.5~1 mm，不能破坏坡口的棱边。

3. 盖面焊

盖面焊操作手法与填充焊基本相同。焊条与焊接方向角度为 80°~90°。焊接采用短弧焊、锯齿形或月牙形运条方式，在坡口两侧作短暂停留，摆动时中间摆速要稍慢一些，摆幅以超过坡口边缘 1~1.5 mm 为宜。收弧时要注意填满弧坑，以免产生冷裂纹。

任务评价

低碳钢的焊接评分标准见表 2—1—5。

表 2—1—5　　低碳钢的焊接评分标准

序号	考核内容	评分标准	配分	得分
1	焊前的准备工作	焊条烘干 5 分，坡口清理 10 分，装配 10 分	25	
2	焊接材料的选择	选择 E43××系列焊条	10	
3	焊接参数	打底焊 10 分，填充焊 10 分，盖面焊 10 分	30	
4	焊接操作	焊缝若有不合格之处，酌情扣分	25	
5	焊前预热及焊后热处理	一般不需要焊前预热及焊后热处理	10	
总分合计			100	

思考与练习

1. 简叙非合金钢的焊接性与含碳量的关系。
2. 试述低碳钢的焊接性。
3. 在低温下焊接低碳钢的工艺要点是什么？

任务 2　中碳钢的焊接

技能点

◎ 能够根据中碳钢的化学成分和力学性能选择焊接材料及制定焊接工艺，防止中碳钢焊接冷裂纹、热裂纹的产生。

知识点

◎ 中碳钢的化学成分与力学性能、焊接性、焊接工艺要点。

任务提出

常用的中碳钢有 35、45、55 钢等，广泛用于各种机械零件的制造。由于中碳钢的含碳量比低碳钢高，因而强度较高，焊接性比低碳钢差。在中碳钢焊接过程中容易产生焊缝金属的热裂纹和近缝区的冷裂纹以及气孔等缺陷。如果焊件刚度较大，焊接参数和焊接材料选用不当，则焊接时更容易产生上述问题。

以中碳钢厚壁压力管道的焊接为例，有一规格为 $\phi325$ mm × 45 mm、工作压力为 25 MPa、试验压力为 31 ~ 35 MPa、材质为 45 钢的厚壁管道。请在水平固定的焊接条件下（见图 2—2—1），制定出合理的焊接工艺方案。

图 2—2—1　中碳钢厚壁压力管道的焊接

任务分析

由于该中碳钢管道含碳量较高，塑性变差，淬火倾向增大，管壁厚，管径大，焊接应力大，因此焊接时应注意避免因下列原因产生裂纹。

（1）母材金属中含碳量越高，板材越厚，母材近缝区越容易产生低塑性的淬硬组织。当焊件刚度较大和焊条或焊丝选择不当时容易产生冷裂纹。

（2）由于母材金属中含碳量较高，在焊接过程中母材金属有一部分被熔化到焊缝金属中去（第一层焊缝中母材熔入的比例一般情况下约占30%），使焊缝金属的含碳量比较高，因此，焊接金属容易产生热裂纹。

（3）中碳钢焊接时，还经常产生热应力裂纹，这种裂纹多发生在大刚度焊件的薄弱断面，例如，厚板坡口中的第一、二道焊缝，定位焊缝或母材减薄处。产生的时间是在冷却过程中或在局部与整体之间温度差别消失的过程中。

由上述可知，该中碳钢管道焊接的主要缺陷是裂纹。为了避免裂纹，焊接时要从焊接坡口的加工制备、焊接参数的设置、焊前预热、焊接过程中道间温度控制和焊后热处理等多方面采取正确的工艺措施。

相关知识

一、中碳钢的焊接性

中碳钢中 w（C）=0.25%～0.60%。但常用作焊件的中碳钢，其碳的平均含碳量一般不大于0.45%。与低碳钢相比，其焊接性稍差，母材近缝区容易产生低塑性的淬硬组织，有一定的淬硬倾向，这种淬硬倾向随含碳量的增大而增大。当含碳量较大、焊件刚度较大、焊接材料或焊接参数选择不当时，容易产生冷裂纹。另外，在焊接时由于母材的熔化，焊缝含碳量增高，焊缝易于产生热裂纹。由于中碳钢含碳量较高，其气孔敏感性比低碳钢大。

二、中碳钢的焊接工艺

1. 焊接方法的选择

中碳钢可以用很多种焊接方法进行焊接，如焊条电弧焊、CO_2气体保护焊、埋弧焊、电渣焊、气焊、电阻焊等。

埋弧焊具有热输入量大、焊接速度快和冷却速度慢等特点，故焊缝的淬硬概率小，且焊剂层有助于降低冷却速度，因此埋弧焊可以焊接具有一定淬硬倾向的中碳钢。埋弧焊对预热和后热的要求不像焊条电弧焊那样高，但一般中碳钢埋弧焊时还是需要适当的预热和后热。埋弧焊焊前对焊剂进行适当烘干有利于获得低含氢量的焊缝，尤其在焊接中、高碳钢时尤为重要。

电渣焊也可用于焊接中碳钢的板结构大型铸件和铸钢件，如大型齿轮毛坯、电动机座、压力机机架、压力机压辊和大型油压机支柱的焊接，用电渣焊代替埋弧焊能减少制造时间，节省焊剂。

2. 焊条电弧焊时焊接材料的选用

（1）在要求焊缝与母材等强度的情况下，应选用相应强度等级而塑性、韧性较高的低氢或超低氢焊条。因为低氢焊条的熔敷金属扩散氢量少，去硫能力强，故熔敷金属塑性、韧性良好，抗裂性好。

（2）个别情况下也可采用钛铁矿型或钛钙型焊条，但一定要有严格的工艺措施配合，如控制预热温度和尽量减小母材熔深以减小焊缝的含碳量。

（3）在仅要求实现完整连接而不要求强度，或不要求焊缝与母材等强度的场合，或者焊件结构复杂对采取防裂纹措施有困难时，可采用强度等级比母材低的焊条，但须满足设计要求的各项力学性能指标。

（4）特殊情况下也可采用铬镍奥氏体不锈钢焊条，此时可不预热或适当降低预热温度。因为此时的焊缝金属为奥氏体组织，溶解氢的能力强，塑性好，可减小焊接接头应力，能避免热影响区冷裂纹的产生。

（5）有时也可在中碳钢的坡口表面堆焊一层含碳量很低［w（C）≤0.03%］、强度低、塑性好的纯铁过渡层，然后再用与母材强度相匹配的焊条填满坡口，能有效地防止焊接裂纹。

（6）需要考虑焊件的焊前状态，用中碳钢制作的工具、模具，其中多数要求有较高硬度和耐磨性，而对强度不作高要求，常需要用热处理来满足性能要求。若在热处理前即退火状态下焊接，所选用焊条必须使焊缝金属成分与母材相近，以使焊后经热处理的焊缝金属达到与母材相同的性能。如在热处理后（一般为调质处理）的部件上焊接，则必须选用低氢碱性焊条，采取相应工艺措施，以防止裂纹和减少热影响区的软化。

3. 中碳钢的焊接工艺要点

在大多数情况下，中碳钢焊接需要预热，控制层间温度（一般不能低于预热温度），以降低焊缝金属和热影响区的冷却速度，抑制马氏体的形成，提高焊接接头的塑性，减小残余应力。

（1）预热。预热有利于降低中碳钢热影响区的最高硬度，防止产生冷裂纹，这是焊接中碳钢的主要工艺措施。预热还能改善接头塑性，减小焊后残余应力。预热温度取决于含碳量、母材厚度、结构刚度、焊条类型和工艺方法，见表2—2—1。

表2—2—1　　中碳钢焊接的焊条、预热温度及焊后热处理温度

<table>
<tr><th rowspan="2">钢号</th><th rowspan="2">母材含碳量（%）</th><th rowspan="2">焊接性</th><th colspan="2">选用焊条牌号</th><th rowspan="2">预热温度（℃）</th><th rowspan="2">焊后热处理温度（℃）</th></tr>
<tr><th>不要求等强度</th><th>要求等强度</th></tr>
<tr><td>25</td><td>0.22～0.30</td><td>好</td><td>E4303、E4301</td><td rowspan="5">E5015、E5016</td><td>>50</td><td rowspan="4">600～650</td></tr>
<tr><td>30</td><td>0.27～0.35</td><td>较好</td><td>E4315、E4316</td><td>>100</td></tr>
<tr><td>35
ZG270—500</td><td>0.30～0.40</td><td>一般</td><td>E4303、E4301
E4315、E4316</td><td>>150</td></tr>
<tr><td>45
ZG310—570</td><td>0.42～0.52</td><td>较差</td><td rowspan="2">E4303、E4301、
E4315、E4316、
E5015、E5016</td><td>>250</td></tr>
<tr><td>55
ZG340—640</td><td>0.52～0.62</td><td>差</td><td>—</td><td>—</td></tr>
</table>

通常，35 和 45 钢的预热温度为 150～250℃，若工件的含碳量较高或厚度和刚度较大时，则裂纹倾向增大，可将预热温度提高至 250～400℃。

若焊件太大，整体预热有困难时，可进行局部预热，局部预热的加热范围为坡口两侧各 150～200 mm 区域。在对刚度较大的大型结构进行局部预热时，要注意防止由于预热不当引起的应力增加。

（2）坡口形式。焊件坡口形式的选择应尽量减小母材金属在焊缝中的熔入比例，以降低焊缝金属中的含碳量，提高焊缝金属的韧性，降低产生冷裂纹的倾向。U 形坡口是一种理想的可以降低焊缝金属熔合比的坡口形式。比如在铲挖铸件缺陷的补焊坡口时，应使其外形圆滑，这样可以减小母材在焊缝金属中的熔入比例，以降低焊缝中的含碳量，防止裂纹产生。

（3）焊接参数。由于母材熔化到第一层焊缝金属中的比例最高可达 30% 左右，所以第一层焊缝焊接时，应尽量采用小电流、慢焊接速度，以减小母材的熔深。

（4）焊后热处理。焊后最好对焊件立即进行消除应力热处理，特别是对于大厚度焊件、高刚度结构件以及苛刻条件下（动载荷或冲击载荷）工作的焊件更应如此。消除应力的回火温度为 600～650℃。焊件在炉中加热和冷却应平缓，以减小截面厚度方向的温度梯度。若焊后不能进行消除应力热处理，应立即进行后热处理，以便去氢。后热温度视具体情况而定，后热保温时间约为每 10 mm 厚度 1 h。

（5）施焊特点

1）电焊条使用前要烘干。碱性焊条的烘干温度为 350～400℃，时间 1～2 h，烘干后放在 100～150℃的保温箱内，随用随取。钛钙型等酸性焊条使用前一般不烘干。

2）多层焊时必须仔细清除前一道焊缝表面上的焊渣。多层焊第一层焊接时，应尽量采用小电流、慢焊速，以减小母材的熔深，但必须注意将母材熔透。

3）焊接时尽量减小焊件的热输入量，降低裂纹倾向，减少焊缝金属中的气孔和金属的飞溅。焊接电流须比低碳钢焊接时小 10%～15%。

4）焊缝较长时，应采用分段施焊。

5）收弧时一定要填满弧坑，以免产生弧坑裂纹。

6）焊后应尽可能缓慢冷却。

7）有时可采用锤击焊缝的方法减小焊接残余应力。

8）焊接沸腾钢时，加入含有足够数量脱氧剂（例如 Al、Mn、Si）的填充金属，以防止产生焊缝气孔。埋弧焊的焊丝和焊剂配合适当，可以有足够的脱氧剂，例如 Si 或 Mn，也可防止焊接沸腾钢产生焊缝气孔。

任务实施

一、焊前准备

1. 坡口制备

为避免产生根部裂纹，采用 U 形坡口以降低熔合比，如图 2—2—2 所示。加工坡口时采用机械加工，禁止火焰切割，以避免切割处出现淬硬组织。

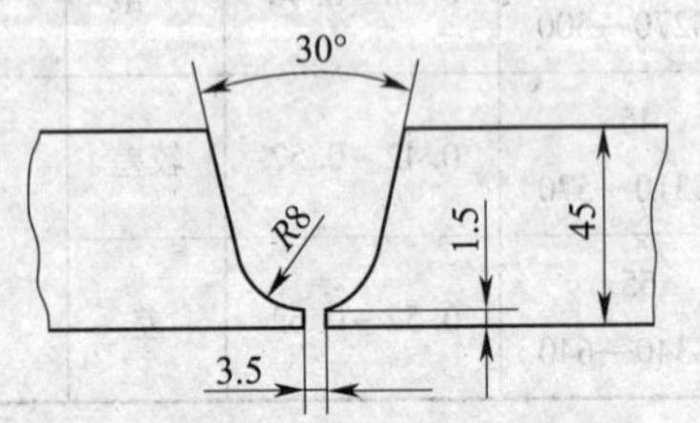

图 2—2—2　坡口形式及尺寸

2. 坡口清理

焊接前将坡口内外 50 mm 范围内的铁锈、油污等污物清理干净，并用角向磨光机打磨至露出金属光泽，然后用丙酮清洗。

3. 管子定位焊

将管子用 4 块连接板相距 90°均匀分布定位焊。

二、焊接参数

1. 第 1 层采用 TIG 焊

为保证根部焊缝质量，打底焊采用 TIG 焊，焊丝选用直径为 2 mm 的 H08Mn2SiA 焊丝，钨极直径为 2.5 mm，焊接电流为 55 ~ 65 A，电弧电压为 11 ~ 12 V，喷嘴长度为 60 mm，钨极伸出长度为 6 mm，预热温度为 250℃。

2. 第 2 层至第 5 层焊接

选用直径为 3.2 mm 的 E5015 焊条，焊接电流为 115 ~ 130 A，电弧电压为 20 ~ 22 V，预热温度为 250℃，层间温度为 150℃。

3. 第 6 层至第 15 层焊接

选用直径为 4.0 mm 的 E5015 焊条，焊接电流为 145 ~ 165 A，电弧电压为 22 ~ 24 V，预热温度为 250℃，层间温度为 150℃。

三、焊接操作要点

1. TIG 焊要点

（1）引弧。在仰焊位置过 6 点钟方向 10 mm 处进行，钨极在坡口内高频起弧，引燃电弧后，电弧始终保持在间隙中心。

（2）焊接。电弧在图 2—2—3a 所示的位置引燃后起焊，逐渐变化角度，如图 2—2—3b 和图 2—2—3c 所示，采用双人对称同时焊接。

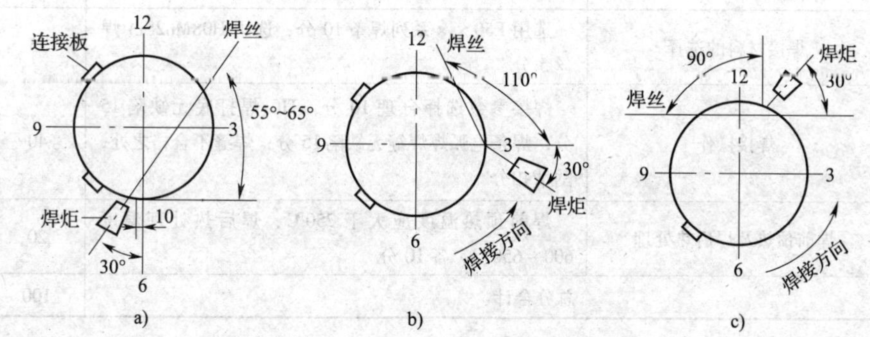

图 2—2—3　焊炬与焊丝的角度

a）仰位 7 点钟位起焊处　b）仰位上坡过渡至 3 点钟位　c）立位上坡至 12 点钟位

（3）送丝。采用内部送丝法，即焊丝在管子内部递送，焊炬在管外。其优点是焊缝凹陷少，容易焊透，单面焊双面成形良好。右手握焊炬稍作人字形摆动，注意左手握住的焊丝在运行中不要碰到钨极。焊丝滴送时要观察熔孔的大小，熔孔太大则焊速太慢，内部焊缝过高；熔孔太小则焊速太快，内部焊缝过低，要始终保持熔孔大小基本一致。

（4）收弧。收弧动作不应太快，焊炬从内部坡口处慢慢往外拉出，熄弧。

（5）接头。用角向磨光机将焊缝接头处磨成斜坡，再在未焊坡口前 10 mm 处引弧，直至把原焊缝 3.5 mm 处熔化，又形成新的熔孔，才能保证焊丝继续输送，直到整个打底层焊完。

2. 焊条电弧焊要点

第 1 层焊完应立即进行第 2 层焊接，如不能连续焊接时，要对第 1 层进行加固焊接，以防止应力太大引起开裂。加固焊沿管圆周均匀分布 3 处，每处焊缝长度不得小于 200 mm，然后用石棉布包住，缓慢冷却。

对于其他各层，仰焊时可将焊条弯曲成 40° ~ 50°。各层之间均应清渣，待层间温度达到要求后方可焊接。整个接头焊完后要用石棉布包住，使其缓慢冷却。

四、焊接热处理

1. 焊前预热

采用两把 H01 - 6 焊炬用对称火焰同时对工件进行预热，预热路线为 W 形，用测温笔进行温度测定，预热时间为 20 ~ 25 min。

2. 焊后热处理

每个接头焊缝用长度为 18 ~ 20 m 的绳形加热器围绕，用硅酸铝棉层保温，保温层厚度 50 mm，用自动控温仪控制温度。

任务评价

中碳钢的焊接评分标准见表 2—2—2。

表 2—2—2　　**中碳钢的焊接评分标准**

序号	考核内容	评分标准	配分	得分
1	焊前的准备工作	坡口制备 5 分，坡口清理 5 分，定位焊 5 分	15	
2	焊接方法的选择	选择合适的焊接方法 10 分	10	
3	焊接材料的选择	选用 E50 × × 系列焊条 10 分，选用 H08Mn2SiA 焊丝 5 分	15	
4	焊接操作	焊接参数选择合理 10 分，TIG 焊打底无缺陷 15 分，焊条电弧焊焊缝无缺陷 15 分；焊缝不合格之处，酌情扣分	40	
5	焊前预热及焊后热处理	焊前预热温度应大于 250℃，焊后热处理温度 600 ~ 650℃，各 10 分	20	
		总分合计	100	

思考与练习

1. 为什么中碳钢在制造机器零件时应用普遍，而在焊接结构中则尽量不用？
2. 中碳钢焊接时可能会出现哪些问题？应如何解决？
3. 中碳钢焊接时选择焊接材料的原则是什么？焊接工艺要点是什么？

任务3　高碳钢的焊接

技能点

◎ 能够根据高碳钢的化学成分和力学性能选择焊接材料及制定焊接工艺，防止高碳钢焊接裂纹的产生。

知识点

◎ 高碳钢的焊接性、焊接工艺要点，冷裂纹、热裂纹产生的位置与特点、产生原因、工艺控制措施。

任务提出

常用的高碳钢有65、70、75、80、85，以及60 Mn、65 Mn和70 Mn等。高碳钢难以焊接，焊接时容易在焊缝和热影响区产生裂纹。因此，高碳钢一般不用于焊接结构，主要用于硬度高、耐磨性好的机械零部件，对它们的焊接多数情况下仅限于破损件的补焊修理。

高碳钢（70钢）轨道的无缝焊接（见图2—3—1）需求量很大，但目前一些焊接设备（如电渣焊、电阻焊）由于操作复杂、结构笨重、生产率低等原因不能满足现场施工的要求，而焊条电弧焊具有设备简单、易于在施工现场作业的优点。请制定合理的焊接工艺方案，以解决高碳钢轨道难以焊接的问题。

图2—3—1　高碳钢（70钢）轨道的无缝焊接

任务分析

由于高碳钢的焊接性很差，容易出现冷、热裂纹和焊接接头强度降低等问题。因此在对70钢轨道进行焊条电弧焊时要注意采取焊前退火和预热、焊接过程中层间温度和熔合比控制、焊后保温和热处理等工艺措施。

相关知识

一、高碳钢的焊接性

高碳钢中 w（C）>0.60%。含碳量的增加使得高碳钢比中碳钢焊接时产生热裂纹的倾向更大。高碳钢淬硬倾向大，很容易在近缝区产生又硬又脆的高碳马氏体组织，如工艺措施选择不当，则在近缝区容易产生冷裂纹。由于高碳钢的热导率比低碳钢小，焊接时因工件不均匀受热所引起的应力集中会增加，这种内应力很容易导致裂纹产生。高碳钢焊接时，由于高温的影响，晶粒迅速长大，部分碳化物分布在晶粒边界，使焊缝脆弱，接头强度降低。

因此，高碳钢焊接性很差，必须慎重选择焊接方法及工艺规范。

二、高碳钢的焊接工艺

1. 焊接方法的选择

高碳钢由于含碳量很高，焊接性很差，通常用于补焊和堆焊，因此其最常用的焊接方法主要是焊条电弧焊和气焊。

2. 焊条电弧焊时焊接材料的选用

要根据母材的含碳量、结构设计和使用条件等因素合理选用焊接材料。

（1）对强度要求较高的焊接接头，一般选用 E7015－D2 或 E6016、E6015－D1 焊条；接头强度要求不高的，可选用 E5016 或 E5015 焊条等，或者选用与以上焊条强度级别相当的低合金钢焊条或填充金属，所用的焊接材料都必须是低氢材料，以避免氢致裂纹的出现。

（2）在选用铬镍奥氏体不锈钢焊条进行焊接时，可以不预热，因为奥氏体组织的焊缝金属具有溶氢能力强、塑性好、可减小焊接接头应力、避免热影响区冷裂纹产生的特点；但在焊接刚度较大的焊件时应适当预热。

（3）气焊时，对强度要求不高的焊接接头可选用低碳钢焊丝，要求较高的则选用与母材成分相近的焊丝。

3. 高碳钢的焊接工艺要点

在大多数情况下，高碳钢焊接需要退火、预热、控制层间温度，以降低焊缝金属和热影响区的冷却速度，抑制马氏体的形成，提高焊接接头的塑性，减小残余应力。

（1）高碳钢零件一般经过淬火＋回火的热处理，因此焊接之前要先进行退火，以减小裂纹倾向。

（2）选用结构钢焊条时，焊前必须预热，预热温度一般为 250～400℃，对结构复杂、刚度较大、焊缝较长、板厚较厚的焊件，预热温度要高于 400℃。常用高碳钢的化学成分及焊前预热温度见表 2—3—1。

（3）坡口形式。焊件坡口形式应尽量减小母材金属熔入焊缝的比例，以降低焊缝金属中的含碳量，提高焊缝金属的韧性，降低其产生冷裂纹的倾向。

（4）焊接参数。采取与焊接中碳钢相似的焊接参数，尽量减小熔合比，小电流焊接，低焊接速度，焊接过程尽可能连续进行，中间不间断。

表 2—3—1　　常用高碳钢的化学成分及焊前预热温度

钢号	化学成分（质量分数,%）							预热温度（℃）
	C	Si	Mn	P	S	Cr	Ni	
65	0.62～0.70	0.17～0.37	0.50～0.80	≤0.035	≤0.035	≤0.25	≤0.25	250～400
70	0.67～0.75	0.17～0.37	0.50～0.80	≤0.035	≤0.035	≤0.25	≤0.25	>400
85	0.82～0.90	0.17～0.37	0.50～0.80	≤0.035	≤0.035	≤0.25	≤0.25	>400

（5）焊后热处理。施焊结束后，应立即将焊件送入加热炉，加热至600～650℃保温，然后缓冷，进行消除应力热处理。

（6）施焊特点

1）电焊条使用前要烘干，将焊条在350～400℃温度下烘干，时间1～2 h，并保存在专用的焊条容器内保温，随用随取。长时间不用的焊条，要再次烘干。

2）焊前应将焊缝两边的油污、锈垢和其他脏物清理干净。

3）定位焊时，应采用小直径焊条焊透，由于高碳钢裂纹倾向大，定位焊缝应比焊接低碳钢时长一些，定位焊缝距离也应适当减短，并不高出焊缝表面。断续焊时，应注意不要在母材表面引弧。收尾时，应注意填满弧坑，以减少弧坑裂纹和气孔等缺陷。

4）焊接过程中，要采用引弧板和引出板。

5）多层焊接时，控制各焊层的层间温度与预热温度相同。

6）为防止产生裂纹，可采用隔离焊缝焊接法。即先用强度级别低、含碳量低的焊接材料在焊接坡口上堆焊一层，然后再在堆焊层上进行焊接。堆焊过渡层减小了第一、二层焊缝金属含碳量，提高了其塑性，有利于防止焊缝开裂。堆焊层的焊接除选用焊条电弧焊外，还可以用CO_2气体保护焊、富氩混合气体保护焊及钨极氩弧焊，焊丝选用H08Mn2SiA或其他焊丝。

7）为防止近缝区金属组织硬化，焊接时要降低焊接速度，使熔池缓冷。采用多层焊接时应用退火焊法，这样可以使前一层焊缝的硬化区达到回火作用，可以减少硬化区。

8）可采用锤击焊缝的方法减小焊接残余应力。

9）气焊时，为了防止过热，焊接速度应尽量快些。

10）采用低碳钢焊丝或与母材成分相近的焊丝气焊时，避免使用氧化焰，因为氧化焰会促使熔池内的碳烧损，使焊缝形成多孔性缺陷。

任务实施

一、焊前准备

1. 焊材选择

选用强度较高的E7015－D2、ϕ4 mm焊条对高碳钢轨道进行焊接，使焊缝金属的含碳量达到w（C）＝0.72%～0.75%，经过焊后热处理，其接头的硬度、耐磨性可与母材相等，达到了钢轨的使用要求。

2. 坡口制备

轨道接头处用角磨机磨出U形坡口，U形坡口可以最大限度地减小熔合比，以减小焊缝产生冷裂纹的倾向。

3. 坡口清理

焊接前将坡口内外 30 ~ 50 mm 范围内的铁锈、油污等污物清理干净，并用角向磨光机打磨至露出金属光泽，然后用丙酮清洗。

4. 轨道装配

如图 2—3—2 所示为轨道装配图，装配间隙为 3 ~ 4 mm。

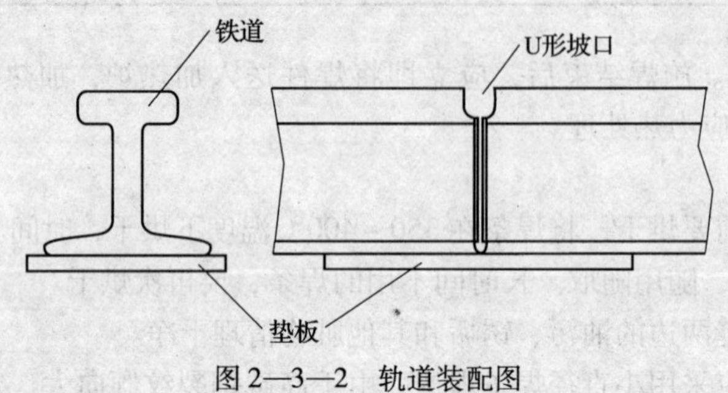

图 2—3—2 轨道装配图

二、焊接操作要点

焊接时，为防止产生裂纹，应先在焊接坡口上用低碳钢焊条堆焊一层隔离层，然后再在堆焊层上焊接。焊接时严格控制层间温度。

采用小焊接电流和低焊接速度使熔深减小，以减少母材金属的熔入。选择合适的焊接速度，使熔池缓冷，降低冷裂倾向。

在焊接过程中，每焊完一层立即用圆头锤击打焊缝，以减小焊接应力。

三、焊接热处理

1. 焊前预热

用氧乙炔焰预热焊接接头，预热温度为 400 ~ 450℃。

2. 焊后热处理

焊后加热到 800 ~ 1 000℃，采用调质的热处理方法，提高焊接接头的强度、韧性和耐疲劳性。然后在焊缝处安装保温装置，装上干石灰块，最后在干石灰上浇水，让其产生化学反应，起到保温作用。

任务评价

高碳钢的焊接评分标准见表 2—3—2。

表 2—3—2　　高碳钢的焊接评分标准

序号	考核内容	评分标准	配分	得分
1	焊前的准备工作	坡口制备 5 分，坡口清理 5 分，定位焊 5 分	15	
2	焊接方法的选择	选择合适的焊接方法 10 分	10	
3	焊接材料的选择	选用等强度的焊接材料 15 分	15	

续表

序号	考核内容	评分标准	配分	得分
4	焊接操作	焊接参数选择合理10分，焊接无缺陷30分；焊缝不合格之处，酌情扣分	40	
5	焊前预热及焊后热处理	焊前预热温度400～450℃，焊后热处理温度800～1 000℃，各10分	20	
总分合计			100	

思考与练习

1. 简述高碳钢的成分特点与焊接性。
2. 高碳钢焊接时可能会出现哪些问题？应如何解决？
3. 高碳钢焊接的工艺要点是什么？

模块三　合金结构钢及其焊接工艺

用于机械零件和各种工程结构的钢材统称为结构钢，合金结构钢是在非合金钢的基础上添加一定量的合金元素达到所需性能要求的钢材。合金结构钢具有优良的综合性能，经济性极佳，广泛用于压力容器、工程机械、石化、桥梁、船舶等钢结构的制造，是焊接结构中用量最大的一类工程材料。合金结构钢的主要特点是强度高，韧性、塑性和焊接性较好，在经济建设和社会发展中发挥着越来越重要的作用。

任务1　热轧及正火钢的焊接

技能点

◎ 能够根据热轧及正火钢的化学成分和力学性能选择焊接材料及制定焊接工艺。

知识点

◎ 合金结构钢的分类、性能与用途，热轧及正火钢的成分与性能，热轧及正火钢的焊接性、焊接工艺要点。

任务提出

热轧及正火钢一般称为低合金高强度钢，广泛用于钢结构、储罐、管道等工程的焊接制造。这类钢的屈服强度多位于300～450 MPa之间，一般在热轧或正火状态下供货使用。

Q345R钢是我国应用最为广泛的热轧钢，也是制造压力容器最常用的材料。压力容器是在石油、化工、钢铁、造纸、医药、食品等行业中广泛使用的设备，承受着高温、低温、易燃、易爆、剧毒或腐蚀介质的高压力，一旦发生爆炸或泄漏，往往会发生灾难性事故，因此在压力容器的焊接制造过程中，要避免各种焊接缺陷出现。

液化石油气球罐如图 3—1—1 所示，是用于充装液化石油气的压力容器。该球罐的材质为 Q345R，钢板厚度为 25 mm，内径为 9 200 mm，容积为 400 m^3，焊缝长达 250 m，是典型的热轧钢焊接的实例，请制定合理的焊接工艺方案。

图 3—1—1　液化石油气球罐

任务分析

球罐焊接的主要问题是焊接变形和焊接裂纹。球罐上的纵缝彼此错开，焊缝的纵向收缩不会造成严重的变形，但是焊缝的横向收缩往往造成角变形，即焊缝向内凹或外凸。另外，环缝纵向收缩造成球罐相应部分直径缩小，形成“细腰”，极板则向外凸起。球罐变形不仅造成外观质量差，且导致应力集中和附加应力，将严重削弱负载能力。

球罐钢板为 Q345R 钢，厚度大，强度高，成形后刚度大，焊接应力较大，如果不注意选用焊接材料和施工工艺，将会产生焊接裂纹，严重影响球罐的安全使用。另外，Q345R 钢易产生延迟裂纹，使用过程中应定期进行探伤复检。

相关知识

一、合金结构钢的分类、性能与用途

合金结构钢的应用领域广泛，种类繁多，分类的方法也很多。按添加的合金元素的质量分数可分为低合金钢（合金元素的质量分数小于 5%）、中合金钢（合金元素的质量分数为 5% ~10%）和高合金钢（合金元素的质量分数大于 10%）。用于焊接结构生产的大多是低合金钢，一般分为高强度钢和专业用钢两大类。

1. 高强度钢

这类钢材即通常所说的高强钢（屈服强度 σ_s >295 MPa 的钢均可称为高强钢），主要应用于要求常规条件下承受静载和动载的机械零件和工程结构，要求具有良好的力学性能。合金元素的加入是为了在保证足够的塑性和韧性的条件下获得不同的强度等级，并改善焊接性能。

按钢的屈服强度级别及热处理状态，低合金高强钢可分为热轧及正火钢、低碳调质钢和中碳调质钢三类。把钢锭加热到 1 300℃，经热轧成板材，然后空冷后即成为热轧钢；钢板

冷却后，再加热到900℃左右，然后在大气中冷却称为正火钢。此外，钢板经900℃左右加热后水淬，然后在600℃左右回火处理，称为调质钢。常用的低合金高强钢见表3—1—1。

表3—1—1　　常用的低合金高强钢

类型	屈服强度（MPa）	牌号
热轧及正火钢	295～490	Q295（09MnV、09Mn2、09MnNb、12Mn），Q345（16Mn、14MnNb、12MnV、16MnRE、18Nb），Q390（15MnV、16MnNb、15MnTi），Q420（15MnVN、14MnVTiRE），Q460
低碳调质钢	490～980	15MnMoVN，14MnMoNbB，T—1，Welten—80C，HY—80，NS—63，HY—130，HP9—4—20，HQ70，HQ80，HQ100，HQ130
中碳调质钢	880～1 176	35CrMoA，35CrMoVA，30CrMnSiA，30CrMnSiNi2A，40CrMnSiMoA，40CrNiMoA，34CrNi3MoA

（1）热轧及正火钢。这类钢的屈服强度为295～490 MPa，均在热轧或正火状态下使用，属于非热处理强化钢，广泛应用于常温下工作的各种焊接结构，如压力容器、动力设备、工程机械、桥梁、建筑结构和管线等。

（2）低碳调质钢。这类钢的屈服强度为490～980 MPa，在调质状态下供货使用，属于热处理强化钢。既有高的强度，又有较好的塑性和韧性，可以直接在调质状态下焊接，焊后不需要调质处理，主要用于大型工程机械、压力容器及潜艇制造。

（3）中碳调质钢。这类钢的屈服强度一般为880～1 176 MPa，含碳量较高（0.25%～0.5%），常用于强度要求很高的产品或部件，如火箭发动机壳体、飞机起落架等。

2. 专业用钢

专业用钢主要用于一些特定条件下工作的机械零件和工程结构。因此，除了要满足力学性能外，还必须能适应特殊环境下的工作要求。根据对不同使用性能的要求，专业用钢分为珠光体耐热钢、低温钢和低合金耐蚀钢等。

（1）珠光体耐热钢。这类钢是以Cr、Mo为基础的低中合金钢，随着工作温度的提高，还可加入V、W、Nb、B等合金元素，具有较好的高温强度和高温抗氧化性，主要用于工作温度在500～600℃的高温设备，如热动力设备和化工设备等。

（2）低温钢。这类钢大部分是一些含镍或无镍的低合金钢，一般在正火或调质状态下使用，主要用于各种低温装备（－196～－40℃）和在严寒地区的一些工程结构，如液化石油气、天然气的储存容器等。与普通低合金钢相比，低温钢必须保证在相应的低温下具有足够高的低温韧性，对强度无特殊要求。

（3）低合金耐蚀钢。这类钢除具有一般的力学性能外，必须具有耐腐蚀性能这一特殊要求，主要用于在大气、海水、石油化工等腐蚀介质中工作的各种机械设备。由于所处的介质不同，耐蚀钢的类型和成分也不同。耐蚀钢中应用最广泛的是耐大气和耐海水腐蚀用钢。

二、热轧及正火钢的成分与性能

典型热轧及正火钢的牌号及化学成分见表3—1—2，力学性能见表3—1—3。

表 3—1—2　　典型热轧及正火钢的牌号及化学成分

牌号	化学成分（质量分数，%）										
	C	Mn	Si	S	P	V	Nb	Ti	Cr	Ni	其他
Q295	≤0.16	0.80 ~ 1.50	≤0.55	≤0.040	≤0.040	0.02 ~ 0.15	0.015 ~ 0.06	0.02 ~ 0.20			
Q345	≤0.20	1.00 ~ 1.60	≤0.55	≤0.040	≤0.040	0.02 ~ 0.15	0.015 ~ 0.06	0.02 ~ 0.20			
Q390	≤0.20	1.00 ~ 1.60	≤0.55	≤0.040	≤0.040	0.02 ~ 0.20	0.015 ~ 0.06	0.02 ~ 0.20			
Q420	≤0.20	1.00 ~ 1.70	≤0.55	≤0.040	≤0.040	0.02 ~ 0.20	0.015 ~ 0.06	0.02 ~ 0.20			
18MnMoNb	0.17 ~ 0.22	1.35 ~ 1.65	0.17 ~ 0.37	≤0.035	≤0.035		0.025 ~ 0.05				Mo:0.45 ~ 0.55
13MnNiMoNb	≤0.16	1.00 ~ 1.60	0.10 ~ 0.50	≤0.025	≤0.025		0.005 ~ 0.022		0.02 ~ 0.40	0.70 ~ 1.10	Mo:0.20 ~ 0.40
WH530	≤0.18	1.20 ~ 1.60	0.20 ~ 0.55	≤0.030	≤0.030		0.01 ~ 0.040				
WH590	≤0.22	1.30 ~ 1.70	0.20 ~ 0.55	≤0.030	≤0.015	0.02 ~ 0.05	0.01 ~ 0.040			0.20 ~ 0.50	
D36	0.12 ~ 0.18	1.20 ~ 1.60	0.10 ~ 0.40	≤0.006	≤0.02	0.02 ~ 0.08	0.02 ~ 0.05				
X60	≤0.12	1.00 ~ 1.30	0.10 ~ 0.40	≤0.025	≤0.010						

表 3—1—3　　典型热轧及正火钢的力学性能

牌号	热处理状态	力学性能			
		σ_s（MPa）	σ_b（MPa）	δ（%）	a_{KV}（J/cm^2）或 A_{KV}（J）
Q295	热轧	≥295	390 ~ 570	≥23	a_{KV}≥34
Q345	热轧	≥345	470 ~ 630	≥21	a_{KV}≥34
Q390	热轧	≥390	490 ~ 650	≥19	a_{KV}≥34
Q420	正火	≥420	520 ~ 680	≥18	a_{KV}≥34
18MnMoNb	正火 + 回火	≥490	≥637	≥16	a_{KU}≥69
13MnNiMoNb	正火 + 回火	≥392	569 ~ 735	≥18	a_{KV}≥39
WH530	正火	≥370	530 ~ 660	≥20	a_{KV}（-20℃）≥31
WH590	正火	≥410	590 ~ 730	≥18	A_{KV}≥34
D36	正火	≥353	≥490	≥21	A_{KV}（-40℃）≥34
X60	控轧	≥414	≥517	20.5 ~ 23.5	A_{KU}（-10℃）≥54

1. 热轧钢

屈服强度为 295 ~ 390 MPa 的钢大都属于热轧钢，热轧钢的合金系一般为 C - Mn 或 C -

Mn－Si 系，其强度主要靠 Mn、Si 的固溶强化作用来提高。在低碳条件下，当 w（Mn）≤1.6%、w（Si）≤0.6%时，钢材可以保持较高的塑性和韧性，若超出这一范围，塑性、韧性会明显恶化。因此，合金元素的用量和钢的强度水平都受到一定的限制。热轧钢的综合力学性能和加工性能都较好，原料资源丰富，冶炼工艺简单，因此价格较低，在国内外都得到了普遍应用。

Q345 是国内应用最为广泛的热轧钢，Q345 按其中 Mn 和 Si 的含量不同又分为 A～E 5 个质量等级，Q345C 相当于锅炉和压力容器用钢中的 Q345R。

Q390 钢是在 Q345 的基础上发展起来的，加入少量的 V（0.03%～0.2%）、Ti（0.10%～0.20%）、Nb（0.01%～0.05%），利用它们的碳化物和氮化物的析出来细化晶粒，进一步提高强度。

热轧钢的组织为铁素体＋珠光体，当板厚较大时，可以要求在正火条件下供货，经过正火处理可使钢的化学成分均匀化，塑性、韧性提高，但强度略有下降。

2. 正火钢

当要求钢的屈服强度大于 390 MPa 时，必须在固溶强化的同时加强合金元素的沉淀强化作用。正火钢是在固溶强化的基础上，加入碳、氮化物形成元素（V、Ti、Nb 和 Mo 等），通过沉淀强化和细晶强化来进一步提高钢的强度和保证韧性。正火处理的目的是促使碳化物和氮化物质点从固溶体中沉淀析出并同时细化晶粒。此外，碳化物的析出还减少了固溶在基体中的碳，使淬透性下降，焊接性也有所改善。

对于含钼钢来讲，正火后必须再进行回火才能保证良好的塑性和韧性，因此这类钢又分为：

（1）在正火状态下使用的钢，主要是含有 V、Ti、Nb 的钢，特点是屈强比较高，属于这类钢的有 Q420、WH530 和 WH590。

WH530 是武汉钢铁公司研制的新钢种，其强度、韧性优于目前应用的 Q345R，焊接性良好。该钢的供货牌号为 15MnNbR（WH530），主要用于水电站压力钢管、球形储罐等结构的生产。WH590 的供货牌号为 17MnNiVNbR（WH590），其抗拉强度不小于 590 MPa，具有高韧性和优良焊接性，已应用于大型液化气槽车的制造，改变了我国液化气槽车壁厚大、自重系数高和容量比小的缺点。

（2）在正火＋回火状态下使用的钢，钢中加入质量分数为 0.5% 的 Mo，Mo 可以提高强度、细化组织，并可以提高钢的中温性能，如 14MnMoV、18MnMoNb 等，主要用于制造中温厚壁压力容器。含钼钢正火后的组织是上贝氏体＋少量铁素体，塑性和韧性指标都不高，必须在经过回火后才能获得良好的塑性和韧性。大多数含钼的低合金钢是在 Mn－Mo 系的基础上添加 Ni 或 Nb，以进一步提高钢的强度，镍还可以提高厚板的低温韧性。

属于正火钢的还包括 Z 向钢，它属于保证厚度方向性能的钢，此类钢具有良好的抗层状撕裂能力。这类钢在冶炼中采用了真空除气、钙或稀土处理等特殊工艺措施，严格控制 w（S）≤0.006%，其 Z 向断面收缩率 $\psi_z \geq 35\%$，如表 3—1—2 中的 D36 钢。

3. 微合金控轧钢

微合金控轧钢是采用微合金化和控制轧制等技术来达到细化晶粒与沉淀强化相结合的效果，同时从冶炼工艺上采取降碳与降硫、改变夹杂物形态、提高钢的纯净度等措施，使钢材产生均匀的细晶组织，具有高强度、高韧性和焊接性良好等优点。微合金控轧钢是热轧及正火钢的一个新分支，是近些年来发展起来的一类新钢种，主要用于石油和天然气的输送管线，如 X60、X65 和 X70 等管线钢。

三、热轧及正火钢的焊接性

热轧及正火钢在高强钢中强度级别较低，合金元素种类及含量都较少，同时含碳量也较低，总的来讲其焊接性较好。但与低碳钢相比，其化学组成毕竟较复杂，随着合金元素含量的增加，焊接性变差。焊接时的主要问题是焊接裂纹和热影响区性能的变化。

1. 焊接裂纹

（1）焊接热裂纹。热裂纹的产生与焊缝中的低熔点杂质含量有直接关系。母材中碳、硫、磷及锰、硅等元素的含量直接影响焊接接头的热裂纹敏感性。

热轧及正火钢含碳量较低，而含锰量较高，钢中的硫、磷含量也较低，所以其 w（Mn）与 w（S）的比值能够达到防止热裂纹的要求，即这类钢具有较好的抗热裂纹的能力，在正常情况下焊缝中不会出现热裂纹。但如果母材成分反常，偏析严重或碳、硫、磷含量偏高时，仍有产生热裂纹的可能。这时就要设法提高焊缝 w（Mn）与 w（S）的比值，比如选用脱硫能力强的焊条，埋弧焊时使用超低碳焊丝配合低硅焊剂，并减小熔合比等。

（2）焊接冷裂纹。冷裂纹是高强钢焊接中的一个主要问题，占高强钢中裂纹的 90% 左右。冷裂纹的产生要求有一定的含氢量、足够的拘束应力和硬脆的显微组织。在这三个因素中，前两个因素主要取决于工艺因素和结构因素，而第三个因素则取决于母材本身的化学组成。

对于热轧及正火钢，这两种钢的化学成分不同，对冷裂纹的敏感程度也有所不同，热轧钢的碳当量在 0.4% 以内，在低合金高强钢中的淬硬倾向最小，但相对于低碳钢而言，由于含有少量的合金元素，因此它的淬硬倾向还是要大些，且随着强度级别的增加，淬硬倾向随之加大。当冷却速度不大时要求的焊接工艺与低碳钢相似，但在板厚较大和环境温度较低时仍有冷裂倾向，这时就要求焊前采取预热措施。

正火钢的碳当量在 0.4% ~ 0.6% 范围内，与低碳钢相比，焊接性的差别就要大些。对于 Q390（15MnTi）由于强度较低，冷裂倾向也较低，性能与热轧钢中的 Q345（16Mn）相近。但对于 18MnMoNb，由于强度较高，碳当量较高，在焊接条件下很容易得到贝氏体或马氏体组织，冷裂倾向增大。可见，正火钢的强度级别越大，碳当量越高，其冷裂倾向随之加大，焊接时需要采取严格的工艺措施来防止冷裂纹，如采取严格控制热输入量、预热和焊后热处理等。

（3）消除应力裂纹（再热裂纹）。消除应力裂纹一般产生在热影响区的粗晶区，沿熔合线方向断续分布。该裂纹的产生一般须有较大的焊接残余应力，因此在拘束度大的厚大工件中的应力集中部位更易出现消除应力裂纹。含有 Mo、Cr 元素的钢焊接后在消除应力热处理或再次高温加热（包括长期高温下使用）过程中，可能会产生消除应力裂纹。

对具有产生消除应力裂纹倾向的热轧及正火钢，可采取提高预热温度或焊后立即热处理等措施来防止消除应力裂纹的产生。18MnMoNb 钢对消除应力裂纹比较敏感，将预热温度从 180℃（防止冷裂纹产生）提高到 230℃，或者在焊后立即进行 180℃ ×2 h 的后热，均可防止消除应力裂纹的产生。

（4）层状撕裂。层状撕裂主要与钢的冶炼轧制质量、板厚、接头形式和 Z 向应力有关，与钢材强度无直接关系。一般认为，钢中的含硫量和断面收缩率是衡量抗层状撕裂能力的重要判据。根据经验，若 $\psi_z > 20\%$，即使 Z 向拘束应力较大，也不会产生层状撕裂。因此，焊接有可能产生层状撕裂的重要结构应采用 Z 向钢，这些钢在冶炼过程中采取了特殊的工艺措施，成本较高。D36 钢 ψ_z 最大可达 55%。

2. 热影响区性能的变化

（1）过热区的脆化。热轧钢的过热区脆化与含碳量相关。以 Q345 钢为例，当含碳量处于下限范围（0.12% ~ 0.14%）时，导致脆化的原因主要是焊接热输入量过大而形成粗大的魏氏组织。这时适当降低焊接热输入量使晶粒粗化程度降低，可以提高接头的韧性；而如果因冷却速度较快生成马氏体，由于含碳量较低，仍能保证足够的韧性。当含碳量处于上限（0.20%）时，焊接热输入量过大，则生成粗大魏氏体，过小则形成孪晶马氏体，都易导致过热区的脆化。所以这时焊接热输入量以不出现孪晶马氏体为下限，同时注意避免造成粗晶脆化。

正火钢的脆化与热轧钢不同，其脆化除与晶粒粗化有关外，主要是由于过热区的温度使难溶的碳化物和氮化物重新溶入奥氏体，在焊接条件下冷却时，碳化物形成元素（Ti、V 等）来不及由固溶体中析出而保留在铁素体中，使铁素体显微组织硬度提高而韧性明显下降。所以说，正火钢的脆化不仅与焊接热输入量有关，还与其沉淀强化元素的含量有关。对这种钢宜采用较小的焊接热输入量，抑制碳化物、氮化物向奥氏体溶入，即使冷却后形成马氏体，也是韧性好的低碳马氏体。对于含碳量高、合金元素多的正火钢（如 18MnMoNb），还要注意因急冷产生的马氏体转变而引起的脆化。

（2）热应变脆化。热应变脆化是指在焊接过程中，在热和应变共同作用下产生的一种应变时效，是由于氮、碳原子聚集在金属晶格的位错周围造成的。一般发生在固溶氮含量较高而强度级别不高的低合金钢中，在 200 ~ 400℃ 时最为明显。可以通过在钢中加入足够量的氮化物形成元素（Al、Ti、V 等）来有效降低热应变脆化倾向，如 Q420 钢比 Q345 钢的热应变倾向小。通过焊后热处理能有效消除热应变脆化，如 Q345 钢经 600℃ ×1 h 退火处理后，韧性有很大提高。

四、热轧及正火钢的焊接工艺要点

1. 坡口加工、装配及定位焊

坡口加工可采用火焰切割或碳弧气刨，也可采用机械加工，机加工精度较高。对强度级别较高、厚度较大的钢材，经过火焰切割和碳弧气刨的坡口应用砂轮仔细打磨，清除氧化皮及凹槽。在坡口两侧约 50 mm 范围内，应去除水、油、锈蚀及脏物等。

焊接件的装配间隙不应过大，尽量避免强力装配，以减小焊接应力。为防止定位焊缝开裂，要求定位焊缝应有足够的长度（一般不小于 50 mm），厚度较薄的板材定位焊缝的长度不应小于 4 倍的板厚。定位焊应选用同类型的或强度稍低的焊接材料。定位焊的顺序应能防止过大的拘束，允许工件有适当的变形，焊接电流可稍大于焊接时的焊接电流，焊缝应对称均匀分布。

2. 焊接方法的选择

热轧和正火钢对焊接方法无特殊要求，常用的焊接方法如焊条电弧焊、气体保护焊、埋弧焊和电渣焊等都可选用。焊接方法的选取主要根据产品的结构特点、批量、生产条件和经济效益等综合情况来定。

3. 焊接材料的选择

选择焊接材料的原则是使焊缝无缺陷和满足焊接接头的使用性能。热轧及正火钢焊接时的热裂和冷裂倾向不大，因此选择焊接材料的主要依据是保证焊缝金属的强度、塑性和韧性等力学性能与母材相匹配，并不要求与母材成分相同，因此选择焊接材料应考虑以下问题：

（1）选择相应强度级别的焊接材料。焊接材料的选择应考虑焊缝与母材等强匹配的原则，一般要求焊缝与母材强度相等或略低于母材。焊缝中含碳量应低于 0.14%，其他合金元素也要低于在母材中的含量，以防止因焊缝强度过高而产生焊接裂纹。由于焊接时的冷却速度很快，完全脱离了平衡状态，以至于使焊缝金属形成过饱和的铸态组织，当焊接材料的化学成分与母材相同时，焊缝金属则呈现出强度高，但塑性、韧性很低的状况，这对焊接接头的抗裂性能和使用性能都是非常不利的。

（2）考虑熔合比和冷却速度的影响。焊缝金属的力学性能取决于化学成分和组织的过饱和度。焊缝化学成分不仅取决于焊接材料，而且与母材的熔入量（熔合比）有很大关系，而焊缝组织的过饱和度则与冷却速度有很大关系。因此，即使采用同样的焊接材料，当熔合比和冷却速度不同时，所得焊缝的性能也会有很大差别。例如焊接 Q345 钢时，焊丝的选择要考虑到板厚和坡口形式的影响。当不开坡口对接焊时，由于母材熔入量较多，埋弧焊时用普通的低碳钢焊丝 H08A 配合高硅高锰焊剂即能达到要求；如采用大坡口对接焊时，由于母材熔入量较少，若继续采用 H08A 焊丝，则焊缝强度则偏低，这时需要采用含锰量高的 H08MnA 或 H10Mn2 焊丝，以提高焊缝中的含锰量，保证焊缝与母材等强度。

（3）考虑焊后热处理对焊缝力学性能的影响。焊后热处理（如消除应力退火）会使焊缝的强度有所降低，当焊缝强度余量不大时，焊后热处理后焊缝的强度很可能会低于母材。因此，对于焊后要求正火处理的焊缝，应选择强度较高的焊接材料。

此外，对焊缝金属的使用性能有特殊要求时，应同时加以考虑。例如在焊接 16MnCu 时，要求焊缝金属与母材具有相同的耐蚀性能，应选用含铜的焊接材料。

热轧及正火钢常用的焊接材料见表 3—1—4。

表 3—1—4　　热轧及正火钢常用的焊接材料

牌号	焊条型号	焊条牌号	埋弧焊		CO_2气体保护焊焊丝
			焊丝	焊剂	
Q295	E43××	J42×	H08A H08MnA	HJ431 SJ301	H10MnSi H08Mn2Si
Q345	E50××	J50×	H08A（I 形坡口对接）	HJ431	H08Mn2Si
			H08MnA、H10Mn2（中板开坡口对接）		
			H10Mn2（厚板深坡口对接）	HJ350	
Q390	E50××	J50× J55×	H08MnA（I 形坡口对接）	HJ431	H08Mn2SiA
			H10Mn2、H10MnSi（中板开坡口对接）	HJ431	
			H08MnMoA（厚板深坡口对接）	HJ250、HJ350	

续表

牌号	焊条型号	焊条牌号	埋弧焊		CO_2气体
			焊丝	焊剂	保护焊焊丝
Q420	E55×× E60××	J55× J60×	H08MnMoA H04MnVTiA	HJ431 HJ350	—
18MnMoNb	E70××	J60× J707Nb	H08Mn2MoA H08Mn2MoVA	HJ431 HJ350	—
X60	E4311	J425XG	H08Mn2MoVA	HJ431、SJ101	—

4. 焊接参数

（1）焊接热输入量。焊接热输入量的选择主要考虑接头区是否出现冷裂纹和热影响区脆化。对于碳当量小于0.40%的热轧及正火钢，如Q295、09Mn2Si和Q345，其焊接热输入量基本没有严格要求。因为这类钢对过热敏感性不大，淬硬倾向和冷裂倾向也不大，热输入量小一些更为有利。对于碳当量大于0.40%的钢种，随其碳当量和强度级别的提高，所适用的焊接热输入量的范围也变窄。碳当量为0.40%～0.6%的热轧及正火钢在焊接时，由于淬硬倾向增大，马氏体含碳量提高，导致冷裂倾向加大，过热区脆化严重，在此情况下热输入量应偏大较好。但在加大热输入量、降低冷却速度的同时，会引起热影响区过热的加剧，若采用预热+小热输入量则效果更好。因此，适当控制预热温度，既可以避免裂纹的产生，又能防止晶粒的过热粗化。

为了避免由于沉淀相的溶解以及晶粒过热引起的脆化，对于一些含Nb、V、Ti的正火钢的焊接，热输入量应偏小。对多层焊的第一道焊缝用小直径的焊条及小的热输入量进行焊接可以减小熔合比。

（2）预热温度。预热的目的主要是防止裂纹，同时还有一定改善组织和性能的作用。预热温度与钢材的淬硬性、板厚、拘束度、环境温度等因素有关，可以利用有关的经验公式进行估算。多层焊时应保证层间温度不低于预热温度，但也要避免层间温度过高而产生晶粒粗大和韧性下降等不利影响。

常用热轧及正火钢的预热温度及焊后热处理规范见表3—1—5。

表3—1—5　常用热轧及正火钢的预热温度和焊后热处理规范

牌号		预热温度（℃）	焊后热处理规范	
新标准	旧标准		电弧焊	电渣焊
Q295	09Mn2 09MnNb 09MnV	不预热（一般供应的板厚$\delta \leqslant 16$mm）	不热处理	—
Q345	16Mn 14MnNb	100～150 ($\delta \geqslant 30$ mm)	600～650℃退火	900～930℃正火 600～650℃回火
Q390	15MnV 15MnTi 16MnNb	100～150 ($\delta \geqslant 28$ mm)	550℃或650℃退火	950～980℃正火 550℃或650℃回火

续表

牌号		预热温度（℃）	焊后热处理规范	
新标准	旧标准		电弧焊	电渣焊
Q420	15MnVN 14MnVTiRE	100～150 （δ≥25 mm）		950℃正火 650℃回火
14MnMoV 18MnMoNb		≥200	600～650℃退火	950～980℃正火 600～650℃回火

由于影响预热温度的因素很多，因此表3—1—5中推荐的预热温度仅作参考，实际应用时还必须结合具体情况经试验后才能确定。

（3）焊后热处理。热轧及正火钢的焊接除电渣焊由于接头严重过热需要焊后正火处理外，一般不需要焊后热处理，但对要求抗应力腐蚀的焊接结构、低温下使用的焊接结构和厚壁高压容器等，焊后需要进行消除应力的高温回火（550～650℃）。

确定回火温度的原则：

1）不超过母材原来的回火温度，以免影响母材本身的性能。

2）对有回火脆性的材料，要避开出现回火脆性的温度区间。例如，对含V及V+Mo的低合金钢，在回火时要避免在600℃左右的温度区间内较长时间停留，以避免因钒的二次碳化物析出所造成的脆化，如Q420（15MnVN）钢的消除应力的热处理温度为（550±25）℃。

3）对于抗拉强度大于490 MPa的高强度钢，由于产生延迟裂纹的倾向较大，为了在消除应力的同时起到除氢处理的作用，要求焊后及时进行回火处理。

任务实施

为保证球罐的焊接质量（即减小变形和防止产生焊接裂纹）和提高劳动生产率，制定合理的工艺是十分重要的，在制定和实施球罐焊条电弧焊工艺中应注意以下问题。

一、焊前准备

1. 焊接材料选择

为了提高焊缝的韧性和抗裂性，选用碱性低氢焊条E5015、E5016。焊条中的水分是焊缝中氢的重要来源，而焊缝中氢是导致接头塑性下降和造成延迟裂纹的重要因素。因此需专人管理焊条，焊前严格烘干焊条（在350℃下烘焙1 h，随烘随用）。使用时应将烘好的焊条放在专门的焊条保温筒内随用随取，以防吸潮。烘好的焊条在空气中存放超过半小时，必须重新烘干后才能使用，但反复烘焙次数不能超过3次，以免影响药皮的性能。

2. 母材检验

板片必须经力学性能、化学成分和超声波探伤检查合格后方可使用。

3. 坡口制备

坡口质量直接影响焊接质量，采用自动或半自动切割机切割坡口，一般采用不对称的X形坡口，如图3—1—2所示。

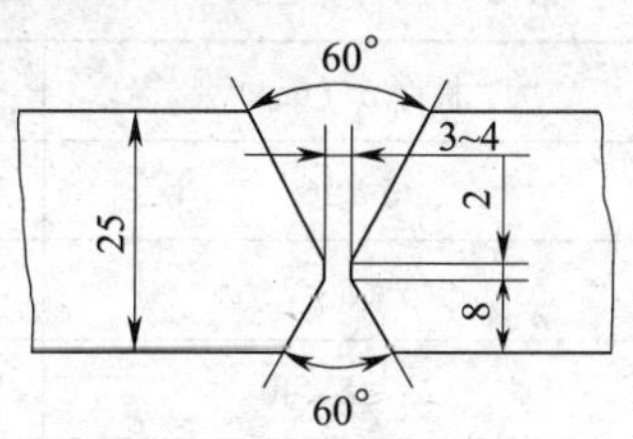

图3—1—2 坡口形式

4. 装配及定位焊

板片的外形尺寸应准确，否则会造成装配困难。对球罐这种刚度大的结构的定位焊应十分注意，要用经过严格烘干的 E5015 焊条。

Q345R 钢及其他一些低合金钢由于淬硬倾向要大于低碳钢，若定位焊缝很短且截面较小，冷却速度很快，很容易出现裂纹、气孔等焊接缺陷而降低接头质量。因此焊接时应充分重视定位焊缝的质量，定位焊缝的参考尺寸见表 3—1—6，重要部位处可适当增加定位焊缝的尺寸和数量，必要时还应采取预热措施。在正式施焊前应认真检查定位焊缝的质量，发现有裂纹时应铲除后重新点固。为了减小应力，防止开裂，要注意避免强行装配。

表 3—1—6　定位焊缝的参考尺寸　mm

焊件厚度	焊缝高度	焊缝长度	间距
<4	<4	5 ~ 10	50 ~ 100
4 ~ 12	3 ~ 6	10 ~ 20	100 ~ 200
>12	约 6	15 ~ 30	100 ~ 300

二、焊接操作要点

1. 焊接时采用直径为 4 mm 的焊条，电流为 160 ~ 280 A，每根焊条应一次焊完。

2. 焊条电弧焊焊完第一层后，清除熔渣及金属飞溅，然后再焊第二层。

3. 焊接中应注意使边缘熔化良好。更换焊条续焊时，要在弧坑处稍前边引弧，然后将电弧返回在已焊焊缝上，搭叠 5 ~ 10 mm，待填满弧坑后，再继续向前焊接。

4. 焊接收尾时，应填满弧坑，再移开电弧。

5. 焊缝的焊接顺序是先焊纵缝，后焊环缝。考虑到焊接时有均匀的收缩变形，焊接方法应以对称均匀焊接为原则。所以在每一圈焊接时各条纵缝最好同时施焊，环缝也应等分成若干段，由数名焊工同时施焊，交接处的引弧、熄弧起落点均应错开，以避免交界处产生焊接缺陷。无论是纵缝或环缝，第一层焊接均采用逆向分段焊，以减小应力和变形，第二道以后采用通道连续焊法。

三、焊前预热

我国曾规定 20 ~ 40 mm 厚的 Q345R 钢在不低于 0℃时可不用预热，而日本 KHK 球罐焊接要求 25 mm 厚的 Q345R 预热至 50 ~ 60℃。由于球罐刚度大，裂纹倾向大，因此在气温较低条件下焊接应酌情预热。不同环境温度下焊接 Q345R 钢的预热温度参见表 3—1—7。

表 3—1—7　不同环境温度下焊接 Q345R 钢的预热温度

板厚 δ（mm）	预 热 温 度
$\delta<16$	不低于 -10℃不预热，-10℃以下预热至 100 ~ 150℃
$16\leqslant\delta<25$	不低于 -5℃不预热，-5℃以下预热至 100 ~ 150℃
$25\leqslant\delta<40$	不低于 0℃不预热，0℃以下预热至 100 ~ 150℃
$\delta\geqslant40$	均预热至 100 ~ 150℃

任务评价

热轧及正火钢的焊接评分标准见表3—1—8。

表3—1—8　热轧及正火钢的焊接评分标准

序号	考核内容	评分标准	配分	得分
1	焊前的准备工作	坡口制备5分，坡口清理5分，定位焊5分	15	
2	焊接方法的选择	选择合适的焊接方法10分	10	
3	焊接材料的选择	选用等强度的碱性低氢焊接材料15分	15	
4	焊接操作	焊接参数选择合理10分，焊缝无缺陷30分；焊缝不合格之处，酌情扣分	40	
5	焊前预热及焊后热处理	不低于0℃时不用预热，一般不需要焊后热处理	20	
总分合计			100	

思考与练习

1. 简述热轧及正火钢的主要强化元素和强化方式有哪些不同。体现在焊接性方面有哪些区别？
2. 热轧及正火钢的焊接工艺要点是什么？
3. 热轧及正火钢的焊接性比较好，原因是什么？表现在哪些方面？

任务2　低碳调质钢的焊接

技能点

◎ 能够根据低碳调质钢的化学成分和力学性能选择焊接材料及制定焊接工艺。

知识点

◎ 低碳调质钢的成分与性能，低碳调质钢的焊接性、焊接工艺要点。

任务提出

热轧及正火钢是依靠添加合金元素并通过固溶强化和沉淀强化的途径来提高钢的强度，但当这种强化作用达到一定程度后，往往会导致钢的塑性和韧性下降。因此，屈服强度大于490 MPa的高强钢大都采用了调质处理，通过组织强化获得很高的综合力学性能。

低碳调质钢的屈服强度 $\sigma_s = 440 \sim 980$ MPa，是一种热处理强化钢，通常在调质状态下供货使用。其特点是含碳量较低，不仅具有较高的强度，而且又有良好的塑性和韧性，可以直接在调质状态下进行焊接，焊后不需进行调质处理，必要时可采取消除应力处理。由于性能优异和经济效益显著，低碳调质钢在工程结构中的应用日益广泛。

以甲醇水分离器筒体的焊接为例，该甲醇水分离器是采用 WCF62 钢进行焊接生产，筒体直径为 1 800 mm，壁厚 44 mm，工作压力 8.4 MPa，工作温度 -40℃，属于第三类压力容器。WCF62 钢是我国武汉钢铁公司研制成功的一种低裂纹敏感性钢，其化学成分与力学性能见表 3—2—1 和表 3—2—2，产品结构如图 3—2—1 所示。请制定合理的焊接工艺方案。

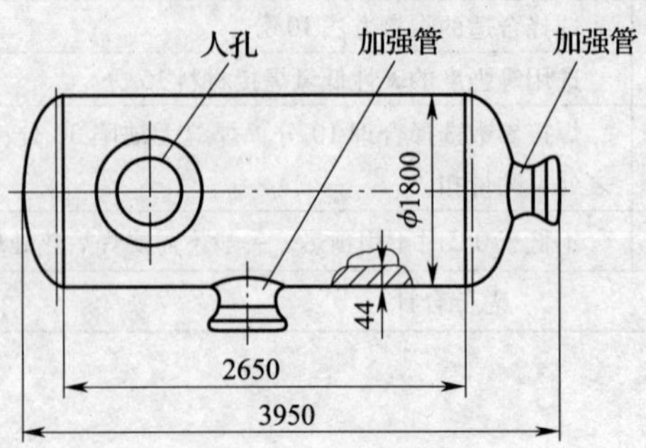

图 3—2—1　甲醇水分离器筒体结构示意图

任务分析

WCF62 钢是屈服强度大于 490 MPa 的低碳调质钢，以极低的含碳量、低含硫量和微合金化，使钢材具有很好的塑性和低温韧性，对冷裂纹的敏感性极低，故又被称为焊接无裂纹钢（简称 CF 钢）。CF 钢可在调质状态下焊接，焊后不需要进行调质处理，在低于母材原始回火温度 50℃以下进行消除应力热处理时，仍能保持其强度和韧性。WCF62 钢的焊接性良好，$Pc<0.226\%$，可选择热输入量不大的焊条电弧焊对其进行焊接。

相关知识

一、低碳调质钢的成分与性能

一般来说，合金元素对钢材的塑性和韧性的影响与其强化的作用相反，即强化效果越大，塑性和韧性的降低就越明显。由于在正火条件下，仅通过增加合金元素来进一步提高钢材的强度会导致其塑性和韧性急剧下降，因此为了保证足够的塑性和韧性，就需要采用调质强化处理的方式来大幅度地提高其强度。通常，将钢材的淬火 + 回火过程称为调质，将经过淬火 + 回火处理的钢称为调质钢（QT 钢）。常用的低碳调质钢通过淬火和回火（即调质处理），可使其具有较高的强度和良好的塑性。

为了保证良好的综合性能和焊接性，低碳调质钢要求钢中 w（C）≤0.22%［实际生产中 w（C）≤0.18%］。此外，添加了一些合金元素，如 Mn、Cr、Ni、Mo、V、Nb、B、Cu 等，主要是为了提高钢的淬透性和马氏体的回火稳定性。这类钢由于含碳量低，淬火后得到的是低碳马氏体，且会发生“自回火”，因此具有脆性小、焊接性良好的特点。

为了改善野外施工焊接条件和提高低温韧性，20 世纪 70 年代发展起来了一种含碳量极低［w（C）≤0.09%］的调质钢，即焊接无裂纹钢（简称 CF 钢），这类钢焊接时采用超低氢焊接材料，在温度不低于 0℃时，厚度在 50 mm 以下的钢板焊前都可以不预热。

常见的低碳调质钢的化学成分和力学性能见表 3—2—1 和表 3—2—2。

表 3—2—1　　常见的低碳调质钢的化学成分

牌号	化学成分（质量分数，%）										Pc（%）	CE（%）
	C	Mn	Si	S	P	Ni	Cr	Mo	V	其他		
14MnMoVN	0.14	1.41	0.30	0.035	0.012	—	—	0.17	0.13	N：0.015 5	0.265	0.50
14MnMoNbB	0.12 ~ 0.18	1.30 ~ 1.80	0.15 ~ 0.35	≤0.03	≤0.03	—	—	0.45 ~ 0.7	—	Nb：0.02 ~ 0.06 B：0.000 5 ~ 0.003	0.275	0.56
WCF60、WCF62	≤0.09	1.10 ~ 1.50	0.15 ~ 0.35	≤0.02	≤0.03	≤0.50	≤0.30	≤0.30	0.02 ~ 0.06	B：≤0.003	0.226	0.47
HQ70A	0.09 ~ 0.16	0.60 ~ 1.20	0.15 ~ 0.40	≤0.03	≤0.03	0.30 ~ 1.00	0.30 ~ 0.60	0.20 ~ 0.40	V + Nb：≤0.10	Cu：0.15 ~ 0.50 B：0.000 5 ~ 0.003	0.282	0.52
HQ80C	0.10 ~ 0.16	0.60 ~ 1.20	0.15 ~ 0.35	≤ 0.015	≤ 0.025	—	0.60 ~ 1.20	0.30 ~ 0.60	0.03 ~ 0.08	Cu：0.15 ~ 0.50 B：0.000 5 ~ 0.003	0.297	0.58

表 3—2—2　　常见的低碳调质钢的力学性能

牌号	板厚（mm）	屈服强度 σ_s（MPa）	抗拉强度 σ_b（MPa）	伸长率 δ（%）	冲击韧度 a_{KV}（J/cm^2）
14MnMoVN	36	598	701	20	77（20℃） 56（-40℃）
14MnMoNbB	≤50	≥686	≥755	≥14	≥39（-40℃）
WCF60、WCF62	16 ~ 50	≥490	610 ~ 725	≥18	≥40（-40℃）
HQ70A	≥18	≥590	≥685	≥17	≥39（-20℃） ≥29（-40℃）
HQ80C	—	≥685	≥785	≥16	≥47（-20℃） ≥29（-40℃）

其中，抗拉强度为 700 MPa 的低碳调质钢是在 Si - Mn - Cr - Ni - Mo 合金系的基础上加入少量 V，如 HQ70，这类钢主要用于制造工程机械、动力设备、交通运输机械和桥梁等。

抗拉强度为 800 MPa 的低碳调质钢是在 Si - Mn - Cr - Ni - Mo - Cu - V 合金系中加入一定的 B，如 14MnMoNbB 和 HQ80C，这类钢用于制造推土机、工程起重机和重型汽车等。

二、低碳调质钢的焊接性

低碳调质钢主要是作为高强度的焊接结构用钢，因此含碳量不高，虽含有一定量的合金元素，但焊接性较好，主要特点是在焊接热影响区，特别是焊接热影响区的粗晶区有一定的冷裂倾向并有韧性下降的现象；在焊接热影响区受热时未完全奥氏体化的区域，以及受热时其最高温度低于 Ac_1、高于调质处理时回火温度的区域有软化或脆化的倾向。

1. 焊接裂纹

（1）焊接热裂纹。由于低碳调质钢中S、P杂质含量控制得严，含碳量低、含锰量较高，因此热裂倾向较小。但对一些高镍低锰类的低合金高强钢来讲，镍会增加结晶裂纹倾向。此时，焊缝中的含锰量可通过焊接材料加以调整，以避免焊接热裂纹的产生。

在焊接高镍低锰的低合金高强钢时，有可能产生热影响区液化裂纹，这是因为含锰量低，对脱硫不利，焊缝金属中的S和Ni、Fe易形成低熔点共晶体，低熔点共晶体处于晶界上而产生液化裂纹。液化裂纹产生倾向与含碳量及含锰量与含硫量的比值有关，含碳量越高，要求含锰量与含硫量的比值也较高。如当$w(C)<0.2\%$，$\frac{w(Mn)}{w(S)}>30$时，液化裂纹敏感性较小。因此，避免液化裂纹的关键在于控制碳和硫含量，保持高的$\frac{w(Mn)}{w(S)}$，尤其是含镍量较高时对此要求更加严格。

此外，焊接热输入量对液化裂纹的形成也起到重要作用，热输入量越大，过热区晶粒长得越大，晶界熔化越严重，液态晶间层存在的时间越长，液化裂纹产生的倾向也越大，故在焊接时要严格控制焊接热输入量。

（2）焊接冷裂纹。一般认为，低碳调质钢产生冷裂纹的概率与正火钢相近而略大于热轧钢。在严格控制焊缝扩散氢含量的情况下，低碳调质钢对冷裂纹不敏感。

该类钢中加入了较多的提高淬透性的合金元素，提高了过冷奥氏体的稳定性，在焊接条件下，焊缝组织为对裂纹并不敏感的低碳马氏体和下贝氏体。低碳马氏体虽然属于淬火组织，但由于含碳量低，仍保持了较高的韧性。另外，这类钢的M_s点比较高（400℃），如果在M_s点附近的冷却速度比较慢，低碳马氏体会发生“自回火”效应而形成低碳回火马氏体，使得焊缝组织的韧性得以提高，从而避免了冷裂纹的产生；反之，若在M_s点附近的冷却速度较快，不能实现“自回火”效应，在焊接应力的作用下很可能会产生冷裂纹。

因此，在低碳调质钢焊接时，为了防止冷裂纹，希望高温时的冷却速度较快，而在M_s点附近的低温冷却速度要慢些。低碳调质钢对扩散氢比较敏感，如果焊缝中扩散氢含量较多，冷裂纹敏感性会相当高。因此，要严格控制焊接区氢的来源，焊接时应选择低氢、超低氢焊接材料。

（3）消除应力裂纹。由于Cr、Mo、V、Nb、B、Cu等提高消除应力裂纹敏感性元素的存在，低碳调质钢的消除应力裂纹的敏感性比正火钢有所增加。这些元素中影响最大的是V，其次是Mo，二者共存时情况更严重。一般认为Mo－V系的钢，特别是Cr－Mo－V系的钢对消除应力裂纹最敏感，Mo－B系和Cr－Mo系的钢也有一定的敏感性。不同成分的钢对该裂纹的敏感温度范围有所差别，焊接时可通过一定的工艺措施来防止消除应力裂纹的产生，如控制预热和后热温度、降低消除应力退火温度等。

（4）层状撕裂。由于采用了现代的冶炼技术，钢的纯净度较高，轧制合理，一般不会发生片状硫化物、其他非金属夹杂物和硅酸盐层在同一平面层次的聚集，故此类钢一般不存在层状撕裂问题。

2. 热影响区性能的变化

低碳调质钢热影响区的组织性能不均匀，突出特点是同时存在脆化和软化现象。即使低碳调质钢母材本身具有较高的韧性，结构在运行过程中微裂纹也易在热影响区脆化部位产生和发展，存在接头区出现脆性断裂的可能。另外，受焊接热循环的影响，低碳调质钢热影响区可能存在因强化效果降低而导致强度下降的软化区。

（1）热影响区脆化。低碳调质钢热影响区脆化的原因和规律与热轧及正火钢都不同。这类钢经调质处理后的组织是低碳马氏体或下贝氏体，都有较高的韧性，因此产生正常的淬火组织不是引起脆化的原因。

如前所述，低碳调质钢中加入了较多的提高淬透性的合金元素，提高了过冷奥氏体的稳定性，在焊接条件下一般不发生珠光体转变。图 3—2—2 所示为典型低碳调质钢连续冷却曲线，从中可以看出奥氏体向珠光体的转变大大推迟。但当冷却速度较慢时，首先析出铁素体（F）使剩余的奥氏体（A）富碳，继续冷却时高碳奥氏体将转变为高碳马氏体（M）或高碳贝氏体（B），这种由铁素体、高碳马氏体或高碳贝氏体组成的混合组织使过热区严重脆化。冷却速度越慢，析出的铁素体越多，晶粒越粗大，脆化就越严重。因此防止脆化的关键是减少铁素体的析出。提高冷却速度，抑制铁素体的析出，就可以全部得到韧性较高的低碳马氏体或贝氏体组织；如果有少量铁素体析出，马氏体与贝氏体中的碳与母材中碳的原始平均含量接近，韧性也可得到保证。但是，冷却速度并非越快越好，过分提高冷却速度对改善韧性无明显效果，相反会使塑性降低或产生冷裂纹。可见，对低碳调质钢存在一个既能保证韧性，又能防止冷裂纹的最佳冷却速度范围，即图 3—2—2 中的阴影部分。

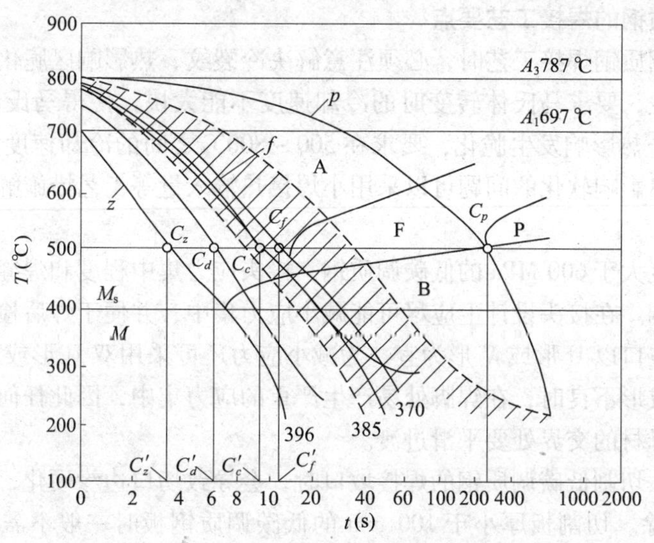

图 3—2—2　典型低碳调质钢连续冷却曲线

此外，低碳调质钢中含镍量较高时，形成高镍马氏体或贝氏体，都具有较高的韧性，可以防止脆化的发生。

（2）热影响区软化。热影响区软化是指其强度和硬度下降的现象，是焊接调质钢时普遍存在的问题。热影响区内凡是加热温度高于母材回火温度至 Ac_1 的区域，由于组织转变及碳化物的沉淀和聚集长大而引起软化，而且温度越接近 Ac_1 的区域，软化越严重，如图 3—2—3 所示。从强度考虑，热影响区中的软化区是焊接接头中的一个薄弱环节，对焊后不再进行调质处理的调质钢来说尤为重要。钢材的强度级别越高，焊前母材强化程度越大（母材调质处理的回火温度越低），焊后热影响区的软化越严重。

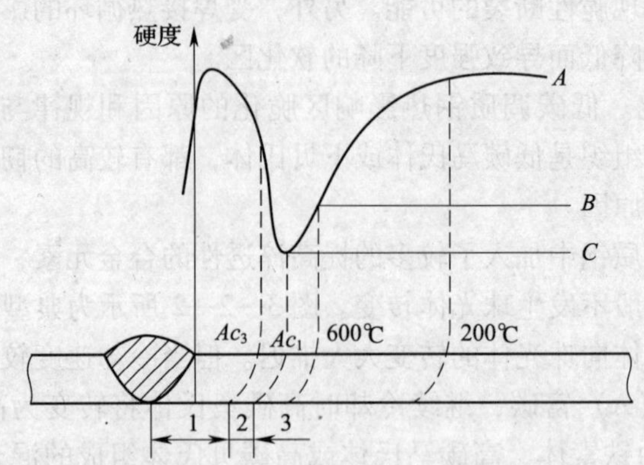

图 3—2—3　调质钢焊接热影响区的硬度分布

A—焊前淬火 + 低温回火　B—焊前淬火 + 高温回火　C—焊前退火

1—淬火区　2—部分淬火区　3—回火区

低碳调质钢热影响区的软化是由母材的强化特性决定的，可以通过一定的工艺措施来防止。软化区的宽度和软化程度与焊接方法和焊接热输入量有很大关系，因此低碳调质钢焊接时不宜采用大的焊接热输入量和较高的预热温度。

三、低碳调质钢的焊接工艺要点

在制定低碳调质钢焊接工艺时，必须注意解决冷裂纹、热影响区脆化和软化的问题。为防止冷裂纹的产生，要求马氏体转变时的冷却速度不能太快，使得马氏体能够发生“自回火”作用。为防止热影响发生脆化，要求在 500 ~ 800℃之间的冷却速度大于产生脆化性组织的临界速度。热影响软化的问题可以采用小焊接热输入量等工艺措施解决。

1. 焊前准备

对于屈服强度大于 600 MPa 的低碳调质钢，接头应力集中程度和焊缝的布置等都对接头质量有很大的影响。在接头设计上应尽可能减小应力集中，并便于焊后检验。接头形式尽量采用对接接头，坡口以 U 形或 V 形为宜，为减小应力还可采用双 U 形或双 V 形坡口。强度较高的钢在焊缝成形不良时，在焊脚处易产生严重的应力集中，因此任何形式的接头或坡口都要求在焊缝与母材的交界处要平滑过渡。

在用气割方法切割低碳调质钢的焊接坡口时，会导致切口边缘硬化，应通过加热或机械加工的方法来消除。切割板厚小于 100 mm 的低碳调质钢板时一般不需预热；若板厚大于 100 mm 时，切割前应进行 100 ~ 150℃的预热。对于强度级别较高的钢，应尽量采用机械切割或等离子切割方法，以减小硬化层厚度。

2. 焊接方法

调质状态下的钢材，只要加热温度超过它的回火温度，其性能就会发生变化。因此，焊接时由于热的作用使热影响区局部强度和韧性下降几乎是不可避免的。强度级别越高，这个问题就越突出。除非焊后对焊件重新进行调质处理，否则就要尽量限制焊接过程中热量对母材的作用。所以，对于焊后不再进行调质处理的低碳调质钢，应该选择能量密度大的焊接方法，如钨极和熔化极气体保护焊、电子束焊等。特别对于 σ_s >980 MPa 的调质钢应采用钨极氩弧焊或电子束焊；对于 σ_s ≤980 MPa 的调质钢，焊条电弧焊、埋弧焊、钨极或熔化极气体保护焊等均可采用。对于强度级别较低的低碳调质钢都可采用一般焊接方法和常规工艺条件进行焊接。因为焊接接头冷却速度较快，焊接热影响区的力学性能接近钢在淬火状态下的力学性能，因而不需进行焊后热处理。但是，当采用电渣焊时，由于焊接热输入量大，母材加热时间长，所以这类钢采用电渣焊后必须进行调质处理。在采用埋弧焊时，不宜用大焊接电流、粗丝或多丝等焊接工艺。但是，可以用窄间隙双丝埋弧焊，因所用双丝直径小，焊接热输入量不大，直流反接和加快熔敷速度，避免了母材过分受热。

3. 焊接材料

由于低碳调质钢焊后一般不再进行热处理，故在选择焊接材料时要求焊缝金属在焊态下具有接近母材的力学性能。在特殊情况下，如结构的刚度或拘束度很大，冷裂纹难以避免时，必须选择熔敷金属强度比母材稍低的焊接材料作填充金属。也就是说，低碳调质钢焊接材料的选择原则是“等强匹配”或“低强匹配”，任何情况下都不可选择“超强匹配”。不同强度级别的低碳调质钢焊接材料的选用参见表3—2—3。

表3—2—3　　低碳调质钢焊接材料的选用

钢种	焊条电弧焊	埋弧焊		气体保护焊	
		焊丝	焊剂	焊丝	保护气
14MnMoVN	E7015－D2 E7015－G	H08Mn2NiMoA H08Mn2NiMoVA	HJ250 HJ350	H08Mn2SiA H08Mn2MoA	CO_2 或 $Ar+CO_2$
14MnMoNbB	E7015－D2 E7015－G E7515－G E8015－G	H08Mn2MoA H08Mn2Ni2CrMoA	HJ350	H08Mn2MoA H08MnNi2Mo	CO_2 或 $Ar+CO_2$
HQ80	E8015－G E7515－G	—	—	H08MnNi2MoA ER110	CO_2 或 $Ar+CO_2$（20%）
HQ100	E9015－G E1005－G	—	—	H08MnNi2CrMoA	$Ar+CO_2$（5%~20%）

由于低碳调质钢有产生冷裂纹的倾向，严格控制焊接材料的含氢量十分重要。因此，焊条电弧焊时应选用低氢或超低氢焊条，焊前按规定要求进行烘干。自动弧焊用的焊丝表面要干净、无油锈等污物，保护气体或焊剂也应去除水分。

4. 焊接参数的选择

控制焊接时的冷却速度成为防止焊接低碳调质钢产生冷裂纹和热影响区脆化的关键。快速冷却对防止脆化有利，但对防止冷裂纹不利。反之，减慢冷却速度可防止冷裂纹，却易引起热影响区的脆化。因此，必须找到两者都兼顾的最佳冷却速度，而冷却速度主要是由焊接热输入量决定，但又受到焊件散热条件和预热等因素影响。

（1）焊接热输入量。每种低碳调质钢都有各自的最佳 $t_{8/5}$（即焊接熔池温度从800℃降到500℃的时间），在这冷却速度下，使得热影响区具有良好的抗裂性能和韧性。$t_{8/5}$ 可以通过试验或者借助钢材的焊接CCT图来确定，然后根据该 $t_{8/5}$ 来确定出焊接热输入量。如图3—2—2中的阴影区域是既能得到良好韧性，又能保证不产生冷裂纹的冷却速度范围。因此，所选择的焊接热输入量应保证热影响区中过热区的冷却速度正好在该范围内。为了防止冷裂纹的产生，通常是在满足热影响区韧性要求的前提下确定出最大允许的焊接热输入量。

有些情况下，如厚板的焊接，即使采用了允许的最大热输入量其冷却速度也足以引起冷裂纹，这时就得采取预热来使冷却速度降至低于不出现裂纹的极限值。

因此选择焊接热输入量的原则是在保证不出现裂纹和满足热影响区韧性的条件下，应尽可能选择大的焊接热输入量。可以通过试验来确定每种钢所能采用的最大焊接热输入量，然后根据采用最大热输入量时冷裂倾向大小再考虑是否需要预热和预热温度。例如，HQ70 钢焊接时的预热温度和最大焊接热输入量见表 3—2—4。

表 3—2—4　　HQ70 钢焊接时的预热温度和最大焊接热输入量

钢种	板厚（mm）	预热温度（℃）			道间温度（℃）	焊接热输入量（kJ/cm）
		焊条电弧焊	气体保护焊	埋弧焊		
HQ70	6 ~ 13	50	25	50	≤150	≤25
	13 ~ 26	75 ~ 100	50	50 ~ 75	≤200	≤45
	26 ~ 50	125	75	100	≤220	≤48
HQ80C	6 ~ 13	50	50	50	≤150	≤25
	13 ~ 26	75 ~ 100	50 ~ 75	75 ~ 100	≤200	≤45
	26 ~ 50	125	100	125	≤220	≤48

为了限制过大的焊接热输入量，低碳调质钢不宜采用大直径的焊条或焊丝进行焊接，应尽量采用多层多道焊的焊接工艺，宜采用窄焊道而不用横向摆动的运条技术。对于双面施焊的焊缝，背面焊道应在碳弧气刨清理焊根并打磨气刨表面后再进行焊接，这样不仅可使焊缝和热影响区有较好的韧性，而且还可以减小焊接变形。

（2）预热温度。低碳调质钢在板厚不大、接头拘束度较小的情况下焊接时可以不预热。如 15MnMoVN、14MnMoNbB 钢，当板厚小于 13 mm 时，可以不预热施焊。随着板厚的增加，为了防止产生冷裂纹，必须进行预热，但是应当严格控制预热温度。因为过高的预热温度会使热影响区的冷却速度过于缓慢，使强度和韧性均下降。

当焊接热输入量已提高到最大允许值还不能防止裂纹时，就需进行预热。对低碳调质钢进行预热的主要目的是降低马氏体转变时的冷却速度，通过马氏体的“自回火”作用来提高其抗裂性能。一般都采用较低的预热温度（T_0≤200℃），若预热温度过高，又会使焊接熔池温度从 800℃降到 500℃的冷却速度过于缓慢，出现脆性混合组织而脆化。所以要避免不必要地提高预热温度，也包括道间温度。两种低碳调质钢的最低预热温度和焊道间温度见表 3—2—5，也可通过试验确定防止冷裂纹的最佳预热温度范围。

表 3—2—5　　两种低碳调质钢的最低预热温度和焊道间温度

板厚（mm）	14MnMoVN（℃）	14MnMoNbB（℃）
<13	—	—
13 ~ 16	50 ~ 100	100 ~ 150
16 ~ 19	100 ~ 150	150 ~ 200

续表

板厚（mm）	14MnMoVN（℃）	14MnMoNbB（℃）
19～22	100～150	150～200
22～25	150～200	200～250
25～35	150～200	200～250

（3）焊后热处理。低碳调质钢通常是在调质状态下焊接，在正常焊接条件下焊缝及热影响区可以获得高强度和韧性，焊后一般不需进行热处理。只有在下列情况下才进行焊后热处理：

1）焊后（如电渣焊等）使焊缝或热影响区严重脆化或软化区失强过大，这时需进行重新调质热处理。

2）焊后需进行高精度加工，要求保证结构尺寸稳定或者是要求耐应力腐蚀的焊件需进行消除应力热处理。

为了保证材料的强度，消除应力热处理温度应比母材原来调质处理的回火温度低30℃左右。

任务实施

WCF62 钢在940℃水淬 +630℃回火调质状态下进行加工和焊接。为了保证母材性能在制造过程中不下降，不允许采用热弯、热卷成形，矫正的加热温度不得超过焊前回火温度。

一、焊前准备

1. 焊接材料的选择

焊条选用 E6015 - G。焊条烘焙 400℃ ×1 h，烘后应立即放入低温干燥保温筒内，随用随取。在保温筒内存放时间不应超过 4 h。烘后焊条允许在大气中放置的时间按生产厂家的规定。

2. 焊接方法选择

对于 WCF62 钢，国内基本上没有与其配套的埋弧焊用焊丝，因此选用焊条电弧焊。

3. 坡口加工、清理和检查

坡口可采用机械切割或气割方法加工，用气割方法制的坡口应用砂轮打磨至露出金属光泽，局部气割凹沟不得大于 2 mm。坡口表面及两侧 30 mm 范围内进行打磨清理，不得有氧化皮、熔渣、油污及水锈。坡口表面用 5 倍以上（含 5 倍）放大镜进行宏观检查，不允许有裂纹、分层等缺陷。

二、焊接参数

焊接时采用直径为 5 mm 的焊条，焊接热输入量为 19～21.6 kJ/cm，每根焊条应一次焊完。

三、焊接热处理

1. 焊前热处理

预热温度与［H］有关，当焊条经400℃烘干，［H］ <2 mL/100 g 时可不进行预热。板

厚较大或母材的碳当量偏高时，应进行100℃的预热。合适的道间温度也是获得优良焊缝金属韧性的必要条件，尤其是对低温冲击韧性更是一个不可忽视的重要因素。结合生产实际情况，选择的道间温度为100～150℃。

2. 焊后热处理

一般情况下，焊后不需进行热处理。当板厚大于36 mm时，要求进行消除应力退火。退火温度应低于焊前回火温度，若超过回火温度强度将明显下降。综合考虑保证性能及防止消除应力裂纹，退火温度应选在550～580℃之间，保温时间为2 h，在300℃以上时，加热速度不超过120℃/h，保温后随炉冷至300℃后再出炉空冷。

为了防止消除应力裂纹，可采用以下措施：

（1）降低消除应力退火温度。

（2）控制母材中V、B的含量。

（3）适当预热（>100℃）。

（4）焊后及时进行200℃×（0.5～1）h热处理。

任务评价

低碳调质钢的焊接评分标准见表3—2—6。

表3—2—6　低碳调质钢的焊接评分标准

序号	考核内容	评分标准	配分	得分
1	焊前的准备工作	坡口制备5分，坡口清理5分，焊前检查5分	15	
2	焊接方法的选择	选择合适的焊接方法10分	10	
3	焊接材料的选择	选用等强度的焊接材料15分	15	
4	焊接操作	焊接参数选择合理10分，焊缝无缺陷30分；焊缝不合格之处，酌情扣分	40	
5	焊前预热及焊后热处理	可进行100℃的焊前预热，一般不需要焊后热处理	20	
		总分合计	100	

思考与练习

1. 低碳调质钢的焊接性如何？焊接时容易出现哪些问题？

2. 试述低碳调质钢的焊接工艺要点。

3. 制定低碳调质钢的焊接工艺时应注意什么？

任务3 中碳调质钢的焊接

技能点

◎ 能够根据中碳调质钢的化学成分和力学性能选择焊接材料及制定焊接工艺。

知识点

◎ 中碳调质钢的成分与性能，中碳调质钢的焊接性、焊接工艺要点。

任务提出

低碳调质钢的强度受到了含碳量的限制，要求屈服强度 $\sigma_s \geqslant 880$ MPa，则必须提高含碳量。为了保证钢的塑性、韧性不至于过低，中碳调质钢的含碳量被限制在 w(C) = 0.25% ~ 0.45% 的范围内。含碳量的提高，使中碳调质钢的焊接性恶化，焊接工艺复杂，通常只能在退火状态下进行焊接，焊后须经过调质处理才能保证其焊接质量。

材料为40Cr钢的车辆万向轴，其化学成分与力学性能见表3—3—1和表3—3—2，产品结构如图3—3—1所示。万向节头与套管轴加工后经调质处理，再进行对接焊。要求焊接接头的抗拉强度达到850 MPa，以传递强大的转矩。拟采用焊条电弧焊，请制定其焊接工艺方案。

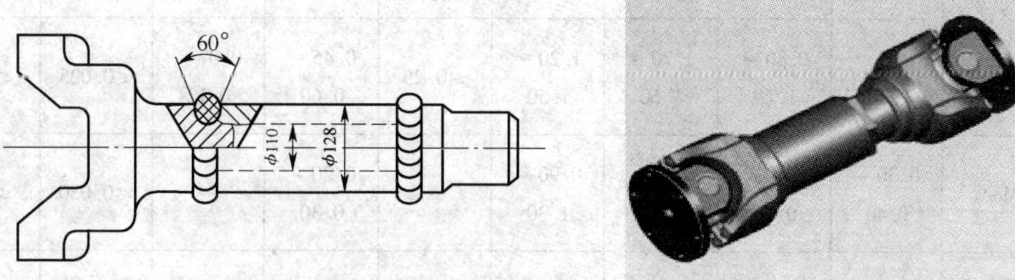

图3—3—1 40Cr钢车辆万向轴的产品结构

任务分析

40Cr钢为中碳调质钢，由于含碳量及合金元素Cr、Mn的含量比较高，因此淬硬倾向十分明显，焊接热影响区易出现硬脆的马氏体组织，增大了焊接接头的冷裂倾向。另外，由于40Cr钢的 M_s 点较低，形成的马氏体难以产生“自回火”作用，多为硬度和脆性较大的高碳马氏体组织，进一步增大了焊接接头的冷裂倾向。

为了防止冷裂纹的出现，除了选用塑性、韧性好的低氢型焊材外，还应采用焊前预热、缓冷和焊后及时消除应力处理等措施。为防止过热区脆化应采用小的焊接热输入量，因为小的焊接热输入量可缩短高温停留时间，避免奥氏体晶粒的过热长大。

相关知识

一、中碳调质钢的成分与性能

中碳调质钢都是在淬火+回火调质状态下使用。淬火后得到马氏体组织，经过不同温度的回火后，得到回火索氏体或回火马氏体。与低碳调质钢的差别是由于含碳量提高，马氏体的形态由板条状转变为片状，属于硬脆组织。

常见中碳调质钢的化学成分见表 3—3—1，力学性能见表 3—3—2。这类钢的纯度对焊接性有极明显的影响。硫会增加焊缝金属的结晶裂纹敏感性；磷能使金属的塑性、韧性降低，导致焊缝和热影响区金属的冷裂纹敏感性增大。即使钢中硫和磷的含量均为 0.020%，仍有裂纹敏感性，因此要求对硫、磷的含量严加控制。对于调质后 σ_s 可达1 400 MPa 的钢，要求硫、磷的含量均不得大于0.015%，母材与填充金属均需采用真空熔炼工艺生产。

表 3—3—1　常见中碳调质钢的化学成分（质量分数，%）

牌号	C	Mn	Si	Cr	Ni	Mo	V	S	P
30CrMnSiA	0.28 ~ 0.35	0.80 ~ 1.10	0.90 ~ 1.20	0.80 ~ 1.10	≤0.30	—	—	≤0.030	≤0.035
30CrMnSiNi2A	0.27 ~ 0.34	1.00 ~ 1.30	0.90 ~ 1.20	0.90 ~ 1.20	1.40 ~ 1.80	—	—	≤0.025	≤0.025
40CrMnSiMoVA	0.37 ~ 0.42	0.80 ~ 1.20	1.20 ~ 1.60	1.20 ~ 1.50	≤0.25	0.45 ~ 0.60	0.07 ~ 0.12	≤0.025	≤0.025
35CrMoA	0.30 ~ 0.40	0.40 ~ 0.70	0.17 ~ 0.35	0.90 ~ 1.30	—	0.20 ~ 0.30	—	≤0.030	≤0.035
35CrMoVA	0.30 ~ 0.38	0.40 ~ 0.70	0.20 ~ 0.40	1.00 ~ 1.30	—	0.20 ~ 0.30	0.10 ~ 0.20	≤0.030	≤0.035
34CrNi3MoA	0.30 ~ 0.40	0.50 ~ 0.80	0.27 ~ 0.37	0.70 ~ 1.10	2.75 ~ 3.25	0.25 ~ 0.40	—	≤0.030	≤0.035
40CrNiMoA	0.36 ~ 0.44	0.50 ~ 0.80	0.17 ~ 0.37	0.60 ~ 0.90	1.25 ~ 1.75	0.15 ~ 0.25	—	≤0.030	≤0.030

表 3—3—2　　常见中碳调质钢的力学性能

牌号	热处理规范	屈服强度 σ_s（MPa）	抗拉强度 σ_b（MPa）	伸长率 δ（%）	断面收缩率 ψ（%）	冲击吸收功 A_{KV}（J）	硬度
30CrMnSiA	870～890℃油淬 510～550℃回火	≥833	≥1 078	≥10	≥40	≥49	346～363 HBW
30CrMnSiNi2A	890～910℃油淬 200～300℃回火	≥1 372	≥1 568	≥9	≥45	≥59	≥444 HBW
40CrMnSiMoVA	890～970℃油淬 250～270℃回火	—	≥1 862	≥8	≥35	≥49	≥52HRC
35CrMoA	860～880℃油淬 560～580℃回火	≥490	≥657	≥15	≥35	≥49	197～241 HBW
35CrMoVA	880～900℃油淬 640～660℃回火	≥686	≥814	≥13	≥35	≥39	255～302 HBW
34CrNi3MoA	850～870℃油淬 580～670℃回火	≥833	≥931	≥12	35	39	285～341 HBW
40CrNiMoA	840～860℃油淬 550～650℃水冷或空冷	833	980	12	55	78	269 HBW

中碳调质钢按合金系大致可以分为以下几种类型。

1. Cr 钢

以 Cr 为主要元素，合金系简单。当 w（Cr）≈1% 时，钢的塑性、韧性略有提高；w（Cr）<1.5% 时可有效地提高淬透性。Cr 能提高回火稳定性，但 Cr 钢有回火脆性。40Cr 是应用较为广泛的中碳调质钢，w（Cr）=0.8%～1.1%，主要用于制造在交变载荷下工作的重要零件，如大型齿轮、轴类等。

2. Cr－Mo 钢

在 Cr 钢的基础上加入一定的 Mo，如 35CrMoA、33CrMoVA。在 Cr 钢中加入钼，w（Mo）=0.15%～0.25%，可以消除其回火脆性，提高淬透性，并能提高钢的中温强度。Cr－Mo 钢具有较好的强度与韧性匹配，若钢中再加入钒可细化晶粒，提高强度、塑性、韧性及回火稳定性。这类钢主要用于制造动力设备上承受高负荷的大截面零部件。

3. Cr－Mo－Si 钢

这是应用最广泛的一类中碳调质钢，尤其是 30CrMnSiA 钢。此钢价格低廉，在退火状态下具有珠光体＋铁素体组织，调质状态下为回火马氏体或回火索氏体。因Cr－Mn－Si钢具有回火脆性，因此回火时必须避开发生第一类回火脆性的温度范围（300～400℃），同时在高温回火时必须快冷，以防止出现第二类回火脆性。在经淬火＋低温回火处理后得到强度很高（σ_b=1 700 MPa）的回火马氏体组织，但要损失一些韧性。小截面零件可采用等温淬火，得到下贝氏体组织，获得良好的强度与塑性、韧性的配合。30CrMoSiNi2A 是在 Cr－

Mo－Si 的基础上加入一定的镍，大大提高了淬透性，调质后强度比 30CrMnSiA 有明显提高，并保持了较高的韧性。但它的焊接性较差，冷裂纹敏感性较高。40CrMnSiMoVA 为一种新型的低铬无镍中碳调质钢，由于碳的增加，且不含镍，焊接性更差，可用来代替 30CrMnSiNi2A 制造飞机上的一些构件。

4. Cr－Ni－Mo 钢

40CrNiMoA、34CrNiMoA 都属 Cr－Ni－Mo 系。由于钢中加入 Ni 和 Mo，显著地提高了淬透性和抗回火软化能力，对改善钢的韧性也有好处，使钢具有强度高、韧性好、淬透性大等好的综合性能。这类钢主要用于制造高负荷、大截面的轴类以及承受冲击载荷的构件，如汽轮机、喷气涡轮机轴以及喷气式客机的起落架和火箭发动机外壳等。

二、中碳调质钢的焊接性

1. 焊缝中的结晶裂纹

中碳调质钢含碳量较高，结晶温度区间宽，容易出现偏析，所以这类钢对结晶裂纹比较敏感，焊接时容易在弧坑和焊缝中凹下的部位开裂。为了防止结晶裂纹，在选用焊接材料时，应尽量选用含碳量比母材低，硫、磷等杂质少的填充金属。在选用焊接参数时要注意降低熔合比，操作时应注意填满弧坑及保证良好的焊缝成形。

2. 冷裂纹

中碳调质钢的成分与淬透性都决定了它在快速冷却时很容易得到对冷裂纹很敏感的淬硬组织。含碳量的增加还使 M_s 点下降，而没有“自回火”效应。而且含碳量越高，马氏体的硬度与脆性也越高，对冷裂纹就越加敏感。因此，中碳调质钢焊接时，为了防止冷裂纹，必须提高预热温度，并在焊后及时进行消除应力退火。

3. 热影响区性能的变化

中碳调质钢过热区脆化的主要原因是在冷速较大时很容易形成硬脆的高碳马氏体，而且冷速越高，马氏体含量越多，脆化越严重。因此，为了减少过热区的脆化，应尽量降低从 800℃降低到 500℃范围内的冷却速度。但如果仅仅依靠加大焊接热输入量来降低冷速，不但难以抑制马氏体的形成，而且还会因奥氏体晶粒粗化而更趋稳定，以致形成粗大的马氏体，脆化反而更严重。为此，为防止脆化应采取预热、缓冷和适当加大热输入量相配合的措施，从而既可减少奥氏体在相变温度以上的停留时间，又可降低在共析转变温度范围内的冷却速度，获得韧性较高的组织。

当中碳调质钢必须在调质状态下焊接时，还需考虑热影响区软化的问题。软化的程度与钢的强度和焊接热输入量有关。调质钢的强度越高，软化越严重；焊接热输入量越大，软化程度也越严重，同时软化区的宽度越大。图 3—3—2 所示为 30CrMnSi 钢在调质状态下用不同焊接方法焊接时焊接接头的强度分布。用电弧焊时，热影响区的最低抗拉强度为880～1 030 MPa，而用气焊时只有 590～685 MPa。因此，采用集中的焊接热源，有利于降低热影响区软化程度。

需要指出，中碳调质钢在调质状态下焊接时，防止冷裂、脆化和软化的措施是相互矛盾的，只能在防止冷裂的前提下尽量降低软化的程度，焊接质量受到一定影响。

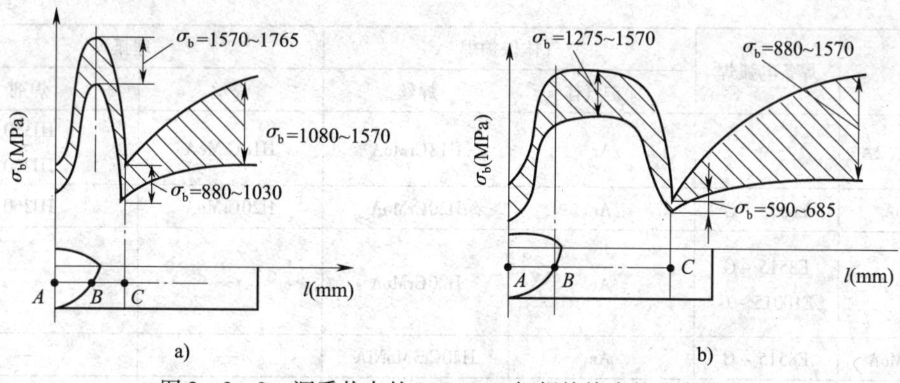

图 3—3—2　调质状态的 30CrMnSi 钢焊接接头的强度分布

a）电弧焊　b）气焊

三、中碳调质钢的焊接工艺要点

中碳调质钢主要用于要求高强度而对塑性要求不很高的场合，其在焊接结构制造中应用范围远不如热轧及正火钢或低碳调质钢那样广泛。中碳调质钢与低碳调质钢不同，焊后热影响区所出现的硬脆高碳马氏体，不仅冷裂纹敏感性大，严重降低了焊接接头的韧性和塑性，而且焊后若不经热处理，热影响区性能就不能达到原来母材金属的性能。因此这类钢一般都在退火状态下焊接，焊后通过整体调质处理以获得所需要的力学性能的接头。但有时必须在调质状态下进行焊接，这时热影响区的恶化是很难解决的。不同情况下焊接所采用的焊接工艺不尽相同。

1. 退火状态下焊接

在退火状态下进行焊接的主要问题是防止裂纹，而接头性能则由焊接材料与焊后热处理来保证。因此，选择焊接材料的原则是保证焊缝在热处理后能达到与母材相同的性能，在编制焊接工艺时，需要采取必要的措施防止开裂。中碳调质钢在退火状态下的焊接工艺要点如下：

（1）在焊接方法选用上，由于不强调热输入量对接头性能的影响，因而基本上不受限制。

（2）由于不必考虑回火区的软化，可以采用较大的热输入量并适当提高预热温度，从而可有效地防止冷裂。一般预热温度及层间温度可控制在 250 ~ 300℃之间。

（3）为了保证焊缝与母材在相同的热处理条件下获得相同的性能，焊接材料应保证熔敷金属的成分与母材基本相同。同时，为了防止焊缝产生裂纹，还应对杂质和促进金属脆化元素（如 S、P、C、Si 等）的含量严格限制，如采用含碳量和含硫量都低于母材，且 w（S + P）< 0.025% 的焊丝等。对淬硬倾向特别大的材料，为了防止裂纹或脆断，必要时要牺牲一些强度，采用低强度填充金属，如可用 H08CrMoA 焊接 32SiMnMoV 钢。中碳调质钢常用焊接材料见表 3—3—3。

表 3—3—3　　中碳调质钢常用焊接材料

牌号	焊条电弧焊	气体保护焊		埋弧焊	
		保护气体	焊丝	焊丝	焊剂
30CrMnSiA	E8515 - G E10015 - G	CO_2	H08Mn2SiMoA H08Mn2SiA	H20CrMoA H18CrMoA	HJ431 HJ260
		Ar	H18CrMoA		

续表

牌号	焊条电弧焊	气体保护焊		埋弧焊	
		保护气体	焊丝	焊丝	焊剂
30CrMnSiNi2A	—	Ar	H18CrMoA	H18CrMoA	HJ350 HJ260
35CrMoA	E8515 - G	Ar	H20CrMoA	H20CrMoA	HJ260
35CrMoVA	E8515 - G E10015 - G	Ar	H20CrMoA	—	—
34CrNi3MoA	E8515 - G	Ar	H20Cr3MoNiA	—	—
40Cr	E8515 - G E9015 - G E10015 - G	—	—	—	—

（4）为了防止延迟裂纹，焊后应及时进行热处理。若及时进行调质处理有困难，可进行中间退火或在高于预热的温度下保温一段时间，以排除扩散氢并软化热影响区组织。中间退火还有消除应力的作用。

2. 调质状态下焊接

在调质状态下焊接，除了要防止焊接裂纹外，还要解决热影响区上高碳马氏体引起的硬化和脆化以及高温回火区软化引起的强度降低问题。针对这些问题所需采用的工艺措施相互间有较大矛盾，要全面保证焊接质量比较困难。高碳马氏体引起的硬化和脆化可以通过焊后回火解决，而回火区软化引起的强度降低，在焊后不能调质处理的情况下是无法解决的。因此，在调质状态下焊接，应集中防止冷裂和避免热影响区软化。在调质状态下焊接的工艺要点如下：

（1）焊接方法。为减轻热影响区软化的程度，应选择热能集中、能量密度大的焊接方法，在保证焊透的条件下尽量用小的热输入，以气体保护焊为宜，尤其是钨极氩弧焊，它的热量较易控制，焊接质量易保证。另外，脉冲钨极氩弧焊、等离子弧焊和电子束焊都是很适合的焊接方法。焊条电弧焊具有经济性和灵活性，仍然是当前应用最多的方法，气焊和电渣焊则不宜使用。

（2）焊接材料。因焊后不再进行调质处理，选择焊接材料时就没有必要考虑化学成分和热处理工艺须与母材相匹配的问题，主要目的是防止冷裂。焊条电弧焊时经常选用塑性和韧性好的纯奥氏体的铬镍钢焊条或镍基焊条，能使焊接变形集中在焊缝金属上，减小了近缝区所承受的应力。焊缝为纯奥氏体，可溶解更多的氢，避免了焊缝中的氢向熔合区扩散。使用这种焊条时要注意尽量减小母材对焊缝金属的稀释，所制定的焊接工艺使熔合比尽可能小。

（3）焊接参数。在调质状态下进行焊接，最理想的焊接热循环应是高温停留时间要短，而冷却速度要慢。前者可避免过热区奥氏体晶粒粗化，减轻了高温回火区的软化；后者使过热区获得的是对冷裂纹敏感性低的组织。为此，应采用小的焊接热输入量、较低的预热温度和焊后立即后热等措施。

由于焊后不再进行调质处理，所以焊接过程所采取的预热温度、层间温度、中间热处理或后热以及焊后回火处理的温度，均应低于母材焊前回火温度50℃以上。

任务实施

一、焊前准备

1. 焊接材料的选用

焊接材料应采用低碳合金系统，并尽量降低焊缝金属的S、P杂质的含量，以确保焊缝金属的韧性、塑性和强度，提高焊缝金属的抗裂性。为防止冷裂，尽量采用低氢、超低氢焊接材料来焊接。选用E8515高强度碱性低氢型焊条，焊前经350~400℃烘干2 h。

2. 坡口加工

万向节头与套管轴装配采用间隙配合，接头处开U形坡口，以减小熔合比。坡口采用机加工方式完成，避免热切割时在切口处产生淬火组织。

二、焊接参数

宜采用较低的热输入量，故采用直流反接以减小焊接热输入量。焊接过程中保持与预热温度（300℃）相同的层间温度。

三、焊接热处理

焊前预热至300℃，焊后置于石棉灰中缓冷。焊后立即进行消除应力热处理，回火温度550~600℃，时间2 h。

用上述方法，焊接接头的抗拉强度达到910~930 MPa，焊缝的冲击韧度为56 J/cm^2。

任务评价

中碳调质钢的焊接评分标准见表3—3—4。

表3—3—4　中碳调质钢的焊接评分标准

序号	考核内容	评分标准	配分	得分
1	焊前的准备工作	坡口制备5分，坡口清理5分，焊接材料烘干5分	15	
2	焊接方法的选择	选择合适的焊接方法10分	10	
3	焊接材料的选择	选用高强度的碱性低氢型焊接材料15分	15	
4	焊接操作	焊接参数选择合理10分，焊缝无缺陷30分；焊缝不合格之处，酌情扣分	40	
5	焊前预热及焊后热处理	焊前预热至300℃和焊后立即进行消除应力热处理，各10分	20	
总分合计			100	

思考与练习

1. 简述中碳调质钢的焊接性。
2. 简述中碳调质钢的焊接工艺。
3. 中碳调质钢分别在调质状态和退火状态下进行焊接时，焊接工艺有什么不同？

任务4　低温钢的焊接

技能点

◎ 能够根据低温钢的化学成分和力学性能选择焊接材料及制定焊接工艺。

知识点

◎ 低温钢的成分与性能、焊接性和焊接工艺要点。

任务提出

低温钢主要是为了适应能源、石油化工等产业部门的需要而迅速发展起来的一种专用钢。低温钢要求在低温工作条件下具有足够的强度、塑性和韧性，同时应具有良好的加工性能，主要用于制造在低温 -253 ~ -20℃下工作的焊接结构，如储存和运输各类液化石油气和液化天然气的容器、管道等。

以 09MnNiDR 低温钢 CO_2 储罐的焊接为例，CO_2 储罐用厚度 26 mm 的 09MnNiDR 钢焊接制造，属Ⅱ类低温压力器，该容器的工作温度规范为 -50 ~ 50℃，设计温度 -50℃；工作压力 2 MPa，设计压力 2.2 MPa，试验压力 2.86 MPa。容器规格为 ϕ6 950 mm × 3 000 mm × 26 mm。其中 A、B 类对接焊缝总长为 62.85 m，要求对所有对接焊缝进行 100% 无损探伤，并以不低于Ⅰ级为合格。请根据 09MnNiDR 钢的焊接特点和该 CO_2 储罐的焊接要求制定其焊接工艺方案。

任务分析

09MnNiDR 钢为铁素体 + 少量珠光体型低温钢，其含碳量低，属于低合金结构钢。Mn、Ni 为其主要合金元素，Mn 的作用主要是通过固溶强化来提高钢的强度，Ni 能改善铁素体的低温韧性，并具有显著降低钢的冷脆转变温度的作用。对 09MnNiDR 钢进行焊接时，如果焊接材料或焊接参数等选择不合理，焊接接头很容易出现气孔、夹渣等缺陷，且焊接接头的低温冲击吸收功很难达到要求。

低温钢的焊接主要需满足所焊接工件在使用温度下具有足够的塑性及抵抗脆性破坏的性

能。09MnNiDR 钢由于含碳量低，淬硬倾向和冷裂倾向小，所以焊接性良好。焊接时，为避免焊缝金属及热影响区形成粗晶组织而降低低温韧性，应采用小的焊接热输入量，焊接电流不宜过大，宜用快速多道焊以减轻焊道过热，并通过多层焊的重热作用细化晶粒，多道焊时要注意控制层间温度不得过高。

相关知识

一、低温钢的分类、成分与性能

1. 低温钢的分类

低温钢的钢种较多，其分类方法也很多，主要有以下几种分类方法：

（1）按使用温度等级分类。分为 -40 ~ -10℃、-90 ~ -50℃、-120 ~ -100℃ 和 -273 ~ -196℃ 等级的低温钢。

（2）按合金含量和组织分类。分为低合金铁素体低温钢、中合金马氏体低温钢和高合金奥氏体低温钢。

（3）按有无镍、铬元素分类。分为无镍铬低温钢和含镍铬低温钢。

（4）按热处理方法分类。分为非调质低温钢和调质低温钢。

常用低温钢的类型及适用温度范围如图 3—4—1 所示。

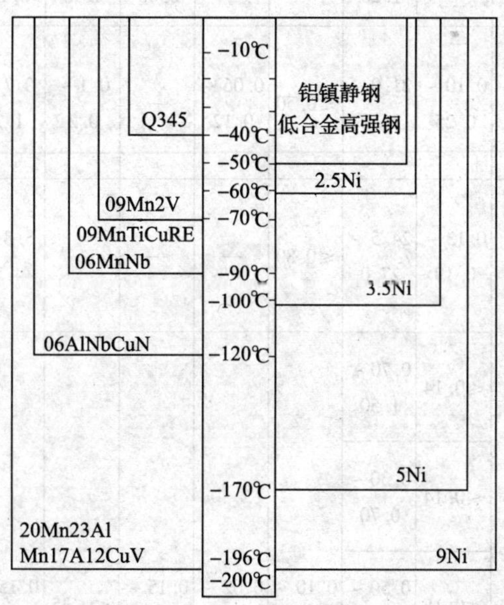

图 3—4—1　常用低温钢的类型及适用温度范围

2. 低温钢的化学成分、组织和性能

低温钢包括的钢种很广泛，从低碳铝镇静钢、低合金高强钢、低镍钢，直到 w（Ni）=9%的钢。常用低温钢的温度等级和化学成分见表 3—4—1。

表 3—4—1　常用低温钢的温度等级和化学成分（质量分数，%）

分类	温度等级（℃）	牌号	组织状态	C	Mn	Si	V	Nb	Cu	Al	Cr	Ni	其他
无镍低温钢	-40	Q235	正火	≤0.20	1.20～1.60	1.20～1.60	—	—	—	—	—	—	—
无镍低温钢	-70	09Mn2VRE	正火	≤0.12	1.40～1.80	1.20～1.50	0.04～0.10	—	—	—	—	—	—
无镍低温钢	-70	09MnTiCuRE	正火	≤0.12	1.40～1.70	≤0.40	—	—	0.20～0.40	—			Ti：0.30～0.80 RE：0.1
无镍低温钢	-90	06MnNb	正火	≤0.07	1.20～1.60	1.20～1.60	—	0.20～0.40	—	—	—	—	—
无镍低温钢	-100	06MnVTi	正火	≤0.07	1.40～1.80	0.17～0.37	0.04～0.10			0.04～0.08	—	—	—
无镍低温钢	-105	06AlCuNbN	正火	≤0.08	0.80～1.20	≤0.35	—	0.04～0.08	0.30～0.40	0.04～0.15	—	—	N：0.010～0.015
无镍低温钢	-196	26Mn23Al	固溶	0.10～0.25	21.0～26.0	≤0.50	0.06～0.12	—	0.1～0.2	0.7～1.2	—	—	N：0.03～0.08 B：0.001～0.005
无镍低温钢	-253	15Mn26Al4	固溶	0.13～0.19	24.5～27.0	≤0.80	—	—	—	3.8～4.7	—	—	—
含镍低温钢	-60	0.5Ni	正火或调质	≤0.14	0.70～1.50	0.10～0.30	0.02～0.05	0.15～0.50	≤0.35	0.15～0.50	≤0.25	0.30～0.70	Mo≤0.10
含镍低温钢	-60	1.5NiA	正火或调质	≤0.14	0.30～0.70	0.10～0.30	0.02～0.05	0.15～0.50	≤0.35	0.15～0.50	≤0.25	1.30～1.60	Mo≤0.10
含镍低温钢	-60	1.5NiB	正火或调质	≤0.18	0.50～1.50	0.10～0.30	0.02～0.05	0.15～0.50	≤0.35	0.15～0.50	≤0.25	1.30～1.70	Mo≤0.10
含镍低温钢	-60	2.5NiA	正火或调质	≤0.14	≤0.80	0.10～0.30	0.02～0.05	0.15～0.50	≤0.35	0.15～0.50	≤0.25	2.00～2.50	Mo≤0.10
含镍低温钢	-60	2.5NiB	正火或调质	≤0.18	≤0.80	0.10～0.30	0.02～0.05	0.15～0.50	≤0.35	0.15～0.50	≤0.25	2.00～2.50	Mo≤0.10

续表

<table>
<tr><th>分类</th><th>温度等级（℃）</th><th>牌号</th><th>组织状态</th><th>C</th><th>Mn</th><th>Si</th><th>V</th><th>Nb</th><th>Cu</th><th>Al</th><th>Cr</th><th>Ni</th><th>其他</th></tr>
<tr><td rowspan="4">含镍低温钢</td><td rowspan="2">-100</td><td>3.5NiA</td><td rowspan="2">正火或调质</td><td>≤0.14</td><td rowspan="2">≤0.80</td><td rowspan="2">0.10～0.30</td><td rowspan="2">0.02～0.05</td><td rowspan="2">0.15～0.50</td><td rowspan="2">≤0.35</td><td rowspan="2">0.15～0.50</td><td rowspan="2">≤0.25</td><td rowspan="2">3.25～3.75</td><td rowspan="2">—</td></tr>
<tr><td>3.5NiB</td><td>≤0.18</td></tr>
<tr><td>-120～-170</td><td>5Ni</td><td>淬火+回火</td><td>≤0.12</td><td>≤0.80</td><td>0.10～0.30</td><td>0.02～0.05</td><td>0.15～0.50</td><td>≤0.35</td><td>0.15～0.50</td><td>≤0.25</td><td>4.75～5.25</td><td>—</td></tr>
<tr><td>-196</td><td>9Ni</td><td>淬火+回火</td><td>≤0.10</td><td>≤0.80</td><td>0.10～0.30</td><td>0.02～0.05</td><td>0.15～0.50</td><td>≤0.35</td><td>0.15～0.50</td><td>≤0.25</td><td>8.0～10.0</td><td>—</td></tr>
</table>

（1）低合金低温钢（无镍低温钢）。铝镇静低温钢是先用 Mn、Si 进行脱氧，再用铝进行强烈脱氧的优质钢种。为了提高韧性，从成分上采取了降低含碳量和提高含锰量的措施，使 $w(Mn)/w(C)>11$。该钢经正火处理或淬火+回火处理后，可细化晶粒，并明显提高其低温韧性，多用于-40℃以上的结构。

低合金铁素体低温钢是在 Si-Mn 优质钢基础上，加入少量合金元素（如 Nb、V、Ti、Al、Cu、RE 等）得到的低温钢，组织为铁素体加少量珠光体。其中 Mn、Ni 以及能促使晶粒细化的微量元素都有利于提高低温韧性。为了保证良好的综合力学性能和焊接性，一般要求低碳和低硫、磷。这种钢具有高的塑性和韧性，多用于-50℃以上的结构，如 Q345、09MnTiCuRE、06AlCuNbN 等。

（2）中合金低温钢（含镍低温钢）。合金元素总含量为5%～10%，其组织与热处理工艺有关。其中5Ni 钢 [$w(Ni)=5\%$]、9Ni 钢 [$w(Ni)=9\%$] 是典型的中合金低温钢。

Ni 是低温钢中的一个重要元素。为了提高钢的低温性能，可加入 Ni 元素，形成含镍的铁素体低温钢，如 1.5Ni 钢、2.5Ni 钢、3.5Ni 钢以及 5Ni 钢等。在提高含镍量的同时，应降低含碳量和严格限制 S、P 含量及 N、H、O 的含量，防止产生时效脆性和回火脆性等。这类钢的热处理条件为正火、正火+回火和淬火+回火等。

5Ni 钢通过化学成分调整和热处理控制组织，在-196～-162℃的低温下具有良好的低温韧性。若加入含量为0.25%的 Mo，可增加析出奥氏体的数量并使之稳定化，还可起到细化晶粒的作用。采用淬火、回火和退火的热处理方法来控制组织，使5Ni 钢具有高的强度、塑性和低温韧性。9Ni 钢具有一定的回火脆性，随着含磷量的增加而显著增大，因此应严格控制 9Ni 钢中的含磷量。9Ni 低温钢由于含镍量较高，具有很高的低温韧性，能用于-196℃的环境，有比奥氏体不锈钢更高的强度，适宜制造储存液化气的大型容器。

3. 低温钢的力学性能

对低温钢的性能要求，首先应满足低温下的力学性能，特别是低温条件下的缺口韧性。常用低温钢的力学性能见表3—4—2。

表3—4—2　　常用低温钢的力学性能

牌号	热处理状态	试验温度（℃）	屈服强度 σ_s（MPa）	抗拉强度 σ_b（MPa）	伸长率 δ（%）	冲击吸收功 A_{KV}（J）
Q235	正火	-40	≥343	≥510	≥21	≥34.5*
09Mn2V	正火	-70	≥343	≥490	≥20	≥47*
09MnTiCuRe	正火	-70	≥343	≥490	≥20	≥47*
06MnNb	正火	-90	≥294	≥432	≥21	≥47*
06AlCuNbN	正火	-120	≥294	≥392	≥20	≥20.5
2.5Ni	正火	-50	≥255	450~530	≥23	≥20.5*
3.5Ni	正火	-101	≥255	450~530	≥23	≥20.5*
5Ni	淬火+回火	-170	≥448	655~790	≥20	≥34.5
9Ni	正火+回火	-196	≥517	690~828	≥20	≥34.5
	淬火+回火		≥585			

注：冲击吸收功为三个试样的平均值，*为U形缺口。

这类钢须具备的最重要的性能是抗低温脆化。在一些重要结构上，为了防止意外事故的发生，还要求材料具有抗脆性裂纹扩展的止裂性能，即一旦出现脆性破坏后可以停止继续破坏。从安全角度考虑，希望低温钢的屈强比（σ_s/σ_b）不要太高，因为屈强比是衡量低温缺口敏感性的指标之一。屈强比越大，表明塑性变形能力的储备越小，在应力集中部位的应力再分配能力越低，从而易于促使脆性断裂。

凡属于面心立方晶格的金属材料，如铝、铜、镍和奥氏体不锈钢等，都具有很好的塑性和韧性，即使在低温下断裂仍为延性断裂；而一切具有体心立方晶格的金属材料均具有低温脆化现象，即随温度的降低，其断裂由延性转变为脆性。低温钢是通过采取一定的措施来改善低温韧性，如细化晶粒、合金化和提高纯净度等。

低温钢大部分是接近铁素体型的低合金钢，其含碳量较低，在常温下具有较好的塑性和韧性，冷或热加工均可采用。铁素体低温钢的加工性能与低碳钢及低合金钢相近，奥氏体低温钢的加工性能与奥氏体不锈钢相近。

对于具有一定时效脆性敏感性和回火脆性敏感性的低温钢，须正确选择加工方法和工艺参数，控制冷卷、冷压及其他冷加工时的变形量，防止变形量过大而造成低温韧性下降。具有一定回火脆性敏感性的钢种，回火后低温韧性明显下降，如06AlCuNbN钢经550~650℃回火后，在-100℃时的V形缺口冲击吸收功从151.9 J急剧下降到9.8~17.6 J。因此，应合理地选择回火温度和回火时间。

二、低温钢的焊接性

1. 不含镍的低温钢

这类钢实际上就是前面的热轧及正火钢和低碳调质钢。由于含碳量低、硫、磷的含量又限制在较低范围内，其淬硬倾向和冷裂倾向小，室温下焊接不易产生冷裂纹，板厚小于25 mm时不需预热。板厚超过25 mm或接头刚度拘束度较大时，应考虑预热，但预热温度不要过高，否则热影响区晶粒长大，预热温度一般为100～150℃。当板厚大于16 mm，焊后要进行消除应力热处理。

2. 含镍量较低的低温钢

含镍量较低的低温钢，如2.5Ni和3.5Ni钢，虽然加入镍提高了钢的淬透性，但由于含碳量低，冷裂倾向并不严重，焊接薄板时可以不预热，只有厚板焊接时才需进行约100℃的预热。

3. 含镍量较高的低温钢

含镍高的低温钢，如9Ni钢，淬硬性很大，焊接时热影响区产生马氏体组织是不可避免的，但由于含碳量低，并采用奥氏体焊接材料，因此冷裂倾向不大。但焊接时须注意以下几点：

（1）焊接材料要匹配。由于9Ni钢具有较大的线膨胀系数，因此选择的焊接材料必须使焊缝与母材线膨胀系数大致相近，以免因线膨胀系数差别太大而引起焊接裂纹。通常是采用镍基合金焊接材料，焊后焊缝组织为奥氏体组织，虽然强度较低，但低温韧性好，而且线膨胀系数与9Ni钢相近。

（2）避免磁偏吹现象。9Ni钢具有强磁性，采用直流电源焊接时会产生磁偏吹现象，影响焊接质量。防止措施是避免工件焊前接触强磁场，尽量选用可以用交流电源进行焊接的镍基焊条。

（3）热裂纹。Ni能提高钢材的热裂倾向，因此应该严格控制钢材及焊接材料中的S、P含量，以免因S、P含量偏高在焊缝结晶过程中形成低熔点共晶体，而导致形成结晶裂纹。含镍钢的另一个问题是具有回火脆性，因此应注意这类钢焊后回火的温度和控制冷却速度。

9Ni钢是典型的低碳马氏体低温钢，淬硬性较大。焊前应进行淬火＋高温回火或900℃水淬＋570℃回火处理，其组织为低碳板条状马氏体，具有较高的低温韧性，其焊接性也优于一般低合金高强钢。板厚小于50 mm的焊接结构焊接时不需预热，焊后可不进行消除应力热处理。

对这类易淬火的低温钢通常采用控制焊道间温度及焊后缓冷等工艺措施，以降低冷却速度，避免淬硬组织；采用较小的焊接热输入量，避免热影响区晶粒过分长大，达到防止冷裂和改善热影响区低温韧性的目的。

三、低温钢的焊接工艺要点

低温钢焊接时，除了要防止出现裂纹外，关键是要保证焊缝和热影响区的低温韧性。焊接热影响区的韧性主要是通过控制焊接热输入量来保证，而焊缝的韧性除了与热输入量有关外，还取决于焊缝的化学成分。由于焊缝金属是铸态组织，性能低于同样成分的母材，故焊缝成分不能与母材完全相同。故应针对不同类型的低温钢选择不同的焊接材料、焊接方法和焊接热输入量。

1. 焊接方法

焊接低温钢时，为了避免焊缝金属和热影响区形成粗大组织而使接头韧性降低，在选择焊接方法时要注意焊接热输入量不能过大。由于气焊、电渣焊的加热和冷却速度都较慢，过热程度大，热影响区宽，易产生过热组织使晶粒长大，导致焊缝及过热区的低温性能恶化，故一般不被采用；埋弧自动焊的电弧功率比焊条电弧焊大，故焊缝及过热区的组织也比焊条电弧焊的粗大，因此应用得不是很多；焊条电弧焊和氩弧焊，尤其是氩弧焊具有电弧热量集中、焊接时冷却速度快、焊接接头性能较好等特点，应用较为广泛。多层焊时要控制层间温度不可过高，例如焊接06MnNbDR低温钢时，层间温度不可超过300℃。

2. 焊接材料

焊条电弧焊焊接低温钢时一般选用高韧性焊条，焊接含镍低温钢所用焊条的含镍量应与母材相当或稍高；埋弧焊焊接低温钢一般选用中性熔炼焊剂配合Mn－Mo焊丝或碱性熔炼焊剂配合含镍焊丝，也可采用C－Mn焊丝配合碱性非熔炼焊剂，由焊剂向焊缝过渡微量Ti、B合金元素，以保证焊缝获得良好的低温韧性。常见低温钢焊接材料的选用见表3—4—3。

表3—4—3　常见低温钢焊接材料的选用

钢号	状态	焊条电弧焊		埋弧焊	
		焊条型号	焊条牌号	焊丝	焊剂
16MnDR	正火	E5016－G E5015－G	J506RH J507RH	H10MnNiMoA、 H06MnNiMoA	SJ101、SJ603
09Mn2VDR	正火	E5015－G E5515－C1	W607A W707Ni	H08Mn2Ni2A	SJ603
06MnNbDR	正火800～900℃ 空冷	E5515－C2	W907Ni	—	—
15MnNiDR	正火	E5015－G	W507R	—	—

3. 焊后检查与处理

焊接低温钢产品，应注意避免弧坑、未熔透及焊缝成形不良等缺陷。焊后应认真检查内在及表面缺陷，并及时修复。低温下由缺陷引起的应力集中将增大结构低温脆性破坏倾向。焊后消除应力处理可以降低低合金低温钢焊接产品的脆断危险性。

任务实施

09MnNiDR低温钢CO_2储罐在低温工作时有低温脆化的特殊问题，因此在焊接时对焊接质量要求较为严格，焊接操作时必须制定严格的工艺方案。

一、焊前准备

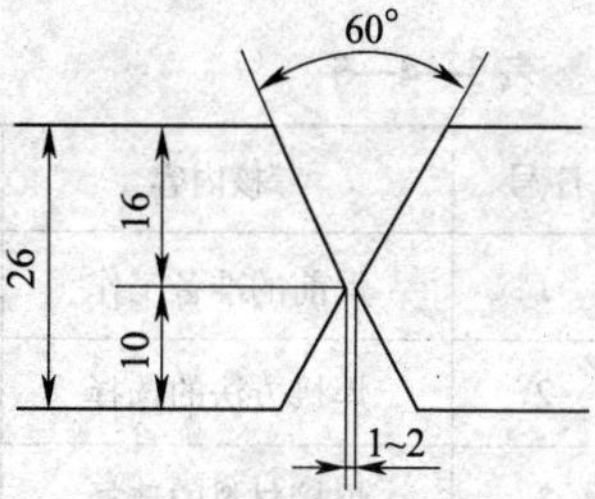

1. 焊接材料的选用

焊接材料采用 E5015 - G 焊条，焊前对其进行 350℃的烘干处理，保温 1 ~ 2 h。随用随烘，并放入 100 ~ 150℃的焊条保温筒中，随取随用。

2. 坡口制备

焊接接头采用X形坡口，坡口形状和尺寸如图3—4—2所示。将坡口及距坡口两侧30 ~ 50 mm 范围内的油、锈等污物清理干净。

图3—4—2　焊接接头的坡口形状和尺寸

二、焊接参数

1. 焊接电源极性采用直流反接，可有效减小焊接热输入量。

2. 焊接前预留一定的反变形量，焊接时先焊大坡口面，分 5 层 9 道焊。层间温度为 (150 ± 10) ℃；焊完后反面用碳弧气刨与手提砂轮机清根，再焊小坡口面，分 4 层 7 道焊。

3. 为防止焊接接头处晶粒粗大，塑性和韧性下降，尽量采用多层多道焊，以减小焊接热输入量。焊接操作时采用短电弧轻微摆动快速薄层焊的方法，这样可利用后道焊缝对前道焊缝的热处理作用来细化晶粒，同时还可以消除前道焊缝的部分缺陷。具体的焊接参数见表 3—4—4。

表 3—4—4　焊接参数

焊缝层次	焊条直径（mm）	焊接电流（A）	焊接电压（V）	焊接速度（cm/min）	热输入量（kJ/cm）
打底层	4	150 ~ 170	23 ~ 25	15	13.8 ~ 17
其余各层	5	190 ~ 230	24 ~ 26	18	15.2 ~ 19.9

另外，适当增大坡口角度和严格控制焊接热输入量及层间温度是提高低温材料焊缝韧性的关键因素。

三、焊前预热及焊后热处理

由于 09MnNiDR 低温钢的焊接性良好，在钢板较薄时可不预热，当板厚大于 25 mm 时或结构刚度很大时应预热至 100 ~ 150℃。当板厚大于 15 mm 时，焊后应进行消除应力热处理。

四、焊后检验

焊接后对所有对接焊缝要进行 100% 无损探伤，并根据 GB 150—1989《钢制压力容器》的要求进行各项检查，均一次合格。

任务评价

低温钢的焊接评分标准见表 3—4—5。

表 3—4—5　　低温钢的焊接评分标准

序号	考核内容	评分标准	配分	得分
1	焊前的准备工作	坡口制备 5 分，坡口清理 5 分，焊接材料烘干 5 分	15	
2	焊接方法的选择	选择合适的焊接方法 10 分	10	
3	焊接材料的选择	选用正确的焊接材料 15 分	15	
4	焊接操作	焊接参数选择合理 10 分，焊缝无缺陷 30 分；焊缝不合格之处，酌情扣分	40	
5	焊前预热及焊后热处理	焊前预热至 100 ~ 150℃和焊后立即进行消除应力热处理，各 10 分	20	
	总分合计		100	

思考与练习

1. 什么是低温钢？常用低温钢焊接时有哪些特点？
2. 影响低温钢焊接接头韧性的因素有哪些？
3. 试述低温钢的焊接工艺及操作技术。

模块四　不锈钢及其焊接工艺

不锈钢是指在大气、水、酸、碱和盐或其他介质中具有一定化学稳定性的钢的总称。一般来讲，耐大气、蒸汽和水等弱介质腐蚀的钢称为不锈钢，而将其中耐酸、碱和盐等强腐蚀性的钢称为耐蚀钢或耐酸钢。不锈钢具有不锈性，但不一定耐腐蚀，而耐腐蚀钢一般都具有较好的不锈性。

从合金元素构成讲，不锈钢是在普通碳钢的基础上加入12%以上的Cr，铬在钢表面形成坚固致密的Cr_2O_3氧化膜，使钢与大气或腐蚀介质隔离而免遭腐蚀。不锈钢中除了铬元素外，通常还加入一定量的Si、Al等合金元素提高其抗氧化性；加入Mo、W、V、Ti等合金元素形成细小的弥散的碳化物，起到弥散强化作用，提高其室温和高温强度；加入Ni、Mo、Cu、Nb、Ti、Si等合金元素，使其具有耐腐蚀性、抗高温氧化性或具有良好的高温强度等。

不锈钢不仅具有很强的化学稳定性，同时还有足够的强度和塑性，并且在一定的高温或低温环境下具有稳定的力学性能和耐腐蚀性能。

由于不锈钢具有上述独特的性能，所以被广泛用于石油化工、电力、交通、医疗、食品、原子能、航天等领域。

任务1　奥氏体不锈钢的焊接

技能点

◎ 能够根据奥氏体不锈钢的成分和力学性能选择焊接材料及制定焊接工艺。

知识点

◎ 不锈钢的分类、性能与用途，奥氏体不锈钢的成分与性能，奥氏体不锈钢的焊接性、焊接工艺要点。

任务提出

奥氏体不锈钢在室温下的显微组织为纯奥氏体组织或奥氏体＋少量铁素体组织。形成少量铁素体的目的主要是防止热裂纹的产生，也有利于防止焊缝的晶间腐蚀。

奥氏体不锈钢是在 Cr18Ni9 铁基合金的基础上，增加 Cr、Ni 含量并加入 Mo、Cu、Si、Nb、Ti 等元素发展起来的高 Cr－Ni 系列钢。奥氏体不锈钢无磁性且具有较高的韧性和塑性，但强度较低，不能通过相变使之强化，仅能通过冷加工的方式增加其强度。奥氏体不锈钢在氧化性环境中具有优良的耐腐蚀性和良好的耐热性，具有较好的力学性能和良好的焊接性，是应用最为广泛的不锈钢。

以奥氏体不锈钢合成塔筒体的焊条电弧焊为例。合成塔筒体材质为 1Cr18Ni9Ti 奥氏体不锈钢，如图 4—1—1 所示，板厚为 12 mm，筒体内径为 940 mm，长度为 9 000 mm。筒体共由 5 节筒身拼接而成，工作压力为 1. 76 MPa，工作温度不大于 530℃。试制定合理的焊接工艺完成此筒体的焊接生产。

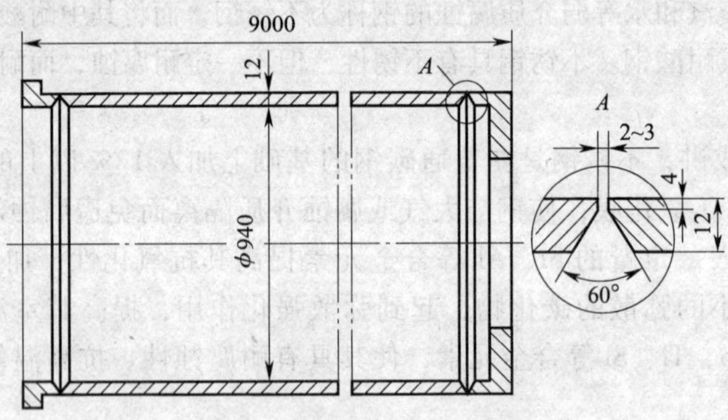

图 4—1—1　筒体结构尺寸及坡口尺寸

任务分析

奥氏体不锈钢具有良好的耐蚀性、较好的塑性和高温性能，焊接性良好。但焊接材料和焊接参数选择不当时，会出现热裂纹、晶间腐蚀等现象。钢中的含镍量越高，产生热裂纹的倾向越大。晶间腐蚀是指焊缝及热影响区在 450～850℃温度范围内保持一定时间后，在晶界析出铬的碳化物而出现晶间贫铬，即发生晶间腐蚀倾向。在工艺上可采取快焊速、直线运条、控制层间温度、减少在危险温度停留的时间等措施来解决上述问题。

相关知识

一、不锈钢的类型

不锈钢的分类方法很多，按其金相组织可为铁素体不锈钢、马氏体不锈钢、奥氏体不锈钢、双相不锈钢（包括奥氏体—铁素体型、奥氏体—马氏体型）和沉淀硬化不锈钢等。不锈钢的品种繁多，随着近代科学技术的发展和新腐蚀环境的不断出现，为了适应新的腐蚀环境，出现了超低碳不锈钢和超纯不锈钢，还出现了许多具有特定用途的专用钢。因而不锈钢是一类用途十分广泛，对国民经济和科学技术的发展都十分重要的工程材料。

1. 铁素体不锈钢

铁素体不锈钢的室温金相组织为铁素体，其 w（Cr）在 11.5% ~32.0% 范围内。随着含铬量的增加，其耐酸性能不断提高；加入钼后，则可以提高其耐酸性和抗应力腐蚀的能力。这类钢的典型牌号有 00Cr12、1Cr17、00Cr17Mo、00Cr30Mo2 等，主要用于制造硝酸化工设备的吸收塔、热交换器、储运和运输硝酸用的槽罐，以及制造不承受冲击载荷的其他零部件和设备。

根据碳和氮的总含量，铁素体不锈钢分为普通纯度和超高纯度两个系列。

（1）普通纯度铁素体不锈钢。其 w（C）≈0.1%，并含有少量氮，其典型的牌号为 1Cr17、1Cr17Mo 等。与奥氏体不锈钢相比，普通纯度铁素体不锈钢的缺点是材质较脆，焊接性较差，主要因为其中碳和氮的含量较高，在高温加热条件下会造成钢的韧脆转变温度升高。

（2）超高纯度铁素体不锈钢。这是一种通过真空或保护气体精炼技术炼出的超低碳和超低氮的铁素体不锈钢，其中 w（C＋N）＝0.025% ~0.035%，其典型牌号有 00Cr18Mo2 和 00Cr27Mo 等。这类钢在韧性、耐蚀性和焊接性等方面均优于普通纯度铁素体不锈钢，故得到了广泛应用。

2. 马氏体不锈钢

马氏体不锈钢的室温金相组织为马氏体，其焊接性较差，典型牌号有 1Cr13、2Cr13、3Cr13、4Cr13 等。这类钢的铬的含量在 11.5% ~18.0% 范围内，其含碳量最高可达 1.0%，含碳量越高，马氏体不锈钢的强度和硬度越高。因为仅用铬进行合金化，只在氧化性介质中耐蚀，而在非氧化性介质中不能达到良好钝化，耐蚀性很差。低碳的 1Cr13、2Cr13 钢耐蚀性较好，且具有优良的力学性能，主要可用作耐蚀结构零件；3Cr13、4Cr13 钢因含碳量增加，强度和耐磨性提高，但耐蚀性降低，主要用于防锈手术器械及刀具等。

马氏体不锈钢具有一定的耐蚀性和较好的热稳定性及热强性，可作为耐热钢在 700℃以下长期使用，如可用于汽轮机叶片和内燃机排气阀等。

3. 奥氏体不锈钢

奥氏体不锈钢是不锈钢中最重要的钢类，其生产量和使用量约占不锈钢总量的 70%。奥氏体不锈钢的常温金相组织为奥氏体，它是在高铬不锈钢中加入适量的镍形成的，其中含镍量一般为 8% ~25%。奥氏体不锈钢在 Cr18Ni9 铁基合金基础上，根据用途的不同，发展出了以下奥氏体不锈钢系列。

（1）在 0Cr18Ni9 的基础上降低含碳量，获得了 00Cr19Ni10 等超低碳不锈钢，使其耐蚀性得以提高；在此基础上加入 Mo、Cu、Ti，获得 00Cr17Ni14Mo2、00Cr18Ni14Mo2Cu2Ti 等，使其抗还原性酸腐蚀的能力得以提高。

（2）在 0Cr18Ni9 的基础上增加含碳量，获得 1Cr18Ni9 等，提高了强度。

（3）在 0Cr18Ni9 的基础上加入 Ti、Nb 等稳定碳化物元素，获得 0Cr18Ni9Ti、1Cr18Ni9Ti、1Cr18Ni11Nb 等，增强了抗晶间腐蚀的能力。

（4）在 0Cr18Ni9 的基础上加入 Mo、Cu、Ti 等元素，获得 1Cr18Ni12Mo2Ti、1Cr18Ni12Mo3Ti、0Cr18Ni12Mo2Cu2 等，使其抗还原酸腐蚀的能力和抗晶间腐蚀的能力得以提高。

（5）在 0Cr18Ni9 的基础上加入 Cr、Ni 等元素，获得 1Cr23Ni13、1Cr25Ni20 等，可提高耐热性。

（6）在 0Cr18Ni9 的基础上用 Mn、N 代替 Ni，可节约稀有元素 Ni 的使用，获得 1Cr17Mn6Ni5N、1Cr18Mn8Ni5N 等钢，降低了生产成本。

4. 奥氏体—铁素体型双相不锈钢

奥氏体—铁素体型双相不锈钢指的是钢的组织中既有奥氏体又有铁素体，因而性能兼有两者的特征。由于奥氏体的存在，降低了高铬铁素体钢的脆性，改善了晶体长大倾向，提高了钢的韧性和可焊性；而铁素体的存在，显著改善了钢的抗应力腐蚀开裂性能和耐晶间腐蚀性能，并提高了铬镍奥氏体的强度。

当铁素体的体积分数为 30% ~60% 时，如 00Cr18Ni5Mo3Si2 和 0Cr26Ni5Mo2 等，具有特殊的抗点蚀、抗应力腐蚀的性能。这类钢的机械加工、冷冲压和焊接性能良好，并具有较好的耐蚀性能，在石油、化工、化肥、造纸等设备中有着广泛的应用。

5. 沉淀硬化不锈钢

沉淀硬化不锈钢是在不锈钢中单独或复合添加硬化元素，通过适当热处理获得高强度、高韧性并具有良好耐蚀性的一类不锈钢。通常作为耐磨、耐蚀、高强度结构件，如轴、齿轮、弹簧、阀门等零部件以及高强度压力容器、化工处理设备等。

二、不锈钢的性能

1. 不锈钢的物理性能

与低碳钢相比，不锈钢的导电性能差；奥氏体不锈钢的线膨胀系数比低碳钢大将近 50%，而马氏体不锈钢和铁素体不锈钢的线膨胀系数大体上和低碳钢相等；奥氏体不锈钢的热导率比低碳钢低，仅为其 1/3 左右，马氏体与铁素体不锈钢的热导率均为低碳钢的 1/2 左右。而且合金元素含量越多，导电性、导热性越差，线膨胀系数越大。

2. 不锈钢的力学性能

奥氏体不锈钢的综合性能最好，既有足够的强度，又有极好的塑性，同时硬度也不高，这就是奥氏体不锈钢广泛应用的原因之一。奥氏体不锈钢同绝大多数其他金属材料相似，其抗拉强度、屈服强度和硬度随着温度的降低而提高，塑性则随着温度降低而减小，并具有较高的冷加工硬化性。

马氏体不锈钢在退火状态下硬度最低，可通过淬火硬化；正常使用时，回火状态下的硬度稍有下降。

铁素体不锈钢的特点是常温下塑性低。当高温长时间加热时，可能导致 475℃ 脆化、σ 脆性相产生或晶粒粗大等，使力学性能进一步恶化。

3. 不锈钢的耐蚀性

金属受介质的化学及电化学作用而破坏的现象称为腐蚀。不锈钢的主要腐蚀形式有均匀腐蚀、晶间腐蚀、点蚀、缝隙腐蚀和应力腐蚀开裂等。

（1）均匀腐蚀。均匀腐蚀是指接触腐蚀介质的金属的整个表面发生腐蚀的现象，受腐蚀的金属由于截面不断缩小而最后破坏。由于不锈钢中的 Cr 元素在氧化性介质中容易在表面形成富铬氧化膜，该氧化膜能够阻止金属的离子化而产生钝化作用，提高了不锈钢耐均匀腐蚀的性能。

(2) 晶间腐蚀。晶间腐蚀是一种起源于金属表面沿晶界深入金属内部的腐蚀现象。晶间腐蚀的产生主要是因为晶界的电极电位低于晶粒电极电位。此类腐蚀在金属外观未有任何变化时就造成突然破坏，因此晶间腐蚀的危险性很大。

(3) 点蚀。点蚀是指在金属表面产生的直径约小于 1.0 mm 的穿孔性或蚀坑性的宏观腐蚀。其主要是由材料表面钝化膜的局部破坏所引起的，不锈钢的表面缺陷是引起点状腐蚀的重要原因之一。经试验研究表明，材料的阳极电位值越高，抗点蚀能力越好。

(4) 缝隙腐蚀。缝隙腐蚀是在金属构件缝隙处发生的斑点状或溃疡形宏观蚀坑。它主要是由介质的电化学不均匀性所引起的，常发生在垫圈、铆接、螺钉连接缝、搭接的焊接接头等部位。改变介质成分和结构形式是防止缝隙腐蚀的重要措施。

(5) 应力腐蚀开裂。应力腐蚀开裂是金属在拉应力与电化学介质共同作用下所产生的一种延迟开裂现象。应力腐蚀开裂的一个最重要的特点是腐蚀介质与金属材料的组合有选择性，即一定的金属只有在一定的介质中才会发生此种腐蚀。

对焊接结构来说，晶间腐蚀与应力腐蚀开裂较为常见，危害也较大。

4. 主要合金元素对不锈钢耐蚀性的影响

除了铬是各类不锈钢中不可缺少的合金元素之外，为提高不锈钢在各种环境介质中的耐蚀性以及提高其力学性能及加工性能，还需要加入少量的其他合金元素，分别讨论如下。

(1) 铬。铬元素的电极电位虽然比铁低，但由于极易钝化，因而成为不锈钢提高其耐蚀性的最主要的合金元素。不锈钢中含铬量一般大于 12%，含铬量越高，耐蚀性越好，但不能超过 30%，否则会明显地降低不锈钢的韧性。

(2) 镍。镍是扩大奥氏体相区的元素，镍加入到一定量后能使不锈钢呈单相奥氏体组织，可改善钢的塑性以及加工性、焊接性等性能。另外，镍元素的加入还能提高不锈钢的耐热性和耐碱腐蚀性能。

(3) 钼。由于钼在 Cl^- 中钝化，故可提高不锈钢抗海水腐蚀的能力。另外，钼的加入还能显著提高不锈钢耐全面腐蚀及局部腐蚀的能力。

(4) 碳。碳在不锈钢中具有两重性，一方面因为碳的存在能显著扩大奥氏体组织的含量并提高钢的强度；而另一方面钢中含碳量增多，会与铬形成碳化物，即碳化铬，使固溶体中含铬量相对减小，大量微电池的存在会降低钢的耐蚀性，尤其是降低其抗晶间腐蚀的能力。因而对有耐蚀性要求的不锈钢应降低含碳量，大多数耐酸不锈钢中含碳量小于 0.08%。超低碳不锈钢中含碳量小于 0.03%，随着含碳量的降低，可提高其耐晶间腐蚀、点蚀等局部腐蚀的能力。

(5) 锰和氮。锰和氮是有效扩大奥氏体相区的元素，可以用来代替镍获得奥氏体组织，在一定程度上起到节省镍元素的作用。锰不仅可以稳定奥氏体组织，还能增加氮在钢中的溶解度。但锰的加入会促使含铬较少的不锈钢耐蚀性降低，使钢材加工性能变差，因此在钢中不能单独使用锰，只用它来代替部分镍。在钢中加入氮在一定程度上可提高钢的耐蚀能力，但氮在钢中能形成氮化物，易使钢产生点蚀。不锈钢中含氮量一般在 0.3% 以下，否则钢材气孔量会增多，力学性能变差。

（6）硅。硅在钢中可以形成一层富硅的表面层，能提高钢耐浓硝酸和发烟硝酸的能力，改善钢液流动性，从而获得高质量耐酸不锈钢铸件；硅又能提高抗点蚀的能力，尤其与钼共存时可大大提高耐蚀性和抗氧化性，可抑制在含 Cl^- 介质中的腐蚀。

（7）铜。在不锈钢中加入铜，可提高抗海水中的 Cl^- 侵蚀及抗盐酸的能力。

（8）钛和铌。钛和铌都是强碳化物形成元素。不锈钢中加入钛和铌，主要是与碳优先形成 TiC 或 NbC 等碳化物，可避免或减少碳化铬（$Cr_{23}C_6$）的形成，从而可降低由于贫铬引起晶间腐蚀的敏感性。

三、奥氏体不锈钢的焊接性

奥氏体不锈钢具有面心立方晶体结构，通常具有良好的塑性和韧性，这就决定了这类钢具有良好的弯折、卷曲和冲压成形性。这类钢冷加工时不会产生任何的淬火硬化，尽管其线膨胀系数比较大，但焊接过程中的弹塑性应变量很大，故焊接过程中极少出现冷裂纹。从这一点上看，其焊接性比铁素体不锈钢和马氏体不锈钢都要好。奥氏体不锈钢焊接时存在的主要问题是焊缝及热影响区热裂纹敏感性大；接头产生碳化铬沉淀析出，耐蚀性下降；接头中铁素体含量高时，可能会出现475℃脆化或 σ 相脆化。

1. 焊接热裂纹

单相奥氏体不锈钢焊接时，具有较高的热裂纹敏感性。在焊缝及近缝区都有可能出现热裂纹，这是最常见的焊缝凝固裂纹，也可能在热影响区（HAZ）或多层焊层间金属出现液化裂纹。从裂纹的物理本质上讲，有凝固裂纹、液化裂纹和高温低塑性裂纹等。

（1）焊接接头产生热裂纹的原因。奥氏体不锈钢具有较大的热裂纹敏感性，主要取决于钢的化学成分、组织与性能。

1）由于奥氏体不锈钢的合金元素较多、焊缝结晶过程温度变化范围大和熔敷金属溶解度小等因素有利于一些杂质元素的偏析，且这些杂质元素在晶界聚集后易形成低熔点共晶，故易引起热裂纹的产生。尤其是奥氏体不锈钢含有一定数量的镍，它易与硫、磷等杂质形成低熔点共晶，如 Ni－S 共晶熔点为645℃，Ni－P 共晶熔点为880℃，比 Fe－S、Fe－P 共晶熔点更低，危害性也更大。其他一些元素，如硅、硼等，也能形成有害的易熔晶间层，会促使热裂纹的产生。

2）奥氏体不锈钢焊缝易形成方向性强的粗大柱状晶组织，有利于有害杂质元素的偏析，在凝固结晶后期以液态薄膜形式存在于奥氏体柱状晶之间，在一定的拉应力作用下开裂、扩展和促使其产生凝固裂纹。

3）奥氏体不锈钢的线膨胀系数大，热导率小，在焊接局部加热和冷却条件下，焊缝及热影响区易产生较大的焊接应力和变形，而焊接应力是形成焊接热裂纹的必要条件之一。

从上述三个方面分析可知，奥氏体不锈钢的焊接热裂倾向比低碳钢大得多，尤其是高镍奥氏体不锈钢。

（2）防止奥氏体不锈钢产生热裂纹的主要措施

1）正确选用焊接材料。用碱性低氢型焊条，可以促使焊缝晶粒细化，减少杂质偏析，提高抗裂性，但易使焊缝含碳量增加，降低耐腐蚀性。用酸性药皮焊条，氧化性强，合金元素烧损，抗裂性差，而且晶粒粗大，容易产生热裂纹。

2）调整焊缝金属的化学成分。减少焊缝金属中 Ni、C、S 和 P 的含量，增加 Cr、Mo、

Si 及 Mn 等元素的含量，可以减小产生热裂纹的倾向。为了获得双相组织，一般 Cr、Ni 元素含量的比例为$\frac{w(Cr)}{w(Ni)}$=2.2～3.2；含镍量过高，也容易产生热裂纹。

3）控制焊缝金属的组织。焊缝组织为奥氏体＋少量铁素体的双相组织时，晶界处不易产生低熔点杂质偏析，可以减少热裂纹的产生。但焊缝中铁素体含量应小于 5%，否则会造成 σ 相脆化。

4）采用合适的焊接参数。采用小热输入量，即小电流、快速焊，减小焊接区过热，避免形成粗大柱状晶。多层焊时，要控制层间温度，不宜过高，以避免焊缝过热，等前一道焊缝冷却后再焊接后一道焊缝。采取窄焊道的操作工艺，施焊过程中焊条或焊丝不宜摆动。

2. 焊接接头的晶间腐蚀

有些奥氏体不锈钢的焊接接头在腐蚀介质中工作一段时间后，可能会在局部发生沿着晶粒边界的腐蚀，一般称此种腐蚀为晶间腐蚀。奥氏体不锈钢 0Cr18Ni9 的热影响区敏化区晶间腐蚀如图 4—1—2 所示。奥氏体不锈钢焊接接头可能发生晶间腐蚀的部位为焊缝区、焊接热影响区（HAZ）的敏化区（600～1 000℃）和熔合区，如图 4—1—3 所示，分别称为焊缝的晶间腐蚀、母材敏化区腐蚀和刀蚀。一般来说，焊接接头上不会同时出现这三种腐蚀，而是随母材或焊接材料成分的不同而出现不同形式的腐蚀。

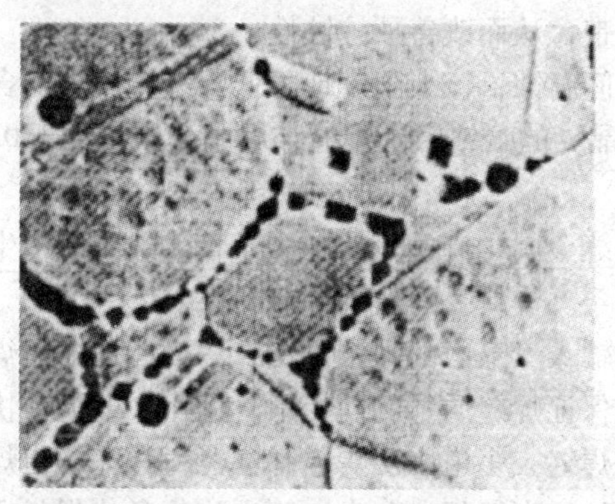

图 4—1—2　奥氏体不锈钢 0Cr18Ni9 的热影响区敏化区晶间腐蚀

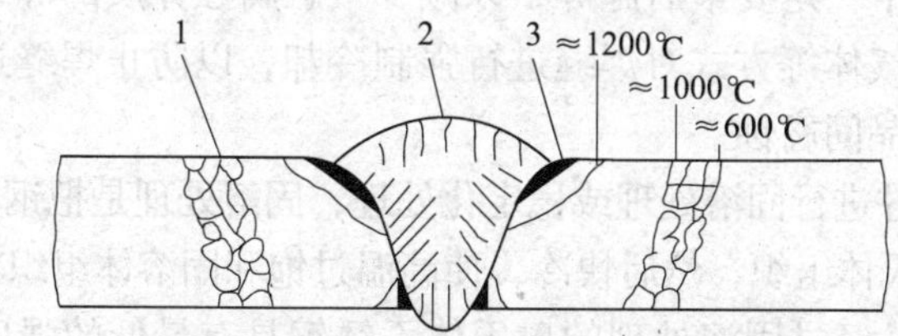

图 4—1—3　奥氏体不锈钢焊接接头可能发生晶间腐蚀的部位

1—HAZ 敏化区　2—焊缝区　3—熔合区

（1）焊缝的晶间腐蚀

1）产生晶间腐蚀的原因。奥氏体不锈钢焊缝区和 HAZ 敏化区的晶间腐蚀，都与焊接时在晶界形成贫铬层有关。从“贫铬理论”的角度看，奥氏体不锈钢在固溶状态下，碳以过饱和形式溶解在 γ 固溶体中。加热时，过饱和的碳与铬结合以 $Cr_{23}C_6$ 的形式沿晶界析出。

$Cr_{23}C_6$析出消耗了大量的铬，因而使晶界附近的含铬量降到低于钝化所需的最小含铬量，则在晶界表面形成了贫铬层。贫铬层的电极电位比晶粒内低得多，当金属与腐蚀介质接触时，就形成了微电池，电极电位低的晶界成为阳极，因此被腐蚀介质溶解腐蚀。

奥氏体不锈钢在加热到450～850℃时，对晶间腐蚀最敏感，此温度区间称敏化温度区。这是因为当温度低于450℃时，碳原子的活动能力很弱，$Cr_{23}C_6$析出困难，不会形成贫铬层；而当温度升高到450～850℃区间内时，碳原子的活动能力增强，同铬原子形成$Cr_{23}C_6$析出，最容易形成贫铬层，对晶间腐蚀最敏感；而当温度高于850℃时，晶粒内部的铬获得了足够的动能，扩散到晶界，从而使已形成的贫铬层消失。当然，如果在450～850℃温度区间加热足够长的时间，晶内的铬原子也可以扩散到晶界使贫铬层消失。

2）防止焊缝产生晶间腐蚀的措施

①冶金措施。使焊缝金属具有奥氏体＋铁素体的双相组织，当铁素体的体积分数在4%～12%范围内时，不仅能提高焊缝金属抗晶间腐蚀的能力和抗应力腐蚀的能力，同时还能提高焊缝金属抗热裂纹的能力。

在焊缝金属中渗入比铬更容易与碳结合的稳定化元素，如钛、铌和钽等。一般认为，钛碳比大于5时，能提高抗晶间腐蚀的能力。试验结果证明，钛碳比大于或等于6.7时才有明显的效果；大于7.8时，才能彻底地改善晶间腐蚀的倾向。这是由于钛优先与全部的碳结合，消除了晶界的贫铬地带，从而改善了抗蚀性。

超低碳有利于防止晶间腐蚀，极大限度地降低焊缝金属中的含碳量，使碳不可能与铬生成$Cr_{23}C_6$，从根本上消除晶界的贫铬区。焊缝金属中含碳量小于0.03%时，就能提高焊缝金属的抗晶间腐蚀能力。

综上所述，为了使焊缝金属含有适量的合金元素，达到不产生晶间腐蚀的目的，可选择能满足上述冶金条件的焊条、焊剂及焊丝等焊接材料。

②工艺措施。选择热输入量最小的焊接方法，尽可能地缩短焊接接头在敏化温度区间的停留时间。焊接参数应在保证焊缝质量的前提下，采用小电流、快焊速。

在操作上尽量采用窄焊缝、多道多层焊，并注意每焊完一道焊缝后要等焊接处冷却至室温再进行下一道焊缝的焊接；在施焊过程中，不允许焊条或焊丝摆动；对于接触腐蚀介质的焊缝，在有条件的情况下一定要最后施焊，以减少接触腐蚀介质的焊缝的受热次数。可通过水冷、垫铜块、通保护气体等方式对焊缝进行强制冷却，以防止焊缝过热，形成贫铬层，从而有效防止焊接接头的晶间腐蚀。

对奥氏体不锈钢焊件进行固溶处理或稳定化处理，固溶处理是把钢加热到1 050～1 150℃，得到成分均匀的单相奥氏体组织，然后快冷，使高温过饱和固溶体组织状态保持到室温，是防止晶间腐蚀的重要手段。经过固溶处理的奥氏体不锈钢具有最低的强度和硬度、最好的耐蚀性。出现敏化现象的奥氏体不锈钢可再次用固溶处理来消除。稳定化处理是针对含稳定剂的奥氏体不锈钢而设计的一种热处理工艺。奥氏体不锈钢中添加稳定剂（Ti或Nb）的目的是让钢中的碳与Ti或Nb形成稳定的TiC或NbC，而不形成$Cr_{23}C_6$，从而防止了晶间腐蚀。稳定化处理的加热温度高于$Cr_{23}C_6$的溶解温度，低于TiC或NbC的溶解温度，一般在850～900℃，并保温2～4 h。稳定化处理也可用于消除因敏化加热而产生的晶间腐蚀倾向。

（2）母材敏化区腐蚀。含碳量较高或不含稳定化元素的母材，在焊接热循环的作用下会出现敏化区。由于焊接时加热和冷却的速度都较快，而 $Cr_{23}C_6$ 的析出需要足够的时间，因此 HAZ 敏化区不是等温热处理时的 450～850℃，而是 600～1 000℃的部位，就是说需要一定的过热度。为了避免 HAZ 敏化区的晶间腐蚀，应选用含碳量低和含有适量稳定化元素的母材，焊接时应尽量缩短 HAZ 处于敏化温度区间的时间。在焊接参数上必须注意使用较小的焊接电流、较大的焊接速度，或采用强制冷却措施，以减小热影响区和敏化区。

（3）刀蚀

1）刀状腐蚀产生的原因。刀状腐蚀简称刀蚀，它是焊接接头中特有的一种晶间腐蚀，只发生在含有 Ti、Nb 等稳定化元素的奥氏体不锈钢焊接接头中。腐蚀部位沿熔合线发展，处于 HAZ 的过热区，由于区域很窄（腐蚀区宽度开始时只有 3～5 个晶粒，以后逐步扩大到 1.0～1.5 mm），形状犹如刀削切口，故称为刀状腐蚀。图 4—1—4 所示为 1Cr18Ni2Mo2Ti 不锈钢焊接接头的刀状腐蚀形貌。

图 4—1—4　1Cr18Ni2Mo2Ti 不锈钢焊接接头的刀状腐蚀形貌

高温过热和中温敏化是导致焊接接头过热区产生刀蚀的重要条件。刀蚀产生的原因也与 $Cr_{23}C_6$ 析出沉淀造成贫铬层有关。含有稳定剂的奥氏体不锈钢，钢中的大部分碳与 Ti、Nb 形成 TiC、NbC。焊接时在温度超过 1 200℃的过热区，钛和铌的碳化物溶入固溶体中。在高温的作用下，由于碳的扩散能力强，溶解的碳能迅速向晶界处迁移，冷却后偏聚在晶界附近呈过饱和状态，而钛和铌则因扩散能力低而留于晶内。如果焊接接头在敏化温度区间再次加热时，过饱和的碳将在奥氏体晶界以 $Cr_{23}C_6$ 形式析出，而 Ti、Nb 由于在奥氏体相里的扩散速度非常慢，很难迁移到晶界与碳再次结合，这样 Ti、Nb 就失去了稳定化元素的作用，使晶界形成贫铬层，在腐蚀介质的作用下就会产生刀蚀。

2）防止刀蚀的措施。防止刀蚀的最好办法是选用超低碳不锈钢，对含稳定化元素的钢也希望含碳量小于 0.06%。在焊接工艺上，主要是减少近缝过热区，在保证焊缝质量的前提下，尽量选择较小的热输入量，减小过热区在高温下的停留时间，并注意避免中温敏化加热。接触腐蚀介质一面的焊缝要最后焊接，避免交叉焊缝，减少焊缝接头等。若介质接触面无法最后焊接（如无法进容器）时，应调整焊缝尺寸及焊接参数，使敏化温度区（600～1 000℃）不落在第一面焊缝的过热区上，如图 4—1—5 所示。焊接过程中或焊后采用强制冷却的方法，使焊缝快速冷却；焊后矫正时应采用冷矫方法进行；对腐蚀性能要求较高的焊件，必要时要进行焊后的稳定化处理或固溶处理。

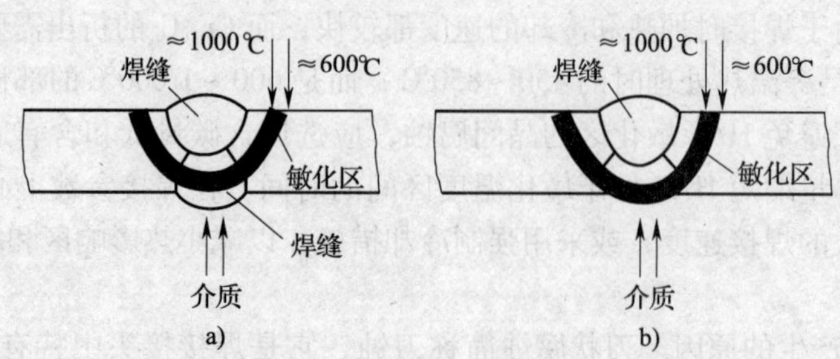

图 4—1—5　第二面焊缝的敏化区对刀蚀的影响

a）敏化区与腐蚀介质不接触　b）敏化区与腐蚀介质接触

3. 应力腐蚀开裂（SCC）

（1）应力腐蚀开裂产生的原因。应力腐蚀开裂是在拉应力和特定腐蚀介质共同作用下而发生的一种破坏形式，随着拉应力的加大，发生破坏的时间缩短，当拉应力减小时，腐蚀量也随之减小。应力腐蚀开裂是奥氏体不锈钢非常敏感且经常发生的腐蚀破坏形式。有关统计资料表明，应力腐蚀开裂引起的事故占所有腐蚀破坏事故的60%以上。

奥氏体不锈钢由于导热性差、线膨胀系数大、屈服强度低，焊接时很容易变形，当焊接变形受到限制时，焊接接头中必然会残留较大的焊接残余拉应力，加速腐蚀介质的作用。因此，奥氏体不锈钢焊接接头容易出现应力腐蚀开裂，这是焊接奥氏体不锈钢时最不易解决的问题之一，在化工设备中，应力腐蚀开裂的现象经常出现。

应力腐蚀开裂的表面特征是裂纹均发生在焊缝表面上，裂纹多互相平行且近似垂直于焊接方向，裂纹细长并曲折，常常贯穿有黑色点蚀的部位；从表面开始向内部扩展，点蚀往往是裂纹的根源，裂纹通常表现为穿晶扩展，裂纹尖端常出现分支，裂纹整体为树枝状，严重的裂纹可穿过熔合线进入热影响区。

（2）防止应力腐蚀开裂的措施

1）合理地设计焊接接头，避免腐蚀介质在焊接接头部位聚集。

2）消除或降低焊接接头的残余应力。焊后进行消除应力处理是常用的工艺措施，加热温度在850～900℃之间可得到比较理想的消除应力效果；采用机械方法，如表面抛光、喷丸和锤击，造成表面产生压应力；结构设计时要尽量采用对接接头，避免十字交叉焊缝，单V形坡口改为双Y形坡口。

3）正确选用材料。在选用母材和焊接材料时，要根据介质的特性选用对应力腐蚀开裂敏感性低的材料。

四、奥氏体不锈钢的焊接工艺要点

1. 焊前准备

焊前准备是为了保证焊接接头的耐蚀性，防止焊接缺陷。在焊前准备中，对下列问题应予以特别注意。

（1）下料方法的选用。奥氏体不锈钢中含有较多的铬，用氧乙炔焰切割有困难，可选用机械切割、等离子弧切割和碳弧气刨等方法进行下料或坡口加工。

机械切割最常用的方法有剪切、刨削等，一般只限于直线切割，切割曲线时受到限制。在剪切下料时，由于奥氏体不锈钢的韧性高，容易冷作硬化，所需剪切力要比剪切相同厚度的低碳钢大 1/3 左右。等离子弧切割是奥氏体不锈钢常用的一种下料方法，具有切口窄、表面光滑、切割速度快等优点。碳弧气刨特别适用于开孔、铲除焊根或焊缝返修等场合，具有设备简单、操作灵活等优点；若操作不当，很容易在切割表面引起“粘渣”或“粘炭”，直接影响不锈钢的耐蚀性。

（2）焊前清理。为了保证焊接质量，焊前应将焊件坡口及其两侧 20 ~ 30 mm 范围内的表面清理干净，如有油污，可用丙酮或酒精等有机溶剂擦拭。对表面质量要求较高的焊件，可在其表面一定范围内涂上用白垩调制的糊浆，以防止飞溅金属损伤钢材表面。

（3）表面防护。在搬运、坡口制备、装配及定位焊等过程中，应注意避免损伤不锈钢表面，以免产品的耐蚀性能降低，如不允许在钢材表面随意打弧及用利器划伤钢板表面，下料划线时不能打样冲眼和用划针，钢材储存、运输应与一般结构钢分开，避免被铁锈等污染，吊装过程中不能直接用碳钢钢丝绳吊运，必须包以橡胶皮吊运等。

（4）自冷作硬化现象。因奥氏体不锈钢的线膨胀系数大，对冷作硬化敏感，在刚性固定条件下焊接时，焊缝在冷却中会产生较大的塑性变形，而发生自发的冷作硬化现象。经自冷作硬化的焊缝，屈服强度提高 40% 左右，塑性有所降低。

2. 焊接方法的选用

奥氏体不锈钢可以选用所有常用的焊接方法，但最常用的是焊条电弧焊和氩弧焊。

（1）焊条电弧焊。焊条电弧焊的热影响区较小，对保证焊接质量最有利，是目前应用最广泛的方法之一。主要缺点是生产率低，清除熔渣的要求高，换焊条时焊缝接头处重复加热对耐蚀性不利，焊接参数波动较大，通过焊条的合金过渡系数比较小等。

从抗裂角度考虑，倾向于采用碱性低氢型焊条，但焊缝外观成形不如钛钙型焊条，因而对耐蚀性较不利。

（2）氩弧焊。氩弧焊的主要特点是保护效果好，合金过渡系数高和焊缝成分易于控制。特别是氩弧焊焊缝表面成形好，无熔渣，便于全位置机械化焊接。钨极氩弧焊（TIG）可用于封底焊，背面熔透良好且液态金属不易流散，可以不必采用垫板或锁边坡口。所以，氩弧焊在奥氏体不锈钢焊接中占有极为重要的地位。

（3）埋弧自动焊。埋弧焊的最大优点是适用于板厚大于 6 mm 的中厚板焊接，可以减少坡口的加工量，生产率高。同焊条电弧焊相比，减小了多次重复引弧加热的不良作用，焊接参数稳定，熔合比波动很小，焊缝成分比较稳定，焊缝表面光洁，无飞溅损失等。

但埋弧焊熔池体积比较大，冷却速度相对较小，容易引起合金元素及杂质的偏析。

（4）等离子弧焊接。对于厚度为 10 ~ 12 mm 的奥氏体不锈钢，等离子弧焊是一种很有发展前途的方法。对于厚度小于 0.5 mm 的薄件的焊接，微束等离子弧焊更具有优越性。

等离子弧焊带小孔效应时，热量集中，可不开坡口单面焊一次成形。焊接速度比自动 TIG 大 50% ~100%，在不锈钢管道纵缝焊接中可取代 TIG 焊接。

（5）CO_2 气体保护焊。用于焊接奥氏体不锈钢有一定困难，必须有专用焊丝，主要是因为 CO_2 气体可使焊缝增碳。当焊丝中含碳量小于 0.1% 时，CO_2 气体可使焊缝增碳 0.02% ~ 0.04%；同时 CO_2 气体又可使 Ti 强烈烧损，显然对耐蚀性很不利。CO_2 气体保护焊用于不锈钢焊接时，焊丝的成分中应有足够的稳定化元素（Ti、Nb）以克制碳的有害作用，同时还可适当提高铁素体化元素（Cr、Si、Al 等）的含量以取得奥氏体 + 铁素体的双相组织。例如，Cr18Ni10Ti 在进行 CO_2 气体保护焊时，可用焊丝材料为 0Cr20Ni9Si2NbTiAl。

（6）电渣焊。电渣焊最大的优点是不开坡口可以焊接很大厚度的工件，并且热裂倾向小，但由于接头近缝区过热严重，若不经过焊后热处理，则难以保证焊接接头的耐蚀性。

3. 焊接材料的选用

对于工作在高温条件下的奥氏体不锈钢，填充材料选择的原则是在无裂纹的前提下保证焊缝金属的热强性与母材基本相同，这就要求其选材成分大致与母材成分相匹配，同时应注意对焊缝金属中铁素体的含量进行控制。对于长期在高温条件下运行的奥氏体不锈钢焊接接头，铁素体含量不应超过 5%，以免出现脆化。在铬、镍的含量均大于 20% 的奥氏体不锈钢中，为获得抗裂性高的纯奥氏体组织，选用 w（Mn）=6%～8% 的焊接材料是一种行之有效且经济的解决办法。

对在腐蚀介质中工作的奥氏体不锈钢，主要按腐蚀介质和耐蚀性要求来选择焊接材料，一般选用与母材成分相同或相近的焊接材料。由于含碳量对抗腐蚀性有很大影响，因此熔敷金属中的含碳量不能高于母材。腐蚀性弱或仅为避免锈蚀污染的设备，可选用含 Ti 或 Nb 等稳定化元素或超低碳焊接材料；对于要求耐酸腐蚀性能较高的工件，常选用含 Mo 的焊接材料。

4. 焊后清理

不锈钢焊后必须严格按工艺规程对其表面进行磨平、抛光、酸洗和钝化。酸洗的目的是去除焊缝及热影响区表面的氧化皮；钝化处理可以使酸洗后的表面重新形成一层致密的氧化膜，起到耐蚀作用。

常用的酸洗方法有酸液酸洗和酸膏酸洗两种。酸洗前必须对焊件进行表面清理及修补，包括修补表面损伤、彻底清除焊缝表面残渣及焊缝附近表面的飞溅物等。

（1）酸液酸洗，有浸洗法和刷洗法两种。

浸洗法是将焊件在酸洗槽中浸泡 25～45 min，取出后用清水冲净，适用于较小焊件。

刷洗法是用刷子或抹布反复刷洗，直至呈亮白色后用清水冲净，适用于大型焊件。

（2）酸膏酸洗。适用于大型结构，是将配制好的酸膏敷于结构表面，停留几分钟后，再用清水冲净。

酸洗后应立即进行钝化处理，钝化之后需冲洗干净。用钝化液在部件表面擦一遍，然后用冷水冲洗，再用抹布仔细擦洗，最后用温水冲洗干净并干燥。经钝化处理后的不锈钢制品表面呈白色，具有较好的耐蚀性能。

5. 工艺要点

根据奥氏体不锈钢对抗裂性和耐蚀性的要求，焊接时要注意以下几点：

（1）焊前不预热。由于奥氏体不锈钢具有较好的塑性，冷裂倾向较小，因此焊前不必进行预热。多层焊时要避免道间温度过高，一般应冷却到 100℃ 以下后，才能焊接下一层；否则接头冷却速度慢，将促使产生碳化铬而造成耐晶间腐蚀性能下降。有时为了避免工件在刚度极大的情况下焊接时产生裂纹，可适当对其进行焊前预热。

（2）防止接头过热。具体措施有焊接电流比焊低碳钢时小 10%～20%，短弧快速焊，直线运条，减少起弧、收弧次数，尽量避免重复加热，强制冷却焊缝（加铜垫板、喷水冷却等）。

（3）要保证焊件表面完好无损。焊件表面损伤是产生腐蚀的根源，焊接时要避免因在焊件表面进行引弧而造成的局部烧伤。

（4）焊后热处理。奥氏体不锈钢焊接后，原则上不进行热处理。只有焊接接头产生了脆化或要进一步提高其耐蚀能力时，才根据需要选择固溶处理、稳定化处理或消除应力处理。

热处理加热前，钢材表面必须清洁无油，以避免渗碳。加热应均匀，低于850℃时需放慢升温速度，高于850℃则需加快速度，以防止钢材在高温区停留时间过长，导致晶粒过于长大。

任务实施

一、焊前准备

1. 焊接材料的选用

选用直径为4 mm的E347—16奥氏体不锈钢焊条，药皮为钛钙型，电弧稳定，焊接飞溅小，脱渣容易，焊缝鱼鳞纹细腻、美观，焊接工艺性好，耐腐蚀性能好。焊条使用前要进行烘干，烘干温度为150℃，保温1~2 h，放入恒温筒内随用随取。

2. 坡口制备与清理

筒体的纵缝、环缝都开V形坡口，坡口形式和尺寸如图4—1—1所示。坡口可采用机械加工或碳弧气刨加工。采用气刨加工后的坡口表面要清除熔渣，并打磨光亮。筒体所有的纵缝、环缝坡口应开在筒体内，钝边留在筒体外，目的是便于利用碳弧气刨或角向磨光机进行清根操作，避免飞溅物对接触面的损伤，以保证筒体内光洁，提高容器的耐蚀性能。另外，筒体内表面的焊缝最后施焊，以保证焊缝的抗晶间腐蚀性能。

为了防止碳弧气刨对不锈钢抗晶间腐蚀性能的影响，将不锈钢的刨槽表面用砂轮磨削干净后，再进行焊接。对于接触强腐蚀介质的超低碳不锈钢，不允许使用碳弧气刨清焊根，而应采用角向磨光机进行磨削。为防止增碳，将坡口两侧各20~30 mm内的油、污、漆清理干净。

3. 电源准备

选用直流反接。因交流电源施焊时，熔深较浅，焊条药皮容易发红，虽然也能进行不锈钢的焊接，但最好不用。

焊接电线卡头在工件上要卡紧，以免发生打弧或过烧现象。

二、焊接操作要点

1. 定位焊

纵缝的定位焊缝长度为25 mm，高度为4~5 mm，定位焊缝间距为200~250 mm；环缝的定位焊采用4点或5点法在筒体外部进行，定位焊缝长度和高度的要求与纵缝一样。

2. 焊接操作

采用小规范焊接参数，即小电流、快速焊、窄焊道，避免金属过热；收弧要慢，注意填满弧坑；在多层焊的过程中，要清渣检查，并控制层间温度。

(1) 纵缝和环缝的焊接顺序（见图4—1—6）。第1层焊缝的焊接电流为120～140 A，其余各层焊缝的焊接电流为130～150 A。具体的焊接步骤为：先在筒体内焊接第1、2层焊缝，这两层焊缝焊接时的起焊端一定要相反，以便使焊波错开，避免夹渣，然后在筒体外清根。接下来在筒体外焊第3、4层焊缝，注意焊缝的起焊端要相反。最后在筒体内焊接与腐蚀介质接触的第5层、第6层焊缝。

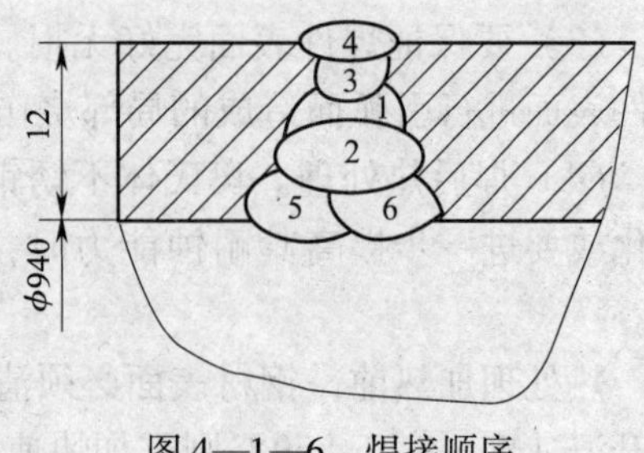

图4—1—6 焊接顺序

焊接过程中要控制好层间温度不大于60℃，最好冷却到室温再焊下一层，为了加快冷却速度，可以采用水冷措施。

(2) 环缝定位焊牢固后，将筒体吊放在转胎上，焊工在筒体内焊接，焊工自己控制转胎开关以控制转胎的转动速度，边焊边转，始终保持平位焊接。焊接顺序和纵缝一样。收弧时要填满弧坑，防止出现裂纹。

(3) 焊完第1、2层焊缝后，用碳弧气刨在筒体外清根。采用手工碳弧气刨，碳棒规格ϕ47 mm×355 mm，碳棒外伸长度90 mm，压缩空气压力0.6 MPa，电流应选择小一些，以防止发生夹碳，电流确定为270 A，刨削速度为0.1 m/min，碳棒与焊缝的夹角为45°，刨槽深度为4 mm，要将第1层可能有缺陷的焊缝金属刨除干净后，再清除熔渣。

三、焊后检验

焊后要求对筒体焊缝总长的25%进行X射线探伤。

任务评价

奥氏体不锈钢的焊接评分标准见表4—1—1。

表4—1—1　奥氏体不锈钢的焊接评分标准

序号	考核内容	评分标准	配分	得分
1	焊前的准备工作	坡口制备5分，坡口清理5分，焊接电源的准备5分	15	
2	焊接方法的选择	选择合适的焊接方法10分	10	
3	焊接材料的选择	选用奥氏体不锈钢焊接材料15分	15	
4	焊接操作	焊接参数选择合理10分，焊缝无缺陷30分；焊缝不合格之处，酌情扣分	40	
5	焊前预热及焊后热处理	不必进行焊前预热和焊后热处理	20	
总分合计			100	

思考与练习

1. 简述不锈钢的类型及特点。
2. 奥氏体不锈钢焊接时产生热裂纹的原因是什么？
3. 奥氏体不锈钢焊接时产生晶间腐蚀的原因是什么？
4. 为什么奥氏体不锈钢焊接时易产生裂纹？如何防止？

任务2　铁素体不锈钢的焊接

技能点

◎ 能够根据铁素体不锈钢的成分和力学性能选择焊接材料及制定焊接工艺。

知识点

◎ 铁素体不锈钢的类型与特性，铁素体不锈钢的焊接性、焊接工艺要点。

任务提出

铁素体不锈钢在室温下的显微组织为铁素体，其合金元素以 Cr 为主，通常 w（Cr）≥13%，不含 Ni 元素，某些钢种添加有 Mo、Ti、Al、Si 等元素，一般在退火状态下供货。铁素体不锈钢中 w（Cr）=11.5%～32.0%，随着含铬量的提高，其耐酸性能显著提高，加入 Mo 后，则可提高其耐酸腐蚀和抗应力腐蚀的能力。

铁素体不锈钢具有抗氧化性好、耐应力腐蚀性强的特点，但其耐腐蚀性和焊接性均不如奥氏体不锈钢，多用于制造耐氧化、耐腐蚀的设备，如硝酸化工设备中的吸收塔、热交换器、储槽和运输硝酸用的槽罐，以及制造不承受冲击载荷的其他零部件和设备。

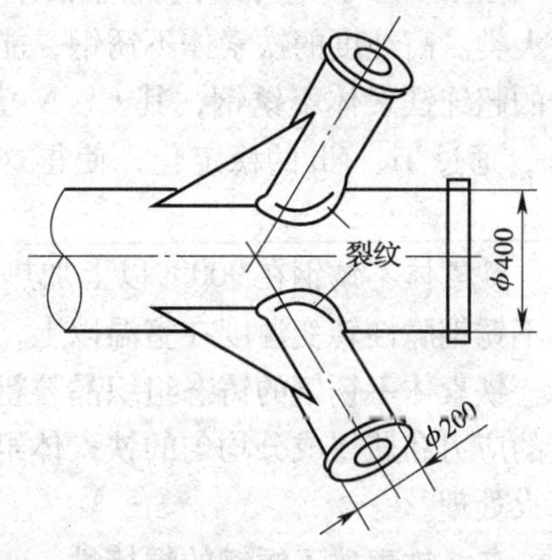

图 4—2—1　不锈钢焊接结构及裂纹位置

以 1Cr17 铁素体不锈钢管裂纹的焊接修复为例，某中外合资煤气炉工程施工中，发现中心管端部的三根 1Cr17 铁素体不锈钢支管焊缝出现了长度为整圈焊缝 3/5 的裂纹需要焊接修复。中心管及三根支管的规格分别为 ϕ400 mm×20 mm、ϕ200 mm×20 mm，不锈钢焊接结构及裂纹位置如图 4—2—1 所示。请制定出合理的焊接工艺完成对此不锈钢管裂纹的修复。

任务分析

1Cr17 铁素体不锈钢高温时有晶粒长大的脆化倾向，而室温下冲击韧性低，易在拘束应力的作用下产生沿晶界脆性裂纹。由于原焊接结构刚度及拘束应力均较大，加之原焊缝热输入量过大，焊缝过宽，造成接头高温停留时间过长，使晶粒严重粗化，甚至有可能产生高温脆性，故焊接裂纹得以出现。因此，在制定修复焊接工艺时应尽量减小焊接热输入量，采取窄焊道、小热输入量、快速不摆动的焊接方式。另外，焊后将工件整体加热至 600℃进行消除焊接应力处理，以避免沿晶界脆性裂纹的产生。

相关知识

一、铁素体不锈钢的类型和特性

铁素体不锈钢中 w（Cr）=12%～30%，其化学成分的特点是低碳高铬。Cr 是缩小奥氏体区（扩大铁素体区）的元素，随着含铬量的增加、含碳量的降低，奥氏体区范围逐渐减小，如在 w（C）=0.03%，w（Cr）=12%或 w（Cr）=17%的钢中，从熔点附近至室温一直保持铁素体组织，不再形成奥氏体。故铁素体不锈钢在室温下具有纯铁素体组织，一般不能用热处理方式对其进行强化。铁素体不锈钢的耐蚀性好，主要用作耐硝酸、氨水腐蚀用钢，也可用作抗高温氧化用钢，但很难用作热强钢。

按主要合金元素铬的含量不同，铁素体不锈钢可分为以下三类：Cr13 型，如 0Cr13、0Cr13Al、0Cr13Ti 等，常用于耐热零件，如汽车发动机排气阀等；Cr17～Cr19 型，如 Cr17、Cr17Ti、Cr18Mo2Ti 等，可耐大气、淡水、稀硝酸等介质腐蚀；Cr25～Cr28 型，如 Cr25、Cr25Ti、Cr28、Cr28Mo4 等，是耐强腐蚀介质的耐酸钢。除 Cr 外，还可以根据需要向钢中加入少量的 Si、Ti、Al 等元素，加 Ti 可以防止铁素体钢的晶间腐蚀，加 Si、Al 可以进一步提高铁素体不锈钢的抗氧化性能。

按杂质元素含量的不同，铁素体不锈钢又可分为普通铁素体不锈钢和超纯铁素体不锈钢两大类。高纯度的铁素体不锈钢，能有效降低其脆性，减弱其焊后的晶间腐蚀倾向。如新研制的超纯铁素体不锈钢，其 C、N 总含量小于 0.035%，含 18%～28%的 Cr，2%～4%的 Mo，通过 Ti、Nb 的稳定化，使得这种钢对许多酸性介质有很高的耐蚀性和抗压力腐蚀能力。

铁素体不锈钢在 900℃以上加热时晶粒长大，含铬量越高，晶粒长大倾向越严重。铁素体不锈钢脆性转变温度在室温以上，因此在室温下其韧性极低。

铁素体不锈钢的铸态组织晶粒粗大，一般可通过压力加工细化晶粒。为消除压力加工产生的应力和获得成分均匀的铁素体组织，压力加工后应对其进行温度不超过 900℃的淬火或退火处理。

二、铁素体不锈钢的焊接性

铁素体不锈钢焊接时的主要问题有铁素体不锈钢加热冷却过程中无同素异构转变，焊缝及 HAZ 晶粒长大严重，易形成粗大的铁素体组织，这种晶粒粗化现象不能通过热处理来改善，导致接头韧性比母材更低；多层焊时，焊道间重复加热，导致 σ 相析出和 475℃脆性，进一步增加了接头的脆化；焊接接头在高温下长期服役可能出现逐渐脆化的问题，也必须给予重视。对于耐蚀条件下使用的铁素体不锈钢，还要注意近缝区的晶间腐蚀倾向，如何保证铁素体不锈钢焊接接头具有与母材相同的耐腐蚀性是解决焊接问题的关键。

1. 焊接接头的晶间腐蚀

铁素体不锈钢焊接接头的晶间腐蚀倾向产生的原因与奥氏体不锈钢基本相同，也是由于贫铬层形成。但由于钢的成分及组织不同，铁素体不锈钢出现晶间腐蚀的部位与温度条件和奥氏体不锈钢不完全相同。

铁素体不锈钢的焊接接头出现晶间腐蚀的位置在接头熔合线附近（950℃以上），而且是在快速冷却的条件下发生的。焊后若在 700～850℃温度范围内短时间加热保温并缓冷，可以恢复其耐晶间腐蚀的性能。这是因为铁素体不锈钢一般是在退火状态下焊接，其组织是固溶了微量的碳和氮的铁素体及少量均匀分布的碳和氮的化合物，组织稳定、耐蚀性好。当焊接加热温度达到 950℃以上时，碳、氮的化合物逐步溶解到铁素体相中，得到碳、氮过饱和固溶体。由于碳、氮在铁素体相中的溶解度比奥氏体中的溶解度小得多，而且扩散速度快得多，在焊后冷却过程中，甚至在淬火冷却过程中，均来得及扩散到晶界，而铬的扩散速度较慢，导致在晶界上沉淀了 $Cr_{23}C_6$、Cr_2N，则晶界出现贫铬区。在腐蚀介质的作用下，即会产生晶间腐蚀。

防止晶间腐蚀的措施：

（1）经过 700～900℃的加热缓冷，铬从晶粒内部扩散至晶界处，使得贫铬层得以消失，进而恢复其耐蚀性能。

（2）选用含有 Ti、Nb 等稳定剂的焊接材料，可有效防止晶间腐蚀。

（3）降低母材中的碳和氮的总含量，有利于晶间腐蚀倾向的减小。

2. 焊接接头的脆化

铁素体不锈钢接头的脆化主要是由晶粒长大、σ 相脆化和 475℃脆化等因素造成的。

σ 相脆化是指 w（Cr）＞21% 的母材和焊缝，在 520～820℃的温度区间长期加热形成的硬而脆的铁铬金属间化合物。在焊接的条件下一般不会出现 σ 相脆化。

475℃脆化是指铁素体不锈钢中 w（Cr）≥15.5%，并在 400～500℃温度范围内长期加热后，常常会出现强度升高而韧性下降的现象。一般情况下，含铬量越高，其脆化倾向越严重。焊接接头在焊接热循环的作用下，不可避免地要经过该温度区间，当焊缝金属和热影响区在此温度区停留时间较长时，均有产生 475℃脆化的可能。

在焊接热循环的作用下，若铁素体不锈钢焊接接头在大于 950℃的温度区停留时间过长，会由于晶粒的急剧长大和碳、氮化合物的沿晶界偏析，导致其塑性和韧性下降而产生脆化。当焊接构件的刚度足够大时，在室温条件下就可能出现脆裂。由于铁素体不锈钢加热时无固态相变，因此晶粒一旦粗化，就无法用热处理方法对其进行细化消除。

防止焊接接头脆化的措施：

（1）采用小的热输入量，即小电流、快的焊接速度，减少横向摆动。待前一道焊缝冷却到预热温度后，再进行下一道焊缝焊接。

（2）焊后进行 700～800℃退火处理，退火后应快速冷却，防止出现 σ 相析出和 475℃脆化。

（3）对超纯铁素体不锈钢，主要是防止焊缝的污染，避免焊缝中碳、氮、氧含量增加。

三、铁素体不锈钢的焊接工艺要点

为克服铁素体不锈钢在焊接过程中出现的晶间腐蚀和焊接接头脆化而引起的裂纹，应采用以下工艺措施：

1. 焊接方法的选择

铁素体不锈钢通常采用焊条电弧焊、钨极氩弧焊等热输入量较小的焊接方法。因为铁素体不锈钢对过热敏感性大，焊接时应尽可能地减少接头在高温区的停留时间，以减少晶粒长大和 475℃脆化的影响。

对于普通高铬铁素体不锈钢可采用焊条电弧焊、气体保护焊、埋弧焊、等离子弧焊、电子束焊等熔焊方法。而对于超纯高铬铁素体不锈钢，为了获得良好的保护，熔化焊主要采用氩弧焊、等离子弧焊、电子束焊等。

2. 焊接材料

铁素体不锈钢焊材基本上有三类：成分基本与母材匹配的焊材、奥氏体焊材和镍基合金焊材，镍基合金焊材由于其价格较高，故很少选用。

若选用与母材相近的铁素体铬钢作为填充材料，由于焊缝金属为粗大的铁素体组织，焊缝的塑性低、韧性差。为了改善焊缝的性能，可向焊缝中加入少量的变质剂 Ti、Nb 等元素，细化焊缝组织。选用奥氏体不锈钢焊接材料时，由于焊缝塑性好，改善了接头的性能，但在某些腐蚀介质中，耐蚀性可能低于同质接头。用于高温条件下的铁素体不锈钢，必须采用成分基本与母材匹配的填充材料。

3. 焊前预热

焊接时预热温度为 100 ~200℃，目的在于使被焊材料处于较好的韧性状态和降低焊接接头的应力。随着钢中含铬量的增加，预热温度也相应提高。

4. 焊后热处理

焊后对接头区域进行 750 ~800℃退火处理，使过饱和的碳、氮完全析出，铬来得及补充到贫铬区，以恢复其耐蚀性，同时也可改善焊接接头的塑性。需要注意的是退火后应快速冷却，以防止产生 475℃脆化。

当选用的焊接材料与母材金属的化学成分相当时，必须按上述工艺措施进行。如选用奥氏体不锈钢的焊接材料，则可以免除焊前预热和焊后热处理，但对于不含稳定化元素的铁素体不锈钢焊接接头来说，热影响区的粗晶脆化和晶间腐蚀问题不会因填充材料的改变而变化。奥氏体或奥氏体 - 铁素体焊缝金属基本上与铁素体不锈钢母材等强度；但在某些腐蚀介质中，这种异质焊接接头的耐蚀性可能低于同质焊接接头。

超纯高铬铁素体不锈钢板焊接时，若厚度小于 5 mm，焊前可以不预热，焊后也可不进行热处理，焊接接头仍可保持足够的韧性，耐腐蚀性也较好。焊接的前提是焊缝金属中的 C、N 总含量不得高于母材金属中的 C、N 总含量；焊接方法应选择高能量密度的等离子弧焊或真空电子束焊。要求焊接材料不得污染；焊接熔池、焊缝背面都要有效地保护，以防止空气侵入。除采用小的热输入量进行焊接外，还可以通过在焊缝背面通氩气、垫铜板等方法提高冷却速度，以减小过热。多层焊接时，层间温度要控制在 100℃左右。

任务实施

一、焊前准备

1. 焊接材料的选用

采用 ϕ3. 2 mm 的 E308 - 15 焊条，烘干温度 350℃ ×1. 5 h，恒温 180℃ ×1 h，烘干后放入保温筒，随用随取。

2. 焊缝清理

用磨光机及细砂纸将原焊缝表面打磨至 Ra3. 2 μm，通过渗透探伤找准裂纹端点及其走向和裂纹长度，然后在距离裂纹两端各 10 mm 处钻 ϕ4 mm 的止裂孔。

3. 坡口制备

按裂纹长度及走向加工坡口，如图 4—2—2 所示，要求坡口宽度不超过 28 mm。

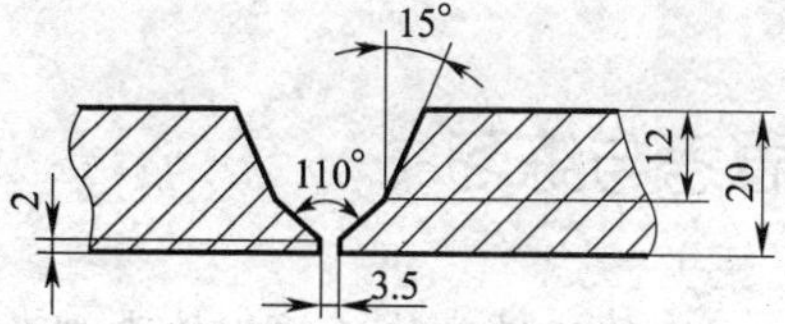

图 4—2—2 焊接坡口

二、焊接操作要点

1. 电源采用直流反接，焊接电流 95 ~ 110 A。

2. 由于是冬季施工，环境温度在 -3 ~ -2℃，焊前将工件预热到 250 ~ 300℃，并保证层间温度在 250℃左右。

3. 采用分段跳焊法，窄焊道、小热输入量、快速不摆动焊，焊接顺序如图 4—2—3a 所示，焊道顺序如图 4—2—3b 所示。

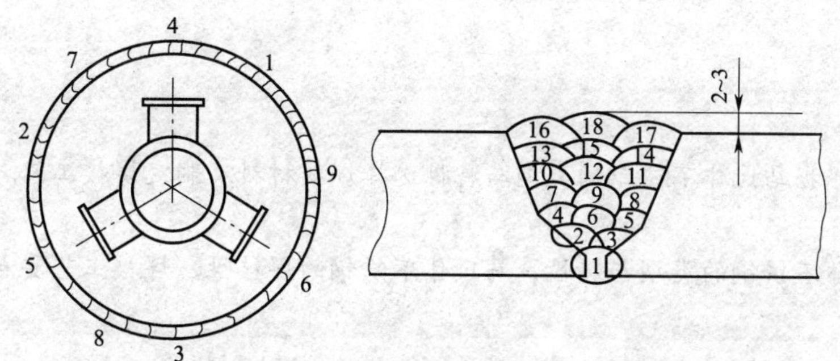

图 4—2—3 焊接顺序及焊道顺序

a）焊接顺序 b）焊道顺序

4. 每焊完一根焊条后，立即锤击焊缝以消除应力。

三、焊接热处理

焊后将工件整体加热至 600℃以消除应力。

四、焊接检验

焊接后应仔细清理焊缝，并对焊缝进行 100% 的射线探伤。

任务评价

铁素体不锈钢的焊接评分标准见表 4—2—1。

表 4—2—1 **铁素体不锈钢的焊接评分标准**

序号	考核内容	评分标准	配分	得分
1	焊前的准备工作	坡口制备 5 分，坡口清理 5 分，焊接电源的准备 5 分	15	
2	焊接方法的选择	选择合适的焊接方法 10 分	10	
3	焊接材料的选择	选择合适的焊接材料 15 分	15	
4	焊接操作	焊接参数选择合理 10 分，焊缝无缺陷 30 分；焊缝不合格之处，酌情扣分	40	
5	焊前预热及焊后热处理	焊前预热 250 ~ 300℃，焊后进行 600℃ 的消除应力处理，各占 10 分	20	
		总分合计	100	

思考与练习

1. 简述铁素体不锈钢的类型及特点。
2. 铁素体不锈钢焊接时的主要问题是什么？
3. 简述铁素体不锈钢的焊接工艺要点。

任务3　马氏体不锈钢的焊接

技能点

◎ 能够根据马氏体不锈钢的类型与特性选择焊接材料及制定焊接工艺。

知识点

◎ 马氏体不锈钢的类型与特性，马氏体不锈钢的焊接性、焊接工艺要点。

任务提出

在铁素体不锈钢的基础上，适当增加含碳量、减少含铬量，高温时可以获得较多的奥氏体组织，快速冷却后，在室温下得到具有马氏体组织的钢，即马氏体不锈钢。通常，这类钢中含铬量为11.5%～18.0%，含碳量最高可达0.6%，含碳量的增高，提高了钢的强度和硬度，焊接时冷裂倾向较严重。

马氏体不锈钢是一类可热处理强化的高铬钢，具有高强度、高硬度、高耐磨性，以及良好的耐疲劳性、热稳定性和热强性，可以作为在低于700℃以下长期工作的耐热钢使用，并具有一定的耐蚀能力，主要用来制造各种工具和机器零件，如汽轮机的叶片、内燃机排气阀和医疗器械等。

1 000 t试管机压力阀套由两部分组成，其焊接结构及尺寸如图4—3—1所示。试管机压

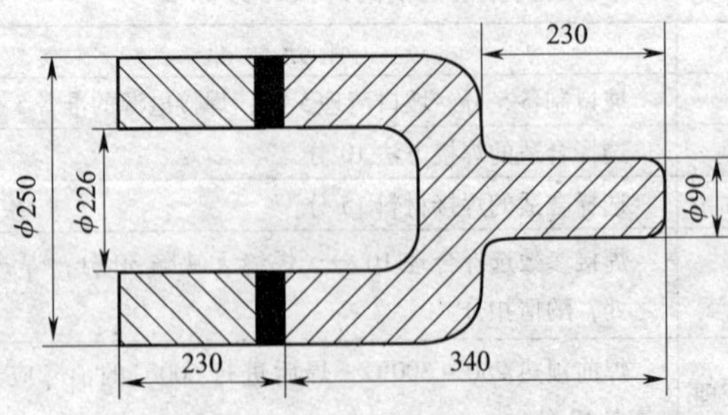

图4—3—1　压力阀套的焊接结构及尺寸

力阀套的材料为3Cr13马氏体不锈钢，若采用了焊接结构，则可满足其体积小、质量小、耐磨性良好等技术性能的要求。试制定出合理的焊接工艺以完成此压力阀套的焊接生产。

任务分析

3Cr13型马氏体不锈钢焊缝和热影响区的淬硬倾向特别大，焊接接头在空冷条件下便可得到硬脆的马氏体，在焊接拘束应力和扩散氢的作用下，很容易出现焊接冷裂纹。马氏体不锈钢中含碳量越高，冷裂倾向也越大。当冷却速度较小时，近缝区及焊缝金属会形成粗大铁素体及沿晶界析出碳化物，使接头的塑性、韧性显著降低。所以，马氏体不锈钢焊接时对冷却速度的控制就显得尤为重要。

相关知识

一、马氏体不锈钢的类型与特性

马氏体不锈钢 w（Cr）$=11.5\%\sim18\%$，w（Cr）$>15\%$时，常需加入一定量的镍或适当提高含碳量以平衡组织。

这类钢加热到高温时组织为奥氏体，冷却到室温时，转变为马氏体，故可以热处理强化。一般是在淬火+回火（调质）状态下使用。

马氏体不锈钢有普通Cr13马氏体不锈钢、热强马氏体不锈钢、超低碳复相马氏体不锈钢等类型。

1. 普通Cr13马氏体不锈钢

这类钢经高温加热后空冷即可淬硬，淬火后的强度、硬度随含碳量增加而提高，但耐蚀性及塑性、韧性却随之降低，如1Cr13、2Cr13、3Cr13和4Cr13等钢种。1Cr13和2Cr13钢的含碳量较低，主要用于在中温腐蚀介质中工作并要求中等强度的结构件；3Cr13和4Cr13钢的含碳量较高，主要用于高强度、高耐磨性且具有一定耐蚀性要求的零件。

2. 热强马氏体不锈钢

热强马氏体不锈钢是以Cr12为基体，经过复杂合金化的马氏体不锈钢，如2Cr12WMoV、2Cr12MoV、2Cr12Ni3MoV等。这类钢不仅中温瞬时强度高，而且中温持久性能及抗蠕变性能也相当优越，耐应力腐蚀及冷热疲劳性能良好，可用于在500～600℃以下及湿热条件下工作的承力件、复杂的模锻件及焊接件的制造。这类钢在添加Mo、W、V的基础上可适当增加含碳量，其淬硬倾向更大，一般须经调质处理。

3. 超低碳复相马氏体不锈钢

超低碳复相马氏体不锈钢的特点是 w（C）$<0.05\%$，并添加镍，w（Ni）$=4\%\sim7\%$，此外还可能加入少量Mo、Ti或Si等，如0.01C－13Cr－7Ni－3Si、0.03C－12.5Cr－4Ni－0.3Ti、0.03C－12.5Cr－5.3Ni－0.3Mo等经淬火及超微细复相组织回火处理，可获得高强度和高韧性。因低碳马氏体组织并无硬脆性，故也可在淬火状态下使用。这类钢适用于生产筒体、压力容器及低温制件等。

二、马氏体不锈钢的焊接性

除了超低碳复相马氏体不锈钢，常见马氏体不锈钢均有脆硬倾向，含碳量越高，脆硬倾向越大。因此，马氏体不锈钢焊接时，常见问题是热影响区脆化和焊接冷裂纹。

1. 热影响区脆化

马氏体不锈钢尤其是含铁素体形成元素较多的马氏体不锈钢，具有较大的晶粒长大倾向。冷却速度较慢时，焊接热影响区易产生粗大的铁素体和碳化物；冷却速度较快时，热影响区会产生硬化现象，形成粗大的马氏体。这些粗大的组织都使马氏体不锈钢的焊接热影响区因塑性和韧性的降低而脆化。此外，马氏体不锈钢还具有一定的回火脆性。所以，在马氏体不锈钢焊接时，对冷却速度的控制显得尤为重要。

2. 焊接冷裂纹

马氏体不锈钢由于含铬量高，极大地提高了其淬硬性，不论焊前的原始状态如何，焊接时总会使其近缝区产生马氏体组织。马氏体不锈钢热影响区随着含碳量的增大，会导致马氏体转变温度（M_s 点）下降、硬度提高和韧性降低。随着淬硬倾向的增大，接头对冷裂纹也更加敏感，尤其在有氢存在时，马氏体不锈钢还会产生更危险的氢致延迟裂纹。

对于含奥氏体形成元素（碳或镍）较少，或含铁素体形成元素（铬、铝、钨或钒）较多的马氏体不锈钢，焊后除了获得马氏体组织外，还会产生一定量的铁素体组织。这部分铁素体组织使得马氏体回火后的冲击韧性降低。在粗大组织过热区中的铁素体往往分布在粗大的马氏体晶间，严重时可呈网状分布，这会使焊接接头对冷裂纹更加敏感。

三、马氏体不锈钢的焊接工艺要点

1. 焊前准备

（1）清理杂质。清除坡口中的油污及吸附的水分，减少氢的来源。

（2）烘干焊条。焊条电弧焊前焊条要经过 350～400℃的高温烘烤，以便彻底除去水分，减少扩散氢含量和降低冷裂敏感性。

（3）正确选择焊前预热温度。要保证马氏体不锈钢焊接接头不产生冷裂纹，并具有良好的力学性能，必须正确选择预热温度。焊前预热温度应低于马氏体开始转变温度，一般为 150～400℃，最高不超过 450℃。

含碳量是确定预热温度的最主要因素，含碳量高，预热温度应相应高一些。影响预热温度的其他因素还有材料厚度、填充金属种类、焊接方法和拘束程度等。w（C）$<0.1\%$ 时，可不预热，也可预热至 200℃；w（C）$=0.1\%\sim0.2\%$ 时，预热至 200～260℃；在特别苛刻的情况下可采用更高的预热温度，如预热至 400～450℃；w（C）$>0.2\%$ 时，需要保持层间温度。

当预热温度过高时（如预热温度超过 450℃），会使焊接接头的性能恶化。一方面接头长时间处于高温，有可能出现 475℃脆化；另一方面由于冷却速度缓慢，长时间处于奥氏体转变温度以上的部分会分解出粗大的铁素体，奥氏体间析出大量的碳化物，这些均将导致接头的韧性严重降低。同时，此类钢通常在调质状态下焊接，焊后只进行高温回火，一般不能加热到相变点以上进行热处理来改变这种不良组织，因此，预热温度尽可能不超过 450℃。

薄板有时可以不预热，即使预热，预热温度为 150℃即可。对于刚度大的厚板结构，以及淬硬倾向大的钢种，预热温度相应高些，通常选在马氏体开始转变温度（M_s 点）以上，如焊接厚度大于 25 mm 时，预热温度为 300 ~ 400℃。

采用 Cr－Ni 奥氏体不锈钢焊条或焊丝焊接马氏体不锈钢时，一般可以不进行预热，只有在焊接厚板时才预热至 200℃左右。

（4）接头设计。焊接接头设计应避免刚度过大，装配焊接时避免强制装配。

2. 焊接材料的选用

在不锈钢中，马氏体不锈钢是可以利用热处理来调整性能的，因此，为了保证使用性能的要求，特别是耐热用马氏体不锈钢，焊缝成分应尽量接近母材的成分。为了防止冷裂纹产生，也可采用奥氏体不锈钢焊材，这时的焊缝强度必然低于母材。

焊缝成分同母材成分相近时，焊缝和热影响区将会同时硬化变脆，同时在热影响区中出现回火软化区。为了防止冷裂纹产生，厚度 3 mm 以上的构件往往要进行预热，焊后也往往需要进行热处理，以提高接头性能，由于焊缝金属与母材的热膨胀系数基本一致，经热处理后有可能完全消除焊接应力。

当工件不允许进行预热或热处理时，可选择奥氏体组织焊缝，由于焊缝具有较高的塑性和韧性，能够通过塑性变形来减小焊接过程中产生的应力，并且能较多地固溶氢，因而可降低接头的冷裂倾向，但这种材质不均匀的接头，由于热膨胀系数不同，在循环温度的工作环境下，在熔合区可能产生剪应力，而导致接头破坏。

对于简单的普通 Cr13 马氏体不锈钢，不采用奥氏体组织的焊缝时，焊缝成分的调整余地不大，一般都和母材基体相同，但必须限制有害杂质 S、P 及 Si 等，Si 在普通 Cr13 马氏体不锈钢焊缝中可促使形成粗大的马氏体。降低含碳量，有利于减小淬硬性，焊缝中存在少量 Ti、N 或 Al 等元素，也可细化晶粒并降低淬硬性。

对于多组元合金化的 Cr12 基热强马氏体不锈钢，主要用途是耐热，通常不用奥氏体焊材，焊缝成分希望接近母材。在调整成分时，必须保证焊缝不致出现一次铁素体相，因它对性能十分有害，由于 Cr12 基热强马氏体不锈钢的主要成分多为铁素体形成元素（如 Mo、Nb、W、V 等），为保证其全部组织为均一的马氏体，必须用奥氏体形成元素加以平衡，也就是要有适当的 C、Ni、Mn、N 等元素。

马氏体不锈钢具有相当高的冷裂倾向，因此必须严格保持低氢，甚至超低氢，在选择焊材时，必须要注意这一点。

3. 后热及焊后热处理

绝大多数马氏体不锈钢焊后不允许直接冷却到室温，以防止冷裂纹的产生。马氏体不锈钢焊接中断或焊完之后，应立即施加后热，以使奥氏体在不太低的温度下全部转变为马氏体（有时还有贝氏体）。后热的时机很重要，既不能等到冷却至室温，又不能在 M_s 点以上进行。如果焊后能够立即进行热处理，则可以免去后热。

马氏体不锈钢焊后热处理的目的：消除焊接残余应力，去除接头中的扩散氢，以防止延迟裂纹的产生；对接头进行回火处理以减小硬度，改善组织和力学性能。焊后热处理有两种，一种是焊后进行调质处理，这种处理是在焊后立即进行，不必再进行高温回火；另一种是焊前已进行调质处理（淬火＋回火），因此焊后只进行高温回火，而且回火温度应比调质的回火温度略低，使之不至于影响母材原有的组织状态。如 Cr12WMoV 钢的调质回火温度为 740 ~ 780℃，焊后的高温回火温度应比它低 20 ~ 40℃。回火温度的选择应适应构件对接头力学性能和耐蚀性的要求。回火温度一般选在 650 ~ 750℃，至少保温 1 h，空冷。回火温度不应高于 Ac_1 点，防止再度发生奥氏体转变。对高温使用的焊接结构常采用较高的回火温度。高温回火时析出较多的碳化物，对耐蚀性不利。对于主要用于耐蚀的结构，应进行较低温度的消除应力退火。

对于焊后不再进行调质处理的焊后回火处理，不应在焊件还处于高温下进行，应等到接头冷却到马氏体转变基本完成的温度 M_f 时，立即进行回火。若焊后还处于高温的工件立即回火，虽然可以防止冷裂纹的产生，但是接头会出现粗大的铁素体和沿晶界析出碳化物，甚至焊缝中还会形成大量性能较差的贝氏体组织，因此回火前应使焊件冷却，让焊缝和热影响区的奥氏体基本完全分解。对于刚度小的构件，可以冷却至室温后再回火。对于大厚度的结构，特别当含碳量较高时，需采用复杂的工艺，即焊后冷却至 100 ~ 150℃，保温 0.5 ~ 1.0 h，然后加热到回火温度。

4. 焊接方法

焊接马氏体不锈钢可以采用各种电弧焊方法。但最常用的方法是焊条电弧焊和钨极氩弧焊。当采用焊条电弧焊时应尽可能采用低氢、超低氢焊条，焊前经过 300 ~ 350℃ 的高温烘烤以减小扩散氢的含量，降低冷裂纹的敏感性。钨极氩弧焊主要适用于薄壁构件和管道焊件，以及重要部件的根部封底，特点是焊接质量高，焊缝成形美观，可单面焊、双面成形，保证管子内焊缝的成形质量。焊接时为防止背面氧化，封底焊通常采取氩气背面保护的措施。$Ar + CO_2$ 或 $Ar + O_2$ 的富氩混合气体保护焊也常用于焊接马氏体不锈钢，焊接效率高、焊缝质量较好，焊缝金属具有较高抗氢致（冷）裂纹的性能。

任务实施

一、焊前准备

1. 焊接材料的选用

用 ϕ3.2 mm 的 E310 型焊条。

2. 坡口形式

为了使母材金属在焊接过程中获得一定热量，并使焊件的冷却速度缓慢，选择 V 形坡口，坡口形式及尺寸如图 4—3—2 所示。接头形式为锁底接头，对接焊缝，锁底的目的和加垫板一样，是保证焊缝根部能够焊透。另外，锁底接头具有成形加工工艺简单、接头组对操作便利等优点。

3. 预热和道间温度

采取整体预热工艺，预热温度和道间温度为 200 ~ 400℃。

4. 焊接极性

采用焊条电弧焊，电源极性为直流反接。

二、焊接操作要点

1. 定位焊

按图样要求装配，控制好装配间隙，预热

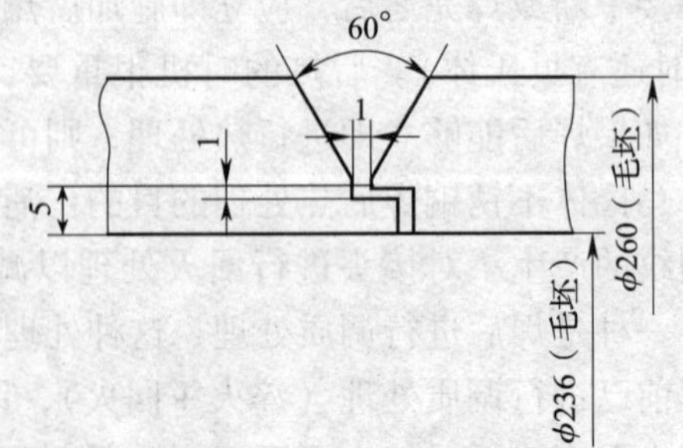

图 4—3—2　压力阀套焊接的坡口形式及尺寸

后立即进行定位焊。及时检查定位焊缝质量，不允许存在裂纹等焊接缺陷。

2．焊接操作

趁热进行正式焊。采用多层多道连续焊，打底焊时焊接电流为160 A。以后各层的焊接电流可稍大些。焊接道间温度不得低于200℃。焊接时，焊条不作摆动，但在熄弧时应稍作停留，以填满弧坑。每层和每道焊缝的起弧和收弧处要相互错开位置，不能在同一点上，以免影响焊接质量。焊接工作完毕后立即将焊件埋入石灰堆里，使其保温缓冷。

三、焊后热处理及检验

1．焊后热处理

将焊件进行730～790℃的炉中高温回火处理，保温时间按1 h/25 mm计。

2．焊件机械加工

焊后按图样进行机械加工，机加工消除V形锁底接头的锁底部分。

3．焊后处理及检验

先进行目视外观检查，并用着色渗透探伤，要求焊缝表面不得存在裂纹，然后进行X射线检测。

按照上述工艺要点焊接出的3Cr13钢压力阀套应达到无超标焊接缺陷的质量，满足产品技术性能指标。

任务评价

马氏体不锈钢的焊接评分标准见表4—3—1。

表4—3—1　　马氏体不锈钢的焊接评分标准

序号	考核内容	评分标准	配分	得分
1	焊前的准备工作	坡口制备5分，坡口清理5分，焊接电源的准备5分	15	
2	焊接方法的选择	选择合适的焊接方法10分	10	
3	焊接材料的选择	合理选用不锈钢焊接材料15分	15	
4	焊接操作	焊接参数选择合理10分，焊缝无缺陷30分；焊缝不合格之处，酌情扣分	40	
5	焊前预热及焊后热处理	焊前预热200～400℃，焊后进行730～790℃的炉中高温回火处理，各占10分	20	
总分合计			100	

思考与练习

1．马氏体不锈钢的类型与特性是什么？

2．焊接马氏体不锈钢的主要问题是什么？应怎样克服？

3．试述马氏体不锈钢的焊接工艺。

模块五　耐热钢及其焊接工艺

耐热钢是指工作温度高于450℃，并具有一定强度和一定抗氧化性及耐腐蚀性的钢种。耐热钢在火力发电、石油化工、造船、航空、航天、交通、原子能等领域都有着极为广泛的应用。

任务1　低、中合金耐热钢的焊接

技能点

◎ 能够根据低、中合金耐热钢的焊接要求选择焊接材料及制定焊接工艺。

知识点

◎ 低、中合金耐热钢的成分和性能，及其焊接性、焊接工艺要点。

任务提出

常用的低、中合金耐热钢的合金系有 Cr－Mo、Mn－Mo 和 Cr－Mo－V 等多元合金系，主要应用于在600℃以下工作的动力、石油化工等工业设备中，它不仅具有良好的抗氧化性和热强性，还具有一定的抗硫和氢腐蚀的能力，同时具有很好的冷、热加工性能。

以 15CrMo 耐热钢压力容器小管垂直固定对接焊为例，管子材料为 15CrMo 钢，规格 ϕ52 mm×5 mm，焊接位置为垂直固定，如图 5—1—1 所示。试制定出合理的焊接工艺以完成此压力容器的焊接生产。

图 5—1—1　15CrMo 耐热钢压力容器小管垂直固定对接焊

任务分析

15CrMo 耐热钢主要用于蒸气参数为510℃的高中压蒸气导管以及管壁温度为550℃的锅炉受热面，在510℃以下组织稳定性良好，在520℃时还具有较高的持久强度，并有良好的抗氧化性能。15CrMo 钢具有良好的焊接性能，可采用氧乙炔气焊、焊条电弧焊、自动埋弧焊、气体保护焊以及电阻焊等焊接方法。在压力容器小管垂直固定对接中，为了保证焊接质量，尽量避免焊接缺陷的产生，可采用单面焊双面成形技术，选用钨极氩弧焊的焊接方法。

相关知识

一、耐热钢的类型

一般来讲，非合金结构钢的最高工作温度只能达到350℃。为提高钢材的使用温度，需要在钢中加入合金元素，以提高其高温短时强度和高温持久强度。

耐热钢按其合金元素的含量可分为低合金耐热钢、中合金耐热钢和高合金耐热钢。

1. 合金元素含量在5%以下的耐热钢为低合金耐热钢，其合金系主要有 Mo、Cr－Mo、Mo－V、Cr－Mo－V、Mn－Mo－V 等。其中，合金元素含量在2. 5%以下的耐热钢以退火或正火＋回火状态供货，组织为珠光体，所以又称为珠光体耐热钢；合金元素含量为2. 5%～5%时，组织为贝氏体，又称贝氏体耐热钢。

2. 合金元素含量为6%～12%的耐热钢为中合金耐热钢，其合金系主要有 Cr－Mo、Cr－Mo－V、Cr－Mo－Nb 和 Cr－Mo－W－V－Nb 等。合金元素含量低于10%的耐热钢退火状态，组织为铁素体＋合金碳化物，正火＋回火状态时组织为铁素体＋贝氏体；合金元素含量高于10%的耐热钢，供货状态组织为马氏体，实际上属于马氏体级耐热钢。

3. 合金元素含量高于13%的耐热钢为高合金耐热钢，其合金系主要有 Cr－Ni、Cr－Ni－Ti、Cr－Ni－Mo、Cr－Ni－Nb、Cr－Ni－Mo－Nb 和 Cr－Ni－Mo－V－Nb 等，其中又包括马氏体、奥氏体、铁素体、奥氏体＋铁素体，析出强化四种耐热钢。

根据耐热钢的极限使用温度和高温强度，耐热钢分别可用于核动力设备、石油精炼设备、加氢裂化装置、合成化工容器和宇航器械等加热设备。

二、耐热钢的特性

耐热钢最基本的特性是具有高温化学稳定性和优良的高温力学性能。

1. 高温化学稳定性

高温化学稳定性主要是指高温抗氧化性，有时还要求具有抗氢腐蚀性。耐热钢抗氧化性主要取决于钢的化学成分，合金元素能在钢材表面形成致密完整的氧化膜，因而具有很好的抗氧化性能，如 Cr、Al、Si 等可提高钢的抗氧化性。Cr 是提高抗氧化性的主要元素，试验表明，在650℃、850℃、950℃、1 100℃条件下，为满足抗氧化性要求，则钢中铬的含量分别要达到5%、12%、20%、28%。Mo、B、V 等元素所生成氧化物的熔点较低，容易挥发，对抗氧化性不利。

2. 高温力学性能

高温力学性能主要指热强性。热强性包括高温蠕变极限和持久强度极限两个方面。材料在高温条件下长时间工作，原子扩散能力增强，晶界强度降低，有可能使材料在远低于屈服应力时连续缓慢地产生塑性变形，并在远低于抗拉强度的应力下断裂。

提高热强性的主要措施：

（1）利用Mo、W固溶强化，提高原子间结合力。

（2）形成稳定的第二相，主要是碳化物相（WC等）。因此，为提高热强性，希望适当提高含碳量，如能同时加入强碳化物形成元素Nb、V等就更为有效。

（3）减少晶界和强化晶界，如为控制晶粒度而加入微量细化晶粒的合金元素（B、Re）等。

因此，设计耐热钢焊接结构时，母材和焊接接头的性能必须满足工况要求，保证接头与母材的等热强性和等塑性、抗氢性和抗氧化性、组织的稳定性、抗脆化性以及物理均一性等。

三、低、中合金耐热钢的成分与性能

低、中合金耐热钢是以Cr－Mo基为主要合金元素的一类合金钢。一般情况下，w（Cr）=0.5%～12.5%，w（Mo）=0.5%～1%，随着使用温度的提高，钢中还加入了V、W、Nb、Ti、B等微量合金元素，进一步提高其热强性，但合金元素总含量小于13%。

低合金耐热钢按含碳量高低可分为低碳和中碳低合金耐热钢，工程上使用较多的是低碳低合金耐热钢。按合金化方式可将低碳低合金耐热钢分为以下三类。

1. Mo钢

钼钢是最早使用的低合金耐热钢，w（Mo）=0.5%。钼的主要作用是固溶强化，提高钢的热强性。这类钢使用温度超过450℃后，容易产生石墨化问题（$Fe_3C \rightarrow 3Fe + C$），使钢的强度降低，故这类钢现在应用很少。

2. Cr－Mo钢

为了改善钼钢的石墨化问题，提高钢的组织稳定性，进而提高热强性，在钼钢中加入一定量Cr，Cr溶入Fe_3C后，使碳化物具有一定的热稳定性，阻止石墨化。Cr－Mo钢的使用温度可以提高到550℃。常见低合金耐热钢的化学成分见表5—1—1，常见低合金耐热钢的常温力学性能见表5—1—2。

3. 多元复合合金化的低合金耐热钢

这类钢除了固溶强化外，钢中还加入了V、Ti、B等微量元素进行时效强化和晶界强化，进一步提高钢的热强性和高温组织的稳定性。其合金系统有Cr－Mo－V、Cr－Mo－W－V和Cr－Mo－W－V－B等（见表5—1—1、表5—1—2）。

表5—1—1　常见低合金耐热钢的化学成分（质量分数，%）

钢号	C	Mn	Si	Cr	Mo	V	W	其他
12CrMo	≤0.15	0.4～0.7	0.2～0.4	0.4～0.7	0.4～0.55	—	—	—
15CrMo	0.12～0.18	0.4～0.7	0.17～0.37	0.8～1.1	0.4～0.55	—	—	—
10Cr2Mo1	≤0.15	0.4～0.6	0.15～0.50	2.0～2.5	0.9～1.1	—	—	—
12Cr5Mo	≤0.15	≤0.6	≤0.5	4.0～6.0	0.5～0.6	—	—	—

续表

钢号	C	Mn	Si	Cr	Mo	V	W	其他
12Cr9Mo1	≤0.15	0.3～0.6	0.5～1.0	8.0～10.0	0.9～1.1	—	—	—
12Cr1MoV	0.08～0.15	0.4～0.7	0.17～0.37	0.9～1.2	0.25～0.35	0.15～0.30	—	—
15Cr1Mo1V	0.08～0.15	0.4～0.7	0.17～0.37	0.9～1.2	1.0～1.2	0.15～0.25	—	—
17CrMo1V	0.12～0.20	0.6～1.0	0.3～0.5	0.3～0.45	0.7～0.9	0.3～0.4	—	—
20Cr3MoWV	0.17～0.24	0.3～0.6	0.2～0.4	2.6～3.0	0.35～0.50	0.7～0.9	0.3～0.6	—
12Cr2MoWVB	0.08～0.15	0.45～0.65	0.45～0.75	1.6～2.1	0.5～0.65	0.28～0.42	0.3～0.55	Ti：0.08～0.18 B：≤0.008
12Cr3MoVSiTiB	0.09～0.15	0.5～0.8	0.6～0.9	2.5～3.0	1.0～1.2	0.25～0.35	—	Ti：0.22～0.38 B：0.0005～0.011

表 5—1—2　　常见低合金耐热钢的常温力学性能

钢号	热处理状态	抗拉强度 σ_b（MPa）	屈服强度 σ_s（MPa）	伸长率 δ_5（%）	冲击吸收功 a_k（J/cm²）
12CrMo	900～930℃正火 680～730℃回火（缓冷至300℃空冷）	≥410	≥265	≥24	≥135
15CrMo	900℃正火 650℃回火	≥440	≥294	≥22	≥118
10Cr2Mo1	940～960℃正火 730～750℃回火	440～590	≥265	≥20	≥78.5
12Cr5Mo	900℃正火 540～570℃回火	≥980	—	≥10	—
12Cr9Mo1	900～1 000℃空冷或油冷淬火 730～750℃空冷回火	590～735	≥392	≥20	≥78.5
12Cr1MoV	1 000～1 020℃正火 740℃回火	≥470	≥255	≥21	≥59
15Cr1Mo1V	1 020～1 050℃正火 730～760℃回火	540～685	≥345	≥18	≥49

续表

钢号	热处理状态	抗拉强度 σ_b（MPa）	屈服强度 σ_s（MPa）	伸长率 δ_5（%）	冲击吸收功 a_k（J/cm^2）
17CrMo1V	980～1 000℃正火或油淬 710～730 回火	≥735	≥640	≥16	≥59
20Cr3MoWV	1 040～1 060℃油淬或正火 650～720℃回火	≥785	≥640	≥13	49～68.5
12Cr2MoWVB	1 000～1 035℃正火 760～780℃回火	≥540	≥342	≥18	—
12Cr3MoVSiTiB	1 040～1 090℃正火 720～770℃回火	≥625	≥440	≥18	—

四、低、中合金耐热钢的焊接性

低合金耐热钢在焊接过程中出现的主要问题是焊缝及热影响区的淬硬性与冷裂纹敏感性、热影响区的软化问题；对某些低合金耐热钢，接头还会出现再热裂纹及回火脆性。

1. 淬硬性与冷裂纹敏感性

根据碳元素和合金成分及其含量的不同，在焊接热循环所特有的冷却速度下，焊缝和热影响区有可能形成对冷裂纹敏感的组织。低合金耐热钢的主要合金元素是 Cr 和 Mo，它们显著地提高了钢的淬硬性，如果在焊接时冷却速度过快，则在焊缝及热影响区可能形成对冷裂纹敏感的马氏体和上贝氏体等组织。12Cr2MoWVTiB 钢氩弧焊焊接接头的过热区出现了粗大的马氏体组织，如图 5—1—2 所示。含铬量越高，冷却速度越快，接头最高硬度越大，在热影响区上可达 400 HBW 以上，将显著地增加焊接接头的冷裂纹敏感性。

图 5—1—2　12Cr2MoWVTiB 钢过热区组织（×400）

2. 再热裂纹倾向

低合金耐热钢再热裂纹倾向主要取决于钢中碳化物形成元素的特性及其含量，同时还取决于焊接参数、焊接应力及热处理。大多数低合金耐热钢含有 Cr、Mo、V、Nb 和 Ti 等碳化物形成元素，若结构拘束度较大，在消除应力处理或高温长期使用时，在热影响区的粗晶区容易出现再热裂纹。低合金耐热钢的过热区有一定程度的再热裂纹倾向，且不同钢材有相应的再热裂纹敏感温度区间，如图 5—1—3 所示为 10CrMo910 钢焊接接头在 620℃ 回火处理后出现的再热裂纹。低合金耐热钢再热裂纹防止措施有：

图 5—1—3　10CrMo910 钢过热粗晶区的再热裂纹（×200）

（1）严格控制母材和焊接材料中的 V、Ti、Nb 等合金元素的含量。

（2）选用高温塑性优于母材的焊接材料，并降低焊接接头残余应力和应力集中；焊后用砂轮将焊缝余高和焊趾打磨圆滑。

（3）适当提高预热温度和道间温度。

（4）采用小的热输入量，限制过热区的宽度，抑制晶粒粗化。

（5）尽量缩短热处理过程中再热裂纹敏感温度区间的保温时间。

（6）合理设计接头形式，降低结构的拘束度。

3. 热影响区的软化

调质钢焊后，其接头热影响区均存在软化问题。低合金耐热钢软化区的金相组织特征是铁素体加上少量碳化物，在粗视磨片上观察到一条明显的“白带”，其硬度明显下降。软化程度与母材焊前的组织状态、焊接冷却速度和焊后热处理有关。母材合金化程度越高，硬度越高，焊后软化程度越严重。焊后高温回火不但不能使软化区的硬度恢复，甚至还会稍有降低，只有经正火 + 回火才能消除软化问题。

软化区的存在对室温性能没有什么不利的影响，但在高温长期静载拉伸条件下，接头往往在软化区发生破坏。这是因为长期在高温条件下工作时，蠕变变形主要集中在软化区，容易导致在软化区断裂。

4. 回火脆性

Cr – Mo 耐热钢及焊接接头在 350 ~ 500℃ 温度区间长期运行过程中发生脆化的现象，称为回火脆性。产生回火脆性的原因，是由于在回火脆性温度范围内长期受热后，杂质元素 P、As、Sn、Sb 等在奥氏体晶界偏析而引起晶界脆性，此外，钢中的 Mn、Si 会加剧回火脆性。因此对于基体金属来说，严格控制有害杂质元素的含量，同时降低 Mn、Si 含量是解决回火脆性问题的有效途径。

焊缝金属对回火脆性的敏感性比母材大，这是因为焊接材料中的杂质难以控制。试验结果表明，要获得低回火脆性的焊缝金属，就必须严格控制 P 和 Si 的含量，即 w（P）≤0.015%、w（Si）≤0.15%。

五、低、中合金耐热钢的焊接工艺要点

1. 低合金耐热钢的焊接工艺

（1）焊接方法。用于低合金耐热钢焊接的方法有焊条电弧焊、埋弧焊、熔化极气体保护焊、电渣焊、钨极氩弧焊、电阻焊以及感应加热压力焊等。每种方法都具有各自的优缺点，应根据结构形式和现有的焊接条件进行合理选择。

（2）焊前准备。焊前准备包括接缝边缘切割下料、坡口加工、热切割边缘和坡口面的清理以及焊接材料预处理等。

热切割或电弧气刨可能引起母材组织和性能的变化，如厚度超过 50 mm 的 Cr－Mo 钢热切割边缘的硬度可能达到 440 HV，会导致工件在卷制和冲压过程中开裂。为防止开裂，可采取的工艺措施有：

1）对于所有厚度的 2.25Cr－1Mo、3Cr－1Mo 型钢和不小于 15 mm 的 1.25Cr－0.5Mo 钢板，热切割前应将割口边缘预热至 150℃以上，并对边缘进行机加工和磁粉探伤，以检查是否有表面裂纹。

2）对于 15 mm 以下的 1.25Cr－0.5Mo 钢板和 15 mm 以上的 0.5Mo 钢板，热切割前应预热至 100℃以上，并对边缘进行机加工以及磁粉探伤，以检查是否有表面裂纹。

当对热切割边缘或坡口进行直接焊接时，焊前必须清理干净切割熔渣和氧化皮。

焊条和焊剂应进行合理的预处理，以确保焊缝金属保持低氢。预处理制度一般严格按焊接材料生产厂家的说明书制定。表 5—1—3 为常用低合金耐热钢焊条和焊剂烘干温度。

表 5—1—3　　常用低合金耐热钢焊条和焊剂烘干温度

焊条与焊剂		烘干温度（℃）	烘干时间（h）	保持温度（℃）
型号	牌号			
E5003－A1、E5503－B1、E5503－B2	R102、R202、R302	150～200	1～2	50～80
E5015－A1、E5515－B1、E5515－B2、E6015－B3、E5515－B2－V、E5515－B3－VWB	R107、R207、R307 R407、R317、R347	350～400	1～2	127～150
—	HJ350、HJ250、HJ380	400～450	2～3	120～150
—	SJ101、SJ301、SJ601	300～350	2～3	120～150

（3）焊接材料的选择。低合金耐热钢焊接材料的选配原则是保证焊缝金属的合金成分、强度性能与母材基本一致。若二者成分相差很大，则焊接接头在长期高温条件下工作时，会因成分不均匀而导致合金元素扩散，使焊接接头的高温性能不稳定。焊缝强度不能选得过

高，以免使焊缝塑性变差，甚至产生冷裂纹。

为了提高焊缝金属的抗热裂能力，焊接材料中碳的含量应略低于母材，w（C）<0.12%。但是，并不是含碳量越低越好，含碳量若过低，在焊接铬钼钢时，焊缝金属经长时间的焊后热处理，会促使铁素体形成，导致韧性下降，故应谨慎使用含碳量过低的焊丝和焊条。对于1.25Cr－0.5Mo钢和2.25Cr－1Mo钢，焊缝金属中碳的最佳含量为0.10%左右。在这种含碳量下，焊缝金属具有最高的冲击韧性和与母材相当的高温蠕变强度。常见低合金耐热钢焊接材料的选用请参照表5—1—4。

表5—1—4　常见低合金耐热钢焊接材料的选用

钢号	焊条牌号	焊条型号	焊丝、焊剂牌号	气体保护焊焊丝牌号
12CrMo	R202 R207	E5503－B1、E5515－B1	H10MoCrA＋HJ350	H08CrMnSiMo
15CrMo	R307	E5515－B2	H08MoCrA＋HJ350	H08CrMnSiMo
12Cr1MoV	R317	E5515－B2－V	H08CrMoV＋HJ350	H08CrMnSiMoV
2.25Cr－Mo	R407	E6015－B3	H08Cr3MoMnA＋HJ350	H08Cr3MoMnSi
12Cr2MoWVTiB	R347	E5515－B3－VWB	H08Cr2MoWVNbB＋HJ250	H08Cr2MoWVNbB

（4）预热和焊后热处理。为了防止低合金耐热钢焊接接头冷裂纹和再热裂纹的产生，经常要采取预热措施，预热温度主要依据钢的碳当量、接头的拘束度和焊缝金属的含氢量来决定。预热低合金耐热钢时，温度不要太高。对于w（Cr）>2%的铬钼钢，为防止氢致裂纹的产生，预热温度要高些，但不应高于马氏体转变结束点（M_f）的温度，否则当焊件作最终焊后热处理时，会使残余奥氏体转变成马氏体组织，而失去了焊后热处理对马氏体组织的回火作用。

对于大型焊件的局部预热，应注意保证预热区的宽度大于所焊工件壁厚的4倍，至少不小于150 mm，且预热区内外表面均应达到规定的预热温度。在厚壁焊件的焊接过程中，应使预热温度基本保持一致，否则会使焊接失败，因此，要严格控制预热温度。

在大型构件的焊接中，焊接结束到焊后热处理这段时间内容易产生裂纹，因此，经常在接头处作2～3 h的低温后热处理，后热处理的温度一般在250～300℃。

对于某些合金成分较少、壁厚较薄的低合金耐热钢接头，如果焊前采取预热，使用低氢低碳级焊接材料，且经焊接工艺试验证实接头具有足够的塑性和韧性，则焊件允许在焊后不作热处理。焊后热处理的目的不仅是消除焊接残余应力，更重要的是改善金属组织，提高接头的综合力学性能，包括降低焊缝及热影响区的硬度，提高接头的高温蠕变强度和组织稳定性等。

2. 中合金耐热钢的焊接工艺

（1）焊接方法。优先采用低氢焊接方法，如钨极氩弧焊和熔化极气体保护焊等。在焊厚壁结构时，可选择焊条电弧焊和埋弧焊，但必须采用低氢碱性焊条和焊剂。电渣焊适合淬硬倾向相对较小的中合金耐热钢的焊接，且无须预热。

（2）焊前准备。中合金耐热钢热切割前须在切割边缘200 mm范围内预热到150℃以上，并用磁粉探伤检测切割面是否有裂纹。焊接坡口应机械加工，以清除热切割硬化层，必要时应作表面硬度测定。

接头坡口形式和尺寸设计的原则是尽量减小焊缝截面积，窄间隙坡口较理想。对于埋弧焊，窄间隙坡口宽度为 18 ~ 22 mm；对于熔化极气体保护焊，坡口宽度以 14 ~ 16 mm 为宜，对于钨极氩弧焊可选择 8 ~ 12 mm 的坡口宽度。

(3) 焊接材料的选择。中合金耐热钢的焊接材料选择原则是在保证焊接接头具有与母材相同的高温蠕变强度和抗氧化性的前提下改善其焊接性。其方案有两种：一是选用高铬镍奥氏体焊接材料；二是选用与母材化学成分相近的中合金耐热钢焊接材料。选用高铬镍奥氏体焊接材料是防止焊接热影响区裂纹的有效措施，且工艺简单，焊前无须预热，焊后无须热处理。

(4) 预热和焊后热处理。中合金耐热钢的预热和焊后热处理是焊接过程中不可缺少的重要工序。预热是防止裂纹、降低接头硬度和焊接应力峰值以及提高韧性的有效措施；焊后热处理的目的在于改善焊缝金属及其热影响区的组织，使淬火马氏体转变成回火马氏体，降低焊接接头区的硬度，提高其韧性、变形能力和高温持久强度并消除内应力。

任务实施

一、焊前准备

1. 坡口形式采用 60°V 形坡口，尺寸如图 5—1—4 所示。

2. 焊前清除坡口及两侧 20 mm 范围内的油、锈等，直至露出金属光泽。

3. 焊机采取直流正接法。

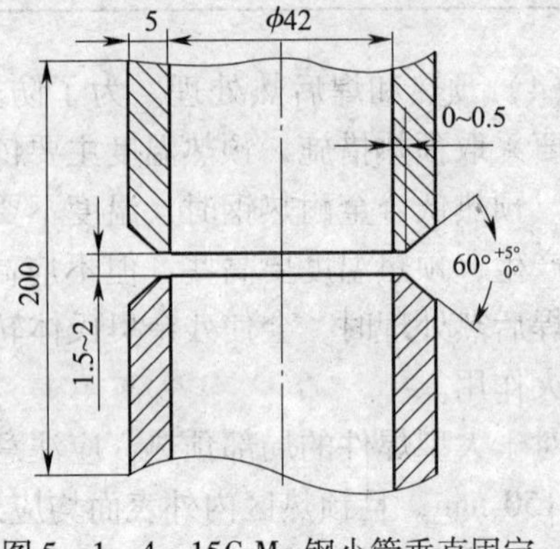

图 5—1—4　15CrMo 钢小管垂直固定对接焊坡口形式

二、焊接材料的选用

选择直径为 2.5 mm 的 ER55 - B2L 焊丝。

三、焊接施工

1. 定位焊

定位焊采用一点定位，焊缝长为 10 ~ 15 mm，并打磨成斜坡。定位焊用焊接材料与焊缝用焊接材料相同。

2. 焊接参数

钨丝直径 2.5 mm、喷嘴直径 8 mm、喷嘴至焊件距离 6 ~ 8 mm。打底焊时，预热至 200 ~ 250℃，焊接电流 90 ~ 100 A，电弧电压 10 ~ 12 V，氩气流量 8 ~ 10 L/min。盖面焊时，焊接电流 100 ~ 110 A，电弧电压 10 ~ 12 V，氩气流量 6 ~ 8 L/min。

3. 焊接层次为两层 3 道，打底焊为一层一道，盖面焊为一层上、下两道。

4. 打底焊的焊炬角度如图 5—1—5 所示。填充焊丝以往复运动方式间断地送入电弧内的熔池前方，在熔池前呈滴状加入。注意控制焊丝送进速度，保证焊缝成形美观。打底焊时，熔池的热量要集中在坡口的下部，以防止上部坡口过热，母材熔化过多，而产生咬边或焊缝背面金属下坠。

5. 盖面焊由上、下两道组成，先焊下面的焊道，后焊上面的焊道。焊接速度应适当加快。注意掌握送丝频率，适当减小送丝量，防止焊缝金属下坠。

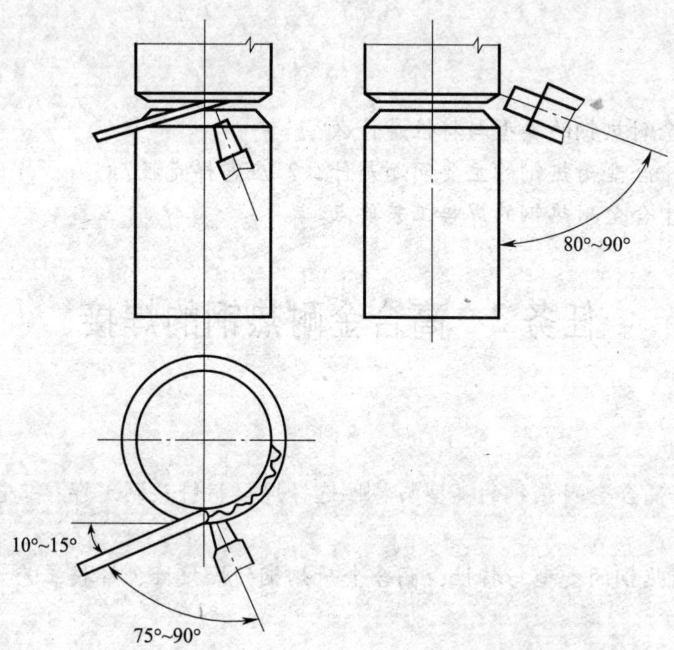

图 5—1—5　管子垂直固定手工氩弧焊打底焊的焊炬角度

四、预热及焊后热处理

此小直径薄壁管可以不预热，当壁厚大于或等于 16 mm 时，预热温度和层间温度应大于 120℃。如果接头的拘束度较高，应再提高 50℃。

由于此管壁厚小于 13 mm，故焊后可不进行热处理；当壁厚大于或等于 13 mm 时，焊后应进行 640 ~ 680℃的高温回火处理。

任务评价

低、中合金耐热钢的焊接评分标准见表 5—1—5。

表 5—1—5　　低、中合金耐热钢的焊接评分标准

序号	考核内容	评分标准	配分	得分
1	焊前的准备工作	坡口制备 5 分，坡口清理 5 分，焊接电源的准备 5 分	15	
2	焊接方法的选择	选择合适的焊接方法 10 分	10	
3	焊接材料的选择	合理选用耐热钢焊接材料 15 分	15	
4	焊接操作	焊接参数选择合理 10 分，焊缝无缺陷 30 分；焊缝不合格之处，酌情扣分	40	
5	焊前预热及焊后热处理	不必进行焊前预热和焊后热处理	20	
		总分合计	100	

思考与练习

1. 低、中合金耐热钢的类型与特性是什么？
2. 焊接低、中合金耐热钢的主要问题是什么？应怎样克服？
3. 试述低、中合金耐热钢的焊接工艺要点。

任务 2 高合金耐热钢的焊接

技能点

◎ 能够根据高合金耐热钢的类型与特性选择焊接材料及制定焊接工艺。

知识点

◎ 高合金耐热钢的类型与特性，高合金耐热钢的焊接性、焊接工艺要点。

任务提出

通常将合金成分含量大于 13% 的耐热钢称为高合金耐热钢，它的最主要特征是在 600℃以上具有较高的力学性能和抗氧化性能。高合金耐热钢在不同的工程领域里具有广泛的应用，如用于航空发动机、涡轮火箭发动机转子、电站锅炉高温高压部件及汽轮机转子和壳体等的制造。

以 Cr18Ni25Si2 耐热钢炉罐焊接为例，Cr18Ni25Si2 耐热钢炉罐结构如图 5—2—1 所示。该钢属奥氏体钢，是各种加热炉用钢，适合于在 900 ~ 1 000℃高温下工作，试制定此耐热钢炉罐的焊接工艺。

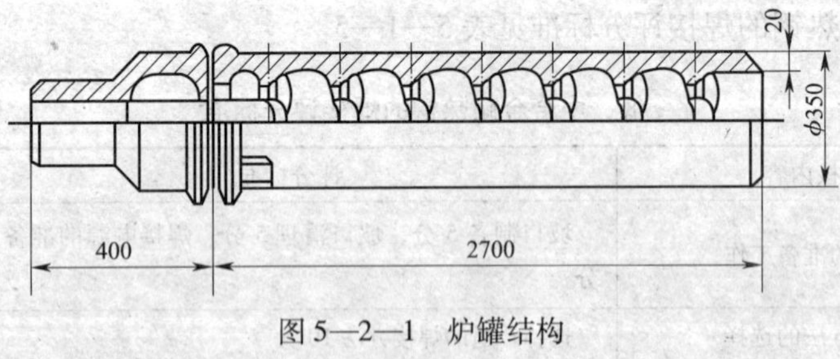

图 5—2—1 炉罐结构

任务分析

高合金耐热钢与低、中合金耐热钢相比，具有独特的物理性能。各类高合金耐热钢的焊接性因其金相组织不同而异，其中奥氏体耐热钢具有较好的焊接性，其焊接工艺与奥氏体不锈钢相似，可以采用多种焊接方法对其进行焊接。目前，奥氏体耐热钢焊接时都是选择相应的奥氏体不锈钢焊接材料，对于长期在高温下工作的奥氏体钢，为了防止 σ 相脆化，应控制焊缝金属中 δ 铁素体的含量不超过 5%。在焊接 w（Ni）>15% 的奥氏体钢时，若选用 w（Mn）=6% ~8% 的焊接材料，可获得抗裂性能较高的单相奥氏体焊缝。

相关知识

一、高合金耐热钢的焊接性

高合金耐热钢按其原始状态的金相组织类别，可分成马氏体型、铁素体型、奥氏体型和弥散硬化型耐热钢。由于这类钢的合金含量较高，其线膨胀系数、热导率和电阻率等物理性能与低、中合金耐热钢相比有明显的差异，同时也影响到它的焊接性。例如，马氏体型耐热钢的焊接性在很大程度上取决于它的淬硬性，最主要的焊接难题是防止焊接冷裂纹的形成。铁素体型耐热钢焊接时，由于冷却过程中不发生同素异构转变而使重结晶区晶粒长大，导致接头过热区韧性明显下降。奥氏体型耐热钢主要的焊接问题是其对热裂纹的敏感性较高。弥散硬化型耐热钢的焊接性更加复杂，它与弥散过程中的强化机制有关。

1. 奥氏体型耐热钢的焊接性

奥氏体型耐热钢与奥氏体不锈钢具有基本相同的焊接性，这类钢由于具有较高的塑性和韧度，且不可淬硬，焊接性较好。奥氏体型耐热钢焊接的主要问题有铁素体含量的控制、焊接热裂纹、接头的耐蚀性和 σ 相脆化等。由于焊接接头热裂纹敏感性大、耐蚀性下降等问题已在不锈钢的焊接中作了详细介绍，因此本节主要讨论与奥氏体耐热钢焊接密切相关的铁素体含量的控制和 σ 相脆化的问题。

（1）铁素体含量的控制。奥氏体耐热钢焊缝金属中铁素体的含量关系到抗热裂性、σ 相脆化和热强性能。从提高抗热裂性分析，要求焊缝金属中含有一定量的铁素体，但从防止 σ 相脆化和提高热强性考虑，铁素体的含量越低越好。如何妥善合理地解决这一矛盾是奥氏体耐热钢焊接的关键。

各种不同成分的铬镍焊缝金属在焊后状态的铁素体含量可按德龙（Delong）焊缝组织图来确定，如图 5—2—2 所示。此组织图考虑了氮的影响，比舍夫勒组织图更进一步。焊接过程中吸收的氮降低了铁素体的含量。在计算焊缝金属铬当量（Cr_{eq}）和镍当量（Ni_{eq}）时，应按焊接方法和焊接参数及母材对焊缝金属的稀释量计算。此外还应考虑熔池冷却速度，随着冷却速度的提高，铁素体含量减少。

奥氏体焊缝金属的力学性能与其铁素体含量存在一定的关系，随着铁素体含量的增加，奥氏体铬镍钢焊缝金属的常温抗拉强度提高，塑性下降。然而，高温短时抗拉强度、高温持久强度及低温韧性随之明显降低。因此，对于奥氏体耐热钢焊接接头，应当考虑控制铁素体含量。在某些特殊的应用场合，可能要求采用全奥氏体的焊缝金属。

（2）σ 相脆化。铬镍奥氏体钢和焊缝金属在高温下持续加热过程中也会发生 σ 相脆化。在奥氏体钢中 σ 相析出的温度为 650 ~850℃。σ 相的析出速度很大程度上取决于金属的原始组织和加热过程的特性参数。σ 相从铁素体转变的速度要比从奥氏体转变快得多。奥氏体钢在高温加热过程中，如产生塑性流变或施加压力，则可大大加快 σ 相析出。

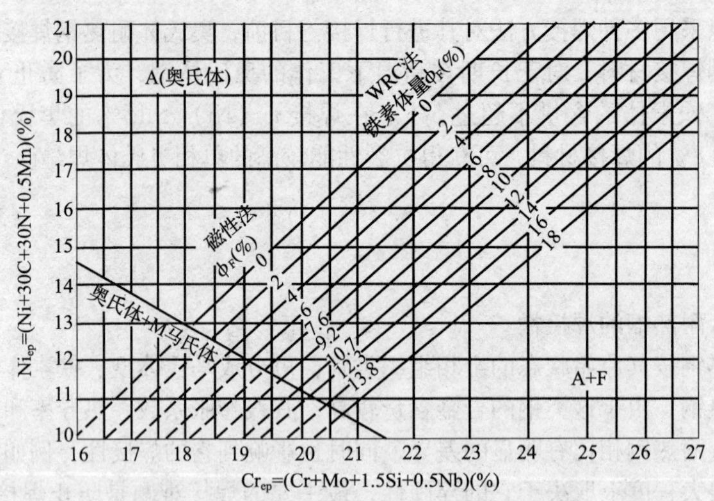

图 5—2—2　德龙（Delong）焊缝组织图

在奥氏体钢中σ相析出的原因可能与温度升高时碳化物的溶解有关。由于碳和铬的扩散速度不同，在碳化物溶解时会形成一高铬区，σ相就在这一区域析出。

σ相的形成对奥氏体钢性能不利的影响是促使缺口冲击韧度明显降低，另外σ相对奥氏体抗高温氧化性和接头的高温蠕变强度也有一定的不利影响，因此必须采取相应措施控制奥氏体焊缝金属的σ相转变。

防止奥氏体钢焊缝金属σ相形成的最有效措施是调整焊缝金属的合金成分，严格限制Mo、Si、Nb等加速σ相形成的元素，适当降低含铬量并相应提高含镍量，如Cr23－Ni22钢对σ相的敏感性比Cr25－Ni20钢低得多。在焊接工艺方面应采用热输入量低的焊接方法。焊后焊件应避免在600～850℃温度区间的热处理。

2. 铁素体型耐热钢的焊接性

铁素体型耐热钢是以低碳高铬Fe－Cr－C合金为主，为阻止加热时形成奥氏体，在钢中可加入Al、Nb、Mo和Ti等铁素体稳定元素。随着含铬量的增加，含碳量的降低，奥氏体区逐渐缩小，当w（Cr）>17%或w（C）<0.03%时，Cr12钢内不可能再形成奥氏体而形成纯铁素体组织。因此这类钢不可能被淬硬，冷裂倾向也随之降低。但是普通铁素体耐热钢焊接过热区有晶粒长大倾向，使接头的韧性和塑性急剧下降。为改善其焊接性，在降低碳、氮、氧含量的同时增加少量铁素体化元素，以阻止在高温区奥氏体的形成和晶粒过分长大。但为获得塑性较高的接头，焊后仍需退火处理。

w（Cr）>21%的铁素体耐热钢在600～800℃温度范围内长时间加热时，会形成σ相。σ相形成速度取决于钢中的含铬量和加热温度。在800℃高温，σ相形成速度可达到最高值；在较低的温度下，σ相形成速度减慢而需要较长时间。

w（Cr）>17%的高铬钢在450～525℃之间温度下加热，会产生475℃脆性。在700～800℃短时加热，紧接着水冷可消除475℃脆化。故对铁素体耐热钢，就应避免在600～800℃以及450～525℃的临界温度区间进行焊接接头的焊后热处理。

3. 马氏体型耐热钢的焊接性

马氏体型耐热钢的合金系基本是Fe－Cr－C，通常w（Cr）=11.5%～18%。为提高其热强性还加入 Mo、V 等合金元素。这些钢几乎在所有的冷却条件下均转变成马氏体组织，淬硬、冷裂倾向很大，故焊接性很差。

二、高合金耐热钢的焊接工艺要点

1. 奥氏体型耐热钢的焊接工艺要点

由奥氏体型耐热钢的焊接性可知，奥氏体型耐热钢焊接时的要点主要是防止焊缝出现热裂纹和保证接头具有与母材相当的使用性能。

奥氏体型耐热钢具有较好的焊接性，可以采用所有的熔焊方法焊接。在拟定奥氏体型耐热钢焊接工艺时应考虑其特殊的物理性能，即低的热导率、高的电阻率、高的线膨胀系数以及高度致密的表面保护膜等。此外，奥氏体型耐热钢含有大量对氧亲和力较高的元素，因此不论采用哪种焊接方法，都必须利用焊剂、焊条药皮和惰性保护气体对焊接熔池和高温区作良好的保护，以使影响热强性能的基本元素含量保持在所要求的范围内。

奥氏体型耐热钢焊接材料选择的原则是，在无裂纹的前提下保证焊缝金属的热强性与母材金属基本相等，这就要求其合金成分大致与母材金属成分相匹配，同时还应考虑对焊缝金属中铁素体含量的控制。对于长期在高温下工作的奥氏体型耐热钢焊件，焊缝金属中铁素体的体积分数不应超过5%，在铬和镍的质量分数均大于20%的高铬镍耐热钢中，为获得抗裂性高的纯奥氏体组织，可选用 w（Mn）=6%～8%的焊接材料。表5—2—1为常用奥氏体型耐热钢焊条和焊丝。

表5—2—1　　常用奥氏体型耐热钢焊条和焊丝

钢号	焊条		埋弧焊焊丝	气体保护焊焊丝
	型号	牌号		
0Cr18Ni9	E308－16	A101、A102	H0Cr19Ni9	H0Cr19Ni9
1Cr18Ni9Ti	E347－16	A132	H1Cr19Ni10Nb	H0Cr19Ni9Ti
0Cr18Ni11Ti 0Cr18Ni11Nb	E347－16 E347－15	A132、A137	H1Cr19Ni10Nb	H0Cr19Ni9Ti、 H1Cr19Ni10Nb
0Cr18Ni13Si4	E316－16、E318V－16	A201、A202、A232	H0Cr19Ni11Mo3	H0Cr19Ni11Mo3
1Cr20Ni14Si2	E347－16	A312	H1Cr25Ni23	H1Cr25Ni23
0Cr23Ni13	E309－16	A302	H1Cr25Ni23	H1Cr25Ni23
0Cr25Ni20	E310－16、E3101Mo－16	A402、A412	H1Cr25Ni13	H1Cr25Ni13
0Cr17Ni12Mo2	E316－16	A201、A202	H0Cr19Ni11Mo3	H0Cr19Ni11Mo3
0Cr19Ni13Mo3	E317－16	A242	H0Cr25Ni13Mo3	H0Cr25Ni13Mo3
			焊剂 HJ260 SJ601	保护气体（体积分数）： Ar，Ar+O_2（1%）， Ar+CO_2（2%～3%）

奥氏体型耐热钢焊接时，为减小焊接收缩变形，在坡口设计中应尽量缩小焊缝的截面，V形坡口角度通常不大于60°。当焊件板厚大于20 mm时，应尽量采用U形坡口。

（1）焊条电弧焊。奥氏体钢焊条大多数采用高铬镍钢焊芯，由于其电阻率较高，焊条夹持端易受电阻热的作用而提前发红，故应选择合适的焊接电流，或选用耐发红的奥氏体钢焊条。普通的奥氏体型耐热钢焊条适用的电流范围比相同直径的碳钢焊条低 10% ~15%，焊条头的损失率约为 10%。

奥氏体型耐热钢焊条电弧焊在操作技术上不推荐焊条摆动焊接法，而应采用窄焊道技术，以加快焊道的冷却速度，焊道宽度不应超过焊芯直径的 4 倍，多层焊时每层焊道的厚度不应大于 3 mm。另外，由于铬镍奥氏体钢的熔点较低，焊缝熔深较浅，为保证坡口侧壁和焊缝层间熔合良好，应特别仔细清理焊道层间的熔渣。为便于清渣，要求焊道表面光滑并向坡口侧壁圆滑过渡，因此最好采用工艺性能良好的钛钙型药皮焊条。为防止焊缝中气孔形成，奥氏体钢焊条在使用前应适当烘干。

（2）熔化极惰性气体保护焊。采用这种焊接方法，和焊条电弧焊相比具有很多优点，不存在焊条头发红的现象，焊接电流可以适当增大；合金成分烧损较少，多层焊时不易形成夹渣。多采用半自动或全自动气体保护焊，可用各种直流电源或直流脉冲电源，通常采用反接法进行焊接。半自动焊多采用 ϕ0.6 ~1.2 mm 的焊丝，自动焊多采用 ϕ1.6 ~3.0 mm 的焊丝。为获得较理想的焊缝形状，保护气体可使用纯 Ar、Ar + O_2或 Ar + CO_2，纯 He、He + Ar + CO_2等混合气体。在 Ar 气中加入体积分数为 1% 的 O_2，或体积分数为 2% ~3% 的 CO_2，使保护气体具有微弱的氧化性，可在很大程度上减小熔滴的表面张力，易于实现喷射过渡，提高电弧的稳定性，改善熔化金属的润湿性和焊缝的成形。

熔化极惰性气体保护焊的焊接电流和焊接电压一般要比焊接碳钢时低。由于焊接奥氏体型耐热钢多采用高铬镍钢焊丝，焊丝电阻率较大，焊丝的熔化速度高，在相同的焊丝直径下，与焊接碳钢相同的熔敷速度，焊接电流要比焊接碳钢时小 15% ~20%。表 5—2—2 为奥氏体型耐热钢熔化极气体保护焊的典型焊接参数。

表 5—2—2　奥氏体型耐热钢熔化极气体保护焊的典型焊接参数

板厚（mm）	熔滴形式	接头和坡口形式	焊丝直径（mm）	焊接电流（A）	电弧电压（V）	焊接速度（mm/min）	焊道数
3.2	喷射	I 形坡口（带衬垫）	1.6	200 ~250	25 ~28	500	1
6.4		60°V 形，对接	1.6	250 ~300	27 ~29	380	2
9.5		60°V 形，1.6 mm 钝边	1.6	275 ~325	28 ~32	500	2
12.7		60°V 形，1.6 mm 钝边	2.4	300 ~350	31 ~32	150	3 ~4
19		90°V 形，1.6 mm 钝边	2.4	350 ~375	31 ~33	140	5 ~6
25		90°V 形，1.6 mm 钝边	2.4	350 ~375	31 ~33	120	7 ~8
1.6	短路	角接	0.8	85	21	450	1
1.6		I 形坡口，对接		85	22	500	
2.0		角接或搭接		90	22	350	
2.0		I 形坡口，对接		90	22	300	
2.5		角接或搭接		105	23	380	
3.2		角接或搭接		125	23	400	

（3）钨极惰性气体保护焊。采用钨极惰性气体保护焊几乎不存在合金元素的烧损问题，焊缝金属表面光洁，焊缝成形较好。钨极氩弧焊的热输入量较低，特别适用于对过热敏感的奥氏体型耐热钢。这种焊接方法的主要缺点是熔敷效率低、生产成本高，大多用于厚度为10 mm以下的薄板和薄壁管的焊接。

奥氏体型耐热钢钨极惰性气体保护焊，按对焊缝质量的要求不同，可采用氩气、氦气或其混合气体作为保护气体。单层焊或根部封底焊道焊接时，焊缝背面应通相同的气体保护，如对焊接质量无特殊要求，通常优先选用氩气，因为氩气在低流量下也能提供良好的保护。焊接电源通常选择恒流特性的直流电源，采用直流正接，也可采用频率范围为0.5～20 Hz的低频脉冲直流电。填充焊丝可采用与熔化极气体保护焊相同成分的焊丝，或选用含硅量为0.3%～0.5%、其他成分与母材相同的焊丝。手工焊接时常用的焊丝直径为1.6～3.0 mm，自动焊接时常用的焊丝直径为0.8～1.2 mm。

（4）埋弧焊。埋弧焊通常用于板厚5 mm以上的奥氏体型耐热钢。埋弧焊的特点是热输入量高，熔池尺寸较大，冷却和凝固速度较慢。这些因素对奥氏体型耐热钢均产生不利的影响，如加剧合金元素的偏析、促使形成粗大的柱状晶，从而导致焊缝和近缝区金属对热裂纹的敏感性提高。因此，为提高抗裂性，应选用硅、硫、磷含量低，含锰量高的焊丝；为减少从焊剂向焊缝金属增硅，应选用中性或碱性焊剂。

奥氏体型耐热钢埋弧焊时，因其电阻率较高，应选择比碳钢焊接时低20%的焊接电流，同时焊丝伸出长度也应减小。

埋弧焊时，母材的稀释率可在10%～75%范围内变化。为控制焊缝金属的成分和铁素体含量，应选择合理的坡口形状和尺寸以及合适的焊接参数。

（5）焊后热处理。为了消除焊接残余应力，提高结构尺寸的稳定性和接头的高温蠕变强度，奥氏体型耐热钢的厚度超过20 mm时，一般可采取热处理措施。

奥氏体耐热钢焊件的焊后热处理，按其温度可分为低温焊后热处理、中温焊后热处理和高温焊后热处理。

低温焊后热处理是指加热温度在500℃以下的热处理。这种热处理对接头的力学性能影响不大。其作用主要是降低残余应力峰值，提高结构尺寸的稳定性。对奥氏体铬镍钢来说，加热温度为200～400℃的焊后热处理可降低峰值应力40%左右，但平均应力只能降低5%～10%。实际生产中，低温焊后热处理的温度范围为400～500℃。

中温焊后热处理是指加热温度在500～900℃的热处理，通常在550～800℃区间内进行。这种热处理的目的主要是消除奥氏体型耐热钢焊接接头中的焊接应力，从而提高接头抗应力腐蚀的能力。但在这一温度区间，可能会发生σ相和碳化物的析出，降低接头和母材的韧性。因此，对于含碳量较高或铁素体含量较多的奥氏体钢焊缝，选用中温焊后热处理要特别谨慎。对于某些超低碳铬镍奥氏体钢，采用800～850℃的中温焊后热处理，可提高接头的蠕变强度和塑性。

加热温度在900℃以上的热处理为高温焊后热处理，其目的是溶解在焊接热循环作用下形成的σ相和碳化物，以恢复接头由此而损失的力学性能。为获得奥氏体组织的固溶处理也属于高温焊后热处理。由于固溶处理过程中，冷却速度很快，工件将产生较大的变形，因此，只有那些形状较简单的焊件或半成品才能做这种热处理。

2. 马氏体型耐热钢的焊接工艺要点

马氏体高合金耐热钢的焊接性差，为了避免冷裂纹产生及改善焊接接头的力学性能，应采取预热、后热和焊后立即高温回火等措施。

（1）焊接方法。马氏体型耐热钢常用的焊接方法有焊条电弧焊、钨极氩弧焊、熔化极气体保护焊和埋弧焊。其中最常用的焊接方法是焊条电弧焊。钨极氩弧焊主要用于薄壁焊件的焊接，这种焊接法属于低氢焊接法，接头的冷裂倾向较小。当接头拘束度较小时，薄壁焊件焊前可不预热。

熔化极气体保护焊应采用富氩混合气体，焊接气氛中含氢量较低，接头的冷裂倾向低于焊条电弧焊。焊前可以选用较低的预热温度。

埋弧焊主要用于厚壁焊件，必须采用高碱度焊剂。

（2）焊接材料。马氏体型耐热钢焊条电弧焊用焊条可分为同质焊条和奥氏体钢焊条两大类。当要求焊缝金属强度与母材金属强度相等时，应采用合金成分和含量与母材金属基本相同的焊条，即所谓同质焊条。这类焊条必须是低氢型药皮焊条，如 E410－16、E410－15，以及相当于 E410－15，外加 w（Ni）＝0.6%～1.2%的焊条。使用前焊条应经 350～400℃高温烘烤，并在 150℃温度下保温。

当不要求焊缝金属与母材等强，且接头的高温应力不致影响焊件使用寿命的情况下，则可采用 Cr19Ni10、Cr25Ni13 和 Cr26Ni21 合金系的奥氏体钢焊条。奥氏体钢焊缝金属的塑性好，并无冷裂倾向。按焊件的厚度，焊前可不作预热或仅作低温预热。

钨极氩弧焊和熔化极气体保护焊，均应采用与母材成分相同的填充焊丝或药芯焊丝。

（3）焊接参数

1）焊前预热。用同质药皮焊条焊接马氏体型耐热钢时，焊前预热温度可控制在 200～300℃范围内，但不应高于所焊钢种的马氏体开始转变温度。马氏体钢的含碳量是确定预热温度的最主要因素。随着含碳量的增加，预热温度应相应提高。应考虑的其他因素还有焊件的厚度、接头的拘束度、焊缝金属中的含氢量、填充金属的成分和焊接方法等。

当母材 w（C）＜0.1%时，可按焊件的壁厚和接头的拘束度，焊前可不预热或预热至 200℃，当母材 w（C）＝0.1%～0.2%时，应预热至 200～260℃；当接头的拘束度相当高时，应选择更高的预热温度，如 350～400℃；当母材 w（C）＞0.2%时，必须严格控制层间温度不低于规定的预热温度。

2）焊后回火前的温度。焊接结束后不能从焊接温度直接升温进行回火处理。否则，焊接接头各区金属不能完全结束马氏体转变而形成抗裂性较低的混合组织。因此，必须控制焊件在回火处理前的温度。对于刚度较小的焊件，可以将其冷却至室温，待马氏体转变完全结束后再进行回火。对于大刚度和高拘束度焊件，且母材的含碳量较高时，需采用较复杂的工艺：焊后将焊件缓冷至 100～150℃，保温 0.5～1.0 h 后，再将焊件装炉进行回火处理。

3）焊后热处理。马氏体型耐热钢的焊后热处理，可按对接头性能的要求，进行高温回火和完全退火处理。最佳的回火温度范围为 740～760℃，保温时间按 5～6 min/mm 计算。应当避免可能产生回火脆性的温度区间，如 475～550℃。焊后状态的接头金相检验证明，焊接接头组织内存在部分中间转变产物时，应适当延长回火处理的保温时间。

当焊件焊后需做机械加工而要求最大限度地软化接头组织时，应进行完全退火处理。马氏体型耐热钢退火处理温度为830～880℃，保温2 h后炉冷至595℃，然后空冷。

高铬马氏体型耐热钢通常在调质状态下焊接，焊后做高温回火处理，焊接接头具有符合要求的力学性能。如在退火状态下焊接时，接头各区可能形成不均匀的马氏体组织，为确保接头的性能，应将整个焊件进行调质处理。

3. 铁素体型耐热钢的焊接工艺要点

高铬铁素体型耐热钢对过热较为敏感，应尽可能采用低的热输入量进行焊接，尽量采用小直径的焊条及焊丝，小电流、窄焊道、短弧、高速度焊接。通常采用焊条电弧焊和钨极氩弧焊。焊接材料可以采用合金成分与母材匹配的高铬钢填充材料。在采用同质焊接材料，特别是拘束度大时，易产生裂纹。为防止产生裂纹，改善接头塑性，以焊条电弧焊为例，可采取以下工艺措施：

（1）预热及焊后热处理。高铬铁素体型耐热钢接头热影响区的晶粒会因焊接热循环的高温而急剧长大，并在缓慢冷却时丧失韧性，预热将延长接头在高温区的停留时间，并降低接头的冷却速度，产生不利的影响，因此，要谨慎选择预热温度和层间温度。高铬铁素体型耐热钢的预热温度主要根据钢的成分、接头力学性能、接头的拘束度以及壁厚等因素决定。高铬铁素体型耐热钢的预热温度为150～230℃，对于高拘束度的接头，层间温度应略高于所选定的预热温度。高纯度的铁素体型耐热钢可以不预热，这些钢在焊接热循环的作用下不能形成马氏体，冷裂倾向很小。

为了使焊接接头的组织均匀化，从而提高其塑性和韧性，焊后应进行750～800℃退火处理。退火后应快冷，防止出现σ相脆化及475℃脆化，以得到均匀的铁素体组织，同时也有利于控制焊件的变形和残余应力。

（2）焊接材料。根据对焊接接头性能的要求不同，可选用与母材相近的铁素体钢焊条，也可采用奥氏体钢焊条。常用的铁素体型耐热钢焊条见表5—2—3。

表5—2—3　常用的铁素体型耐热钢焊条

钢号	对接头性能的要求	焊条		预热及焊后热处理
		型号	牌号	
Cr17、Cr17Ti	耐硝酸、耐热	E430－16	G302	预热120～200℃ 750～800℃回火
Cr17、Cr17Ti、Cr17MoTi	提高焊缝塑性	E316－15	A207	不预热，焊后不热处理
Cr25Ti	抗氧化性	E309－15	A307	不预热，760～780℃回火
Cr28、Cr28Ti	提高焊缝塑性	E310－16 E310Mo－16	A402 A412	不预热，焊后不热处理

（3）焊接参数。焊接时尽可能地减少焊接接头在高温下的停留时间，应采用小的焊接热输入量、高的焊接速度及尽量减少焊条的横向摆动，以窄焊道进行焊接，控制层间温度，前一道焊缝冷却至预热温度后才允许焊下一道焊缝，以防止焊接接头过热。多层焊时控制层间温度应高于150℃，以减少高温脆化和475℃脆化。

任务实施

一、焊前准备

1. 焊接材料的选用

焊条选用 E310－15 或 E310－16，焊接电源采用直流反接的形式。

2. 坡口制备

坡口形式如图 5—2—3 所示。装配时按图留（2±0.5）mm 间隙，两端用托架支撑，以外圆校正中心。在圆周上定位焊 4～6 处，焊缝长度 25～30 mm。

二、焊接操作要点

在焊接过程中，为避免产生裂纹，应采用小的热输入量，得到浅而短的熔池，并尽量加快焊接速度。焊条不作摆动，熄弧前要将弧坑填满。

多层焊接的顺序如图 5—2—4 所示。每焊完一道，要彻底清除渣壳，等温度降至 250～300℃时继续下一层焊道的焊接。

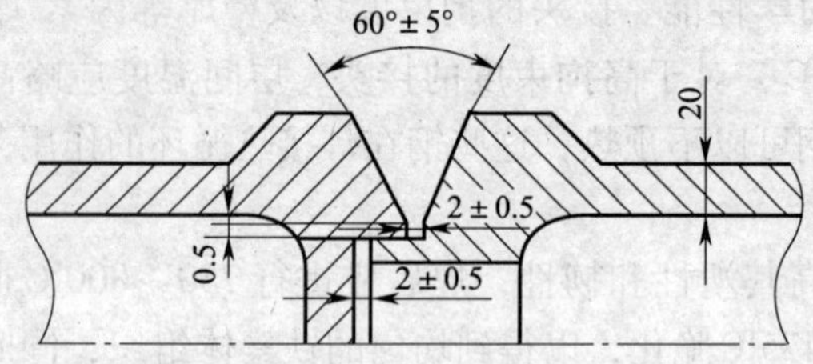

图 5—2—3　坡口形式

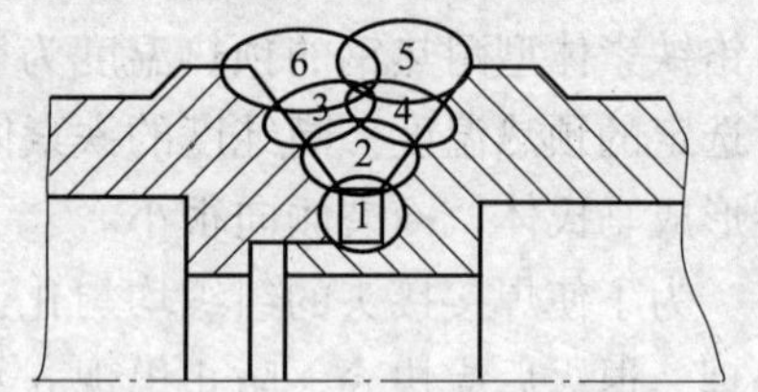

图 5—2—4　多层焊接的顺序

三、焊后热处理

焊后进行约 550℃的热处理，以消除焊接接头中的焊接应力，提高接头抗应力腐蚀的能力。

任务评价

高合金耐热钢的焊接评分标准见表 5—2—4。

表 5—2—4　　高合金耐热钢的焊接评分标准

序号	考核内容	评分标准	配分	得分
1	焊前的准备工作	坡口制备 5 分，坡口清理 5 分，焊接电源的准备 5 分	15	
2	焊接方法的选择	选择合适的焊接方法 10 分	10	
3	焊接材料的选择	合理选用耐热钢焊接材料 15 分	15	
4	焊接操作	焊接参数选择合理 10 分，焊缝无缺陷 30 分；焊缝不合格之处，酌情扣分	40	
5	焊前预热及焊后热处理	不必进行焊前预热，10 分；焊后进行约 550℃的热处理，10 分	20	
总分合计			100	

思考与练习

1. 试述奥氏体型耐热钢的焊接性及焊接工艺要点。
2. 试述铁素体型耐热钢的焊接性及焊接工艺要点。
3. 试述马氏体型耐热钢的焊接性及焊接工艺要点。

模块六　铸铁及其焊接工艺

铸铁是指含碳量大于2.11%的铁碳合金。工业常用铸铁中含碳量在3.0%～4.5%之间，是以Fe、C、Si为主要组成元素并含有较多的Mn、S、P等杂质元素的多元合金。为了提高其使用性能，可以在铸铁中加入某些合金元素形成合金铸铁。

铸铁具有良好的铸造性能，常用于铸造形状复杂的机械零部件，具有成本低，耐磨性、减振性和切削加工性好等优点，在机械制造业应用广泛。据统计，在汽车、农机和机床中铸铁用量占整机质量的50%～80%。但铸铁的强度、塑性和韧性较低，焊接性很差，不适合于制造焊接结构，因此铸铁的焊接多为铸造缺陷的补焊、铸件的修复和零部件的生产（即通常是把铸铁件与钢件或其他金属件焊接成零部件）。

任务1　灰铸铁的焊接

技能点

◎ 能够根据灰铸铁的焊接要求选择焊接方法、焊接材料及制定焊接工艺。

知识点

◎ 灰铸铁的焊接性，灰铸铁的常用焊接方法、焊接材料和焊接工艺特点。

任务提出

灰铸铁中的碳主要以片状石墨的形式分布于基体金属中，其断口呈暗灰色。由于片状石墨对基体有严重的割裂作用，因此灰铸铁的强度低、塑性差；但灰铸铁具有抗压强度高、耐磨性好、减振性好、收缩率低、流动性好等特点，且生产成本低；可以铸造形状复杂的机械零件，是当今工业中应用最广泛的一种铸铁，常用于生产各种机床的床身、拖拉机和汽车发动机缸体、缸盖等。

灰铸铁的焊接性差，特别是在电弧焊时，如果焊条选择不当，或者没有采取有效措施，则在焊接过程中会产生一系列缺陷。

以灰铸铁齿轮箱上盖裂纹的补焊为例，材质为灰铸铁（HT250）的减速机箱体，在使用过程中由于铸造缺陷引起箱盖接合面开裂，并延伸至箱壁，裂纹长约 150 mm，裂纹部位及形状如图 6—1—1 所示，请制定该箱体焊接修复的工艺方案。

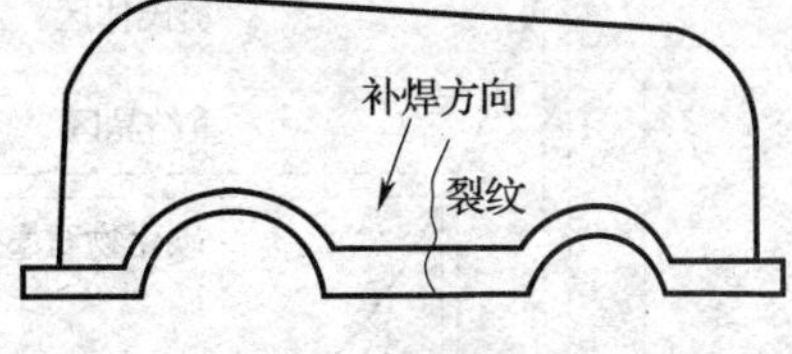

图 6—1—1　裂纹部位及形状

任务分析

此例为减速箱上盖裂纹的补焊，材质为灰铸铁，可以采用电弧冷焊工艺对其进行修复。由于灰铸铁的焊接性较差，焊后易产生白口组织和裂纹，因此补焊时应从减少焊件熔化、避免熔池过热和增强焊缝的抗裂性能等方面出发，采取有效的焊接工艺措施，如在裂纹两端打止裂孔，防止在焊接过程中裂纹扩展；焊接方向应由内壁向外缘进行，以减小最后焊道的应力；采用小电流、分段逆向焊法，避免焊缝过热；每焊一段焊道后应立即对其进行锤击，消除补焊区冷却时所产生的应力等。

相关知识

一、灰铸铁的焊接性

灰铸铁的化学成分特点是碳、硅含量高，同时硫、磷杂质的含量也高，这就增大了焊接接头对冷却速度及对冷、热裂纹的敏感性；灰铸铁的力学性能特点是强度低、基本无塑性。而焊接过程具有冷却速度快及焊件受热不均匀而产生较大的焊接应力等特殊性，导致灰铸铁的焊接性很差，其主要表现是焊接接头易产生白口组织和淬硬组织及裂纹。

1. 焊接接头白口组织及淬硬组织

灰铸铁焊接时，由于熔池体积小，存在时间短，加上铸铁内部的热传导作用，使得焊缝及近缝区的冷却速度远远大于铸件在砂型中的冷却速度。因此，在焊接接头的焊缝及半熔化区将会产生大量的渗碳体，形成白口组织。

如图 6—1—2 所示是碳和硅的含量分别为 3% 和 2.5% 的常用灰铸铁焊条电弧焊时焊接接头组织变化图。由图可见，焊接接头中产生白口组织的区域主要是焊缝区、熔合区和奥氏体区。

（1）焊缝区。焊缝区在焊接加热过程中处于液相温度以上。当焊缝成分与灰铸铁成分相同时，在一般电弧焊情况下，由于焊缝冷却速度远快于铸件在砂型中的冷却速度，焊缝主要为共晶渗碳体、二次渗碳体及珠光体所组成，即焊缝基本为白口组织。增大焊接热输入量，焊缝中会出现一定量的灰铸铁，但不能完全消除白口组织。若采用低碳钢焊条，随着母材成分的溶入，会使焊缝成分增碳，在焊接快冷的条件下，焊缝将会形成脆硬的高碳马氏体组织。

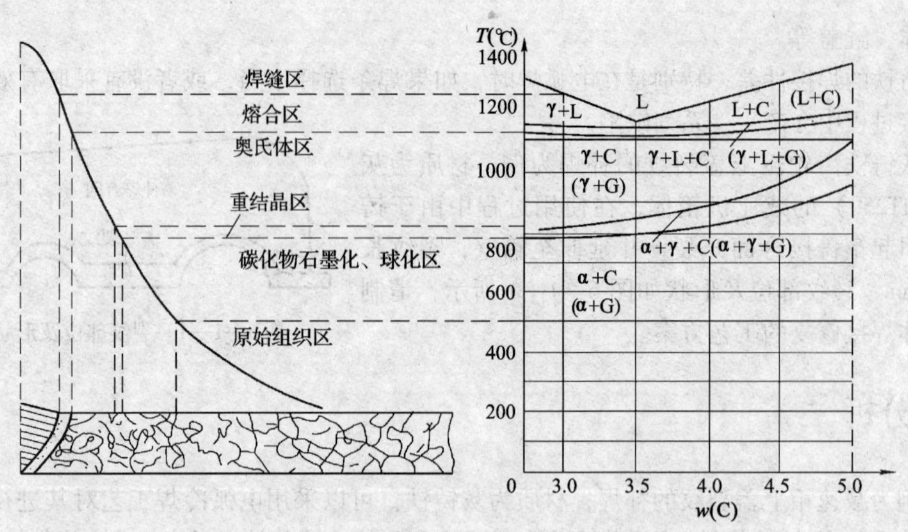

图 6—1—2　常用灰铸铁焊条电弧焊时焊接接头组织变化图

（2）熔合区。此区较窄，温度处于液相线及固相线之间，为固相奥氏体与部分液相并存的区域。其中一部分铸铁已变成液体，另一部分铸铁通过片状石墨中碳的扩散作用，也已转变为含碳过饱和奥氏体。由于一般电弧焊过程中，该区加热及冷却速度非常快，因此石墨中的碳来不及完全扩散而形成细小的片状石墨。继续冷却则从含碳过饱和的奥氏体中析出二次渗碳体，冷却到共析温度区间，奥氏体转变为珠光体，即形成白口组织。如冷却速度加快，奥氏体还会转变成马氏体加残余奥氏体。

（3）奥氏体区。该区域处于固相线与共析温度上限之间，仅有固态相变。由于加热温度超过共析线，铸铁的基体被奥氏体化，但碳在奥氏体中的含量是不一样的，加热温度较高的部分（熔合区），由于片状石墨中碳的扩散能力强，向奥氏体扩散较多，因而奥氏体含碳量较高；加热温度较低的部分（距离熔合区稍远），由于片状石墨中碳的扩散能力降低，从而使奥氏体中的含碳量较低。在随后的冷却过程中，若冷却速度较快时，会从奥氏体中析出一些二次渗碳体，而后进行共析转变。若冷却速度较慢，奥氏体转变为珠光体类型的组织；若冷却速度更快，奥氏体会直接转变为马氏体。

熔焊时，采取适当工艺措施使该区域缓冷，可使奥氏体直接析出石墨，从而可避免二次渗碳体的析出，同时可防止马氏体的形成。

由以上分析可知，灰铸铁接头的白口化问题主要是指焊缝及半熔合区容易产生白口组织。其产生原因是由于采用一般的电弧焊方法焊接时，接头过冷倾向大，影响了铸铁的石墨化过程。

铸铁接头中白口组织的存在，不仅会造成加工困难，还会引起裂纹等缺陷的产生，因此应采取必要的措施避免其生成，也就是说，要尽量创造有利于接头石墨化的条件。

防止铸铁焊接接头产生白口组织的主要途径为：

1）改变焊缝的化学成分。主要是通过增加焊缝的石墨化元素的含量或使焊缝成为非铸铁组织。例如，在焊芯或药皮中加入一些石墨化元素碳、硅等，使其含量高于母材，以促进焊缝石墨化；或者使用异质材料，如镍基合金、高钒和铜钢等焊条，使焊缝分别形成奥氏体、铁素体和有色金属等非铸铁组织。这样可改变焊缝中碳的存在形式，以使其不出现冷硬组织并且具有一定的塑性。此方法虽可解决焊缝产生白口组织的问题，但对半熔合区的白口层则很难完全消除。因为在高温下，半熔合区为局部熔化，在焊接冷却条件下，熔池中的石墨化元素很难迅速、均匀地扩散到近缝区。因此通过调整焊缝中的化学成分来阻止半熔合区白口组织的产生，效果是不明显的，只能通过控制焊接参数将白口层的宽度缩小到可机械加工的范围（即宽度小于0.1 mm）。

2）减慢焊接冷却速度。可延长熔合区处于红热状态的时间，有利于石墨的充分析出，故可实现熔合区的石墨化过程。通常采用的措施是焊前预热和焊后保温缓冷。为了确保接头（尤其是熔合区）充分石墨化，焊接时的预热温度都较高，一般为400～700℃，同时还要保温缓冷，方可完全避免白口组织的产生。

另外，采用钎焊方法，由于母材不熔化，将会从根本上避免熔合区白口组织形成。

2. 焊接裂纹

铸铁焊接时很容易产生裂纹，裂纹的类型主要是冷裂纹，其次是热裂纹。

（1）冷裂纹。灰铸铁焊接接头的裂纹主要是冷裂纹，其产生原因有以下几方面：

1）灰铸铁本身强度较低，塑性更差，承受塑性变形的能力几乎为零，因此容易引起开裂。

2）由于焊接过程对焊件来说，属于局部加热和冷却，焊件必然产生焊接应力，焊接应力的存在是导致裂纹产生的重要原因。

3）焊接接头的白口组织又硬又脆，不能产生塑性变形，容易引起开裂，严重时会使焊缝及热影响区交界整个界面开裂而分离。

灰铸铁焊接冷裂纹产生的主要原因是焊接应力，所以避免裂纹产生也主要应从降低焊接应力着手。可通过以下几方面来防止灰铸铁冷裂纹产生：

1）预热。防止铸铁焊缝冷裂最有效的方法是对焊件进行整体预热（550～700℃），使温差减小，降低焊接应力，同时促进焊缝金属石墨化，并要求焊后在相同温度下消除应力。

2）焊接材料。采用镍基或铜基焊接材料，使焊缝成为塑性良好的非铁合金，对冷裂纹不敏感。镍与铁无限互溶，碳与镍不形成碳化物而以石墨形式存在，因此镍及镍合金是焊接灰铸铁非常好的焊接材料。即便如此，焊接时如不及时消除应力也会产生裂纹，因为焊接应力随焊缝长度的增加而积累，达到一定程度时也会引起开裂。

3）工艺措施。用异质焊接材料焊接灰铸铁时，常采用短段焊、断续焊等工艺措施，并及时锤击焊缝，使焊缝金属发生塑性变形，以减小和消除焊接应力。另外，还可采用小规范焊接，较小的焊接电流既可减小热输入量，又可减小熔合区白口层及淬硬层宽度，从而减小焊接应力，有利于防止裂纹。但是，采用小电流会增加热影响区的淬硬性和脆化倾向，可采取“退火焊道”来降低热影响区的淬硬性。

（2）热裂纹。灰铸铁焊接的热裂纹大多出现在焊缝上，为结晶裂纹。当焊缝金属为铸铁时，由于液态铸铁在凝固过程中析出石墨，体积膨胀且流动性好，不会形成热裂纹。但采用低碳钢焊条或镍基铸铁焊接材料时，焊缝有较大的热裂倾向。

在用低碳钢焊条焊接铸铁时，即使采用小电流焊接，第一层焊缝中含碳量仍高达0.7%～1.0%；由于铸铁中硫、磷含量也较高，促使形成FeS与Fe的低熔点共晶（熔点为988℃），高的含碳量会增加热裂纹的敏感性，从而导致形成焊缝底部热裂纹，甚至宏观裂纹，有时在裂纹断口上可观察到高温氧化色（蓝紫色）。这种热裂纹与冷裂纹不同，发生时没有开裂声，又往往隐藏在焊缝底部，从焊缝表面不易察觉。

采用镍基焊条焊接灰铸铁时，由于铸铁中含有较多的硫、磷，焊缝易生成 $Ni-Ni_3S_2$（熔点为644℃）和 $Ni-Ni_3P$（熔点为880℃）的低熔点共晶体，且镍基焊缝凝固后为较粗大的单相奥氏体柱状晶，低熔点共晶在奥氏体晶界易呈连续分布，促进热裂纹形成，因此，采用镍基焊条焊接灰铸铁时，焊缝对热裂纹有较大的敏感性。

解决上述问题应从冶金处理与焊接工艺两方面考虑。在冶金方面可通过调整焊缝化学成分，加入稀土元素，增强焊缝脱硫、磷能力，以及细化晶粒等途径，提高焊缝抗热裂纹能力。在焊接工艺方面，采用正确的冷焊工艺，使焊接应力降低，并减少母材中的有害杂质熔入焊缝等，均有利于防止焊接热裂纹的产生。

因此灰铸铁焊接接头裂纹倾向较大，这主要与灰铸铁本身的性能特点、焊接应力、接头组织及化学成分等因素有关。为防止焊接裂纹产生，在生产中主要采取减小焊接应力、改变焊缝合金系统及限制母材中有害杂质熔入焊缝等措施。

二、灰铸铁的焊接工艺要点

灰铸铁的焊接方法有焊条电弧焊、气焊、钎焊和手工电渣焊，其中最常用的是焊条电弧焊、气焊及钎焊。

1. 铸铁型（同质）焊缝的焊条电弧焊

同质焊缝是指焊后形成铸铁型焊缝。它的焊条电弧焊工艺分为热焊（包括半热焊）和冷焊两种。

（1）热焊及半热焊。将焊件整体或有缺陷的局部位置预热到600～700℃（暗红色），然后进行焊接，焊后进行缓冷的铸铁补焊的工艺称为热焊。对结构复杂（如缸体）且补焊处拘束度很大的焊件，宜采用整体预热。对焊件采用局部预热，会在补焊处产生高拉应力而再出现裂纹，甚至会在离补焊处有一定距离的地方又出现新裂纹。对于结构简单而补焊处拘束度较小的焊件，可采用局部预热。

所谓补焊处拘束度大，是指焊缝处于高拉应力状态中，故易裂。所谓补焊处拘束度小，是指补焊处有一定的自由膨胀及收缩的余地，如铸件边缘的缺肉、小块断裂的补焊等，焊缝所受应力小，故不易裂。

预热温度不能超过共析温度下限，否则焊后焊件因相变的结果，会引起焊件基体组织的变化，从而引起焊件力学性能的变化。灰铸铁焊件预热到600～700℃时，不仅有效地减小了焊接接头上的温差，而且铸铁由常温下完全无塑性变为具有一定塑性，灰铸铁在600～700℃时，伸长率可达2%～3%，再加以焊后缓慢冷却，故焊接应力状态大为改善，此外由于600～700℃预热及焊后缓冷，石墨化过程进行得比较充分，焊接接头可完全防止白口组织及淬硬组织的产生，从而有效地防止了裂纹的产生。在合适成分的焊条配合下，焊接接头的硬度与母材相近，有优良的加工性，有与母材基本相同的力学性能，颜色也与母材一致，焊后焊接接头残余应力很小，故热焊的焊接质量是令人非常满意的。

1）预热方法。一些大型拖拉机厂、汽车厂生产铸件多，补焊量大，补焊要求高，常装备有专门进行铸铁热焊的连续式煤气加热炉。铸件补焊前，进入装有传送带的煤气加热炉，依次经过低温（200～350℃）、中温（350～600℃）及高温（600～700℃）加热，使焊件升温缓慢而均匀，然后出炉补焊。补焊后再把焊件送入另一传送带，反过来由高温区到低温区出炉，以消除焊接应力。一般中、小型铸造车间及修配厂常采用地炉或砖砌的明炉加热，燃料常用焦炭、木炭，也可用煤气火焰及氧乙炔焰加热。

2）焊接材料。铸铁热焊时虽采取了预热缓冷的措施，但焊缝的冷却速度一般还是快于铸铁铁液在砂型中的冷却速度，故为了保证焊缝石墨化，不产生白口组织且硬度合适，焊缝中总的碳、硅含量还应稍大于母材。经研究认为，电弧热焊时焊缝中以 w（C）=3%～3.8%、w（Si）=3%～3.8%、w（C+Si）=6%～7.6%为宜。

我国目前采用的电弧热焊焊条为EZC型焊条，有两种：一种采用铸铁焊芯加石墨型药皮，另一种采用低碳钢焊芯加石墨型药皮。两种焊条基本均可使焊缝满足上述所需要的成分要求。前者直径在6 mm以上，后者直径在5 mm以下。

3）焊接工艺要点。热焊工艺过程包括焊前准备、预热、焊接、焊后热处理等。

①焊前准备。清除缺陷内的砂粒及夹渣，如补焊区有油污，需用氧乙炔焰烧掉，用扁铲、风铲或砂轮等开坡口，坡口要有一定的角度，上口稍大，底面应圆滑过渡。

对较大的或边角处的缺陷常需在缺陷周围造型，如图6—1—3所示。这样除了能防止铁水流失和保持补焊区有一定的成形面以外，也有减缓接头冷却速度的作用。造型材料可用耐火砖、铸型砂加水玻璃、石墨块等，只需在上部造型的，也可用黄泥围筑，用型砂或黄泥造型，焊前应烘干，除去水分。

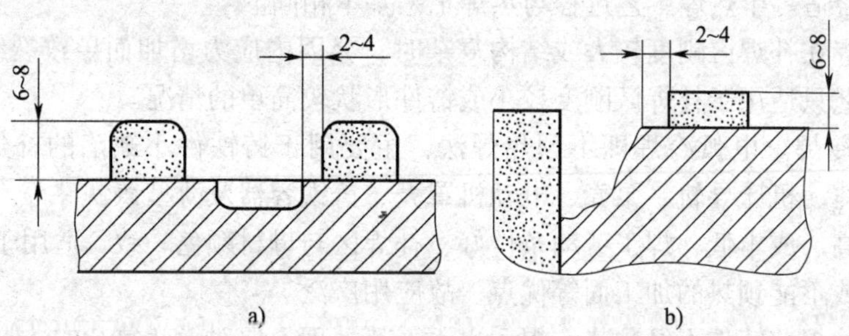

图6—1—3　热焊补焊区造型示意图

a）中间缺陷补焊　b）边角缺陷补焊

②预热。预热温度的选择，即选择热焊或半热焊以及整个预热或局部预热，主要根据铸件的体积、壁厚、结构复杂程度、缺陷的位置、补焊处拘束度及预热设备等来确定。焊件预热时对加热速度应进行控制，使铸铁件的内部与外部温度尽可能均匀，减小热应力，防止铸铁件在加热过程中产生裂纹。

③焊接。根据焊件的壁厚，尽量选择较大直径的焊条。焊接电流可参照下列经验公式选择。

$$I = (40 \sim 60)\ d$$

式中　I——焊接电流，A；

d——焊条直径，mm。

为使焊条药皮中的石墨充分熔化，焊接电弧要适当拉长，但也不宜过长，以防止保护不良及合金元素的烧损。

从缺陷中心引弧，逐渐移向边缘，较小缺陷连续填满，缺陷较大时逐层堆焊直至填满，电弧在缺陷边缘处不宜停留过长时间，以免母材熔化量过多或造成咬边。如果发现熔渣过多，应注意随时扒渣，以防夹渣。在焊接过程中要始终保持预热温度，否则，要重新加热才能继续进行焊接。

④焊后热处理。焊后一定要采取保温缓冷的措施，常采用保温材料覆盖。对于重要的铸件，最好进行消除应力处理，即焊后立即将焊件加热至600～650℃，保温一段时间，然后随炉冷却。

热焊法预热温度高，工人劳动条件较差。另外，将焊件加热到600～700℃需消耗很多燃料，补焊成本高。而且焊前需把工件缓慢升温到600～700℃，焊后将工件缓慢降温，就整个补焊工艺过程来说，工艺复杂，生产率低。

4）半热焊工艺。预热温度在300～400℃称半热焊。与热焊相比，可改善焊工的劳动条件。这种预热温度可有效防止焊接热影响区马氏体的生成，可减小焊接接头高硬度区的宽度，减少冷裂纹产生，有利于改善焊接接头的可加工性。但由于预热温度低，灰铸铁仍然无塑性，在补焊区刚度较大的情况下容易导致焊接接头产生裂纹。同时，铸件在焊接时的温差比热焊条件下要大，故焊接区的冷却速度将加快，容易产生白口组织和淬硬组织。因此，为了防止产生白口组织和裂纹，保证焊缝组织石墨化，焊缝中石墨化元素的含量应高于热焊时的含量，经研究认为焊缝中 w（C）＝3.5%～4.5%、w（Si）＝3%～3.8%、w(C＋Si)＝6%～8.3%较合适。半热焊工艺过程与热焊工艺基本相同。

由于半热焊在补焊区刚度较大或结构复杂时，会因内应力增加而导致裂纹产生，因此，电弧半热焊工艺只适用于补焊区刚度较小或铸件形状较简单的情况。

（2）电弧冷焊。电弧冷焊即不预热焊法，主要用于铸铁件小缺陷的补焊，如汽轮机、汽车发动机缸体、机床导轨、泵壳、电动机罩壳、铸铁容器及薄型铸铁件等。由于电弧冷焊具有补焊效率高、成本低、焊工劳动条件好，补焊区与母材颜色一致，适用于焊接预热很困难的大型铸件或不能预热的加工面等优点，故应用广泛。

通常电弧冷焊前铸件不经预热，焊后也不需热处理。但对形状复杂的薄型铸件，为了改善冷焊熔合性能，防止裂纹产生，减少白口组织，冷焊前最好将铸件补焊处局部预热到80～200℃。这样不但可将补焊区域表面的油污、水分去除，还可减小焊接区的温差和焊接应力，从而改善焊接质量。

由于焊接区冷却速度快，焊接接头容易产生白口组织和淬硬组织，还可能导致接头产生裂纹，因此首先要解决的问题就是焊接接头出现的白口组织。在电弧冷焊条件下，解决白口问题的途径有两个：一是进一步提高焊缝金属的石墨化能力；二是采用大的焊接热输入量，降低焊接接头的冷却速度，这种方法也有助于消除或减小焊接热影响区出现马氏体组织。

1）电弧冷焊焊条。电弧冷焊法一般采用Z248焊条，焊缝中的石墨化元素可以通过药皮和铸铁焊芯来控制。铸铁焊芯本身含有较多的碳和硅，在强石墨化药皮中再加入适量的碳、硅和其他促进石墨化的合金元素，在提高焊接热输入量的条件下，可以避免焊缝中产生白口组织。

2）铸铁型焊缝电弧冷焊工艺要点。在不预热条件下焊接时，为防止焊接接头出现白口组织及淬硬组织，应降低接头冷却速度。为此应采用大的焊接热输入量，一般是采用大直径焊条，大电流、慢速、往返运条、连续施焊，焊缝高出母材 5 mm 以上，利用强大的电弧热延长焊缝及熔合区高温停留时间，可减慢冷却速度，有利于石墨的充分析出，且焊后应立即覆盖熔池，保温缓冷。在补焊较大缺陷（面积大于 8 cm^2，深度大于 7 mm）时，焊缝无白口组织，熔合区白口组织轻微或无白口组织，焊缝、熔合区和热影响区硬度均接近于母材，力学性能相当于灰铸铁，有一定的抗裂性；但在补焊缺陷较小时，由于熔池体积过小，冷却速度快，焊接接头仍易出现白口组织和淬硬组织。由于大电流连续施焊工艺使焊件局部受热严重，焊缝产生的应力较大，在补焊区刚度较小时，一般不会产生裂纹；而在补焊区刚度较大时仍易出现焊接裂纹。

2. 非铸铁型（异质）焊缝的电弧冷焊

非铸铁型焊缝又称为异质焊缝。由于铸铁型焊缝电弧冷焊仍存在很多局限性，比如焊缝强度低、塑性差，补焊较大刚度缺陷时易出现裂纹；铸铁型焊缝对冷却速度敏感，在缺陷面积较小及缺陷深度较小时，由于熔池体积小，冷却速度快，焊缝易出现白口组织；由于工艺要求采用大电流连续焊，对薄壁件缺陷的补焊有一定困难。因此，探索另一条电弧冷焊的道路，即异质焊缝的电弧冷焊就很有必要。

异质焊缝电弧冷焊研究的主要途径是要寻求一些异质焊接材料，用这些材料焊接时，即使焊缝含碳量较高，但由于碳的存在状态的改变，不会出现淬硬组织，且焊缝还有一定的塑性。镍基焊条、铜基焊条及高钒焊条就是沿着这条途径研究出来的铸铁焊条。另外的途径是仍在碳钢焊缝的基础上设法降低焊缝含碳量，强氧化性焊条、稀释性焊条及用细丝 CO_2 保护焊焊铸铁是沿着这个方向研究出来的材料及工艺。

常用铸铁焊条型号（牌号）及用途见表 6—1—1。表中除 EZC（Z208、Z248）和 EZCQ（Z238）焊条可形成铸铁型焊缝外，其余型号焊条均形成非铸铁型焊缝。

（1）镍基铸铁焊条。由金属学知识可知，镍是扩大奥氏体区的元素，镍与铁能完全互溶，铁镍合金中当含镍量超过 30% 时奥氏体区将扩大到室温，合金凝固可得到硬度较低的奥氏体组织。镍还是较强的促进石墨化的元素，且不与碳形成碳化物。镍基焊缝高温下可溶解较多的碳，随温度下降会有少量的碳因过饱和而以细小的石墨形式析出，石墨析出时伴随体积膨胀有利于降低焊接应力，可防止热影响区冷裂纹产生。研究表明，镍基焊缝中的镍可以向熔合区扩散，对缩小熔合区白口层宽度、改善接头可加工性非常有效，且焊缝含镍量越高，其接头的可加工性越好。

表 6—1—1　常用铸铁焊条型号（牌号）及用途

型号	牌号	药皮类型	焊缝金属类型	熔敷金属的主要化学成分（%）	主要用途
EZFe - 1	Z100	氧化型	碳钢		一般灰铸铁件非加工面的补焊
EZV	Z116	低氢钠型	高钒钢	C≤0.25，Si≤0.70 V = 8～13，Mn≤1.5	
	Z117	低氢钾型			
EZFe - 2	Z122Fe	铁粉钙钛型	碳钢		多用于一般灰铸铁件非加工面的补焊

续表

<table>
<tr><th>型号</th><th>牌号</th><th>药皮类型</th><th>焊缝金属类型</th><th>熔敷金属的主要化学成分（%）</th><th>主要用途</th></tr>
<tr><td>EZC</td><td>Z208</td><td rowspan="11">石墨型</td><td>铸铁</td><td>C=2.0~4.0，Si=2.5~6.5</td><td>一般灰铸铁件的补焊</td></tr>
<tr><td>EZCQ</td><td>Z238</td><td rowspan="2">球墨铸铁</td><td>C≤0.25，Si≤0.70
Mn≤0.80，球化剂适量</td><td>球墨铸铁的补焊</td></tr>
<tr><td>EZCQ</td><td>Z238
SnCu</td><td>C=3.5~4.0，Si≈3.5，Mn≤0.80，
Sn、Cu、RE、Mg 适量</td><td>用于球墨铸铁、蠕墨铸铁、合金铸铁、可锻铸铁、灰铸铁的补焊</td></tr>
<tr><td>EZC</td><td>Z248</td><td>铸铁</td><td>C=2.0~4.0，Si=2.5~6.5</td><td>灰铸铁的补焊</td></tr>
<tr><td>EZCQ</td><td>Z258</td><td rowspan="2">球墨铸铁</td><td>C=3.2~4.2，Si=3.2~4.0，
球化剂=0.04~0.15</td><td rowspan="2">球墨铸铁的补焊，Z268也可用于高强度灰铸铁件的补焊</td></tr>
<tr><td>EZCQ</td><td>Z268</td><td>C≈2.0，Si≈4.0 球化剂适量</td></tr>
<tr><td>EZNi-1</td><td>Z308</td><td>纯镍</td><td>C≤2.00，Si≤2.50
Ni≥90</td><td>重要灰铸铁薄壁件和加工面的补焊</td></tr>
<tr><td>EZNiFe-1</td><td>Z408</td><td>镍铁合金</td><td>C≤2.00，Si≤2.50
Ni=40~60，Fe 余量</td><td>重要高强度灰铸铁件及球墨铸铁的补焊</td></tr>
<tr><td>EZNiFeCu</td><td>Z408A</td><td>镍铁铜合金</td><td>C≤2.0，Si≤2.0，Fe 余量，
Cu=4~10，Ni45~60</td><td rowspan="2">重要灰铸铁及球墨铸铁的补焊</td></tr>
<tr><td>EZNiFe</td><td>Z438</td><td>镍铁合金</td><td>C≤2.5，Si≤3.0，Ni45~60，Fe 余量</td></tr>
<tr><td rowspan="2">EZNiCu</td><td>Z508</td><td>镍铜合金</td><td>C≤1.0，Si≤0.8，Fe≤6.0，
Ni60~70，Cu24~35</td><td>强度要求不高的灰铸铁件的补焊</td></tr>
<tr><td>Z607
Z612</td><td>低氢钠型
钛钙型</td><td>铜铁混合</td><td>Fe≤30，Cu 余量</td><td>一般灰铸铁件非加工面的补焊</td></tr>
</table>

注：字母“E”表示焊条；字母“Z”表示焊条用于铸铁焊接；“EZ”后面为主要化学元素符号或金属类型代号，如“EZC”表示焊缝金属类型为铸铁，“EZCQ”表示焊缝金属类型为球墨铸铁；后面的数字为细分类编号。

我国目前使用的镍基铸铁焊条有三种，其力学性能见表 6—1—2。焊芯含镍量不同，均采用石墨型药皮，可交、直流两用，并适用于全位置焊接。镍基铸铁焊条的最大特点是奥氏体焊缝硬度较小，熔合区白口层薄，且可呈断续分布，适用于加工面缺陷的补焊。

表 6—1—2　　镍基铸铁焊条的力学性能

焊条型号	焊缝金属抗拉强度（MPa）	灰铸铁对接强度（MPa）	焊缝金属硬度（HV）	热影响区硬度（HBW）
EZNi（Z308）	≥245	147~196	130~170	≤250
EZNiFe（Z408）	≥392	球墨铸铁对接强度 294~490	160~210	≤300
EZNiCu（Z508）	≥196	78~167	150~190	≤300

1）纯镍铸铁焊条 EZNi（Z308）。它是纯镍焊芯、石墨型药皮的铸铁焊条。这种焊条的最大特点是其电弧冷焊焊接接头加工性优异，焊接工艺正确时铸铁母材上熔合区的白口层宽度仅为0.05 mm左右，比所有其他铸铁焊条都窄，并呈断续分布，热影响区的硬度小于250 HBS，焊缝硬度一般为130～170 HBS。焊缝为奥氏体+点状石墨，焊缝金属抗拉强度不小于240 MPa，并具有一定的塑性，其焊接接头的抗拉强度可达147～196 MPa，与灰铸铁相当，焊缝颜色基本与母材接近，配合适当的焊接工艺，焊条抗裂性良好。由于镍属于贵重金属，纯镍铸铁焊条价格高（约为低碳钢焊条的30倍），故在其他铸铁焊条不能满足要求时才选用。

由于镍与硫能形成低熔点共晶，因此镍基铸铁焊条对焊接热裂纹有一定敏感性，焊接时应采取措施防止焊缝熔入过多的硫、磷杂质。由于镍基铸铁焊条的价格较高，故在铸铁的焊接中多用于要求较高的小缺陷的补焊；当补焊处面积较大时，主要用于坡口面打底，然后再用其他价格较便宜的焊条填充，以降低焊接成本。

2）镍铁铸铁焊条 EZNiFe（Z408）。它是镍铁合金焊芯、石墨型药皮的铸铁焊条。焊芯中含镍量约为55%，其余为铁。由于铁的固溶强化作用，其熔敷金属力学性能较高，抗拉强度可达390～540 MPa，伸长率一般大于10%。焊接灰铸铁时，焊接接头均断在母材上，焊接球墨铸铁时焊接接头抗拉强度可达400 MPa左右，主要用于高强度灰铸铁及球墨铸铁的焊接。这种焊条焊缝金属的抗裂性能优于纯镍及镍铜铸铁焊条。由于其含镍量相对较少，熔合区白口层宽度比纯镍焊条稍大（0.1～0.15 mm），焊接接头硬度也略高于纯镍焊条，因此焊接接头的加工性比 EZNi 焊条稍差。由于在镍基铸铁焊条中价格最便宜，因此在生产中应用最为广泛。

该焊条在焊接刚度较大的缺陷，且补焊面积较大时，有时会在焊接接头的熔合区产生剥离性裂纹。

3）镍铜铸铁焊条 EZNiCu（Z508）。它是镍铜合金焊芯、石墨型药皮铸铁焊条，其中含镍量约为70%，铜为30%，又称为蒙乃尔焊条，是应用最早的铸铁焊条。镍与铜能无限互溶，合金凝固后一直到室温都保持强度和硬度都较低的 α 相，且铜和镍一样也不与碳形成碳化物。由于该焊条含镍量介于上述两种焊条之间，使接头的熔合区宽度和加工性能也介于二者之间，但镍铜合金收缩率较大，容易引起较大的焊接应力而产生裂纹，且镍铜铸铁焊条的焊缝强度最低，因此，仅适用于强度要求不高，或需要焊后加工的铸件缺陷的补焊。

（2）铜基铸铁焊条。虽然镍基焊条的焊接适应性较强，但由于价格高，限制了它的广泛应用。因此研制较便宜的铸铁冷焊焊条才能满足市场的大量需要。

铜与碳不形成碳化物，铜也不溶解碳，其中的碳只能以石墨形式析出，而且铜的强度低、塑性很好，铜基焊缝金属的固相线温度低，这对防止接头冷裂纹产生很有利；但纯铜的抗拉强度低，焊缝为粗大柱状的 α 单相组织，对热裂纹比较敏感。在纯铜焊缝中加入一定量的铁，可大幅度提高焊缝金属的抗热裂纹性能，同时可提高强度。这是由于铜的熔点低，铁的熔点高，熔池结晶时首先析出 γ 相的铁，对后结晶的 α 相的铜有细化晶粒的作用，且形成双相组织，焊缝的抗热裂纹能力必然提高。一般铜基铸铁焊条中铜铁之比为80:20，铁的含量超过30%时焊缝金属的脆性增加。

常温下铁在铜中的溶解度很小，故焊缝中的铜与铁以机械混合物形式存在。在焊接第一层焊缝时，铸铁中的碳较多地溶入熔池，由于铜不溶解碳，也不与碳形成碳化物，碳全部与母材及焊条熔化后的铁相结合，使液态铁含碳量较高，在焊缝冷却速度较快的情况下，会形成马氏体和渗碳体等高硬度组织。因此焊缝是以铜为基础组织，机械混合钢或铸铁的高硬度组织。因此，焊缝强度提高，同时还具有较好的塑性，抗裂性能好，可用于灰铸铁补焊；但接头加工性不好，因为焊缝金属铜基体很软，而马氏体及渗碳体又很硬，因此一般用于修理行业中铸铁件非加工面的补焊。

1）专用铜基铸铁焊条。专用铜基铸铁焊条分为两种：一种是纯铜焊芯、低氢型药皮，并在药皮中加入较多的低碳铁粉，使焊缝中的铜铁含量比达到80:20，该焊条又称为铜芯铁粉焊条，这种焊条具有较高的抗热裂纹及抗冷裂纹性能；另一种是铜包钢芯、外涂低氢型药皮或钛钙型药皮的铸铁焊条，熔敷金属中 w（Cu）>70%，余量为铁，这种焊条特性基本同 Z607 焊条，主要用于非加工面的补焊。

2）铜合金焊条。它是以锡磷青铜为焊芯、药皮为低氢型的铜合金焊条，该焊条原来主要用于堆焊磷青铜耐磨件。熔敷金属的成分为 w（Sn）=7.9%～9.0%，w（P）=0.03%～0.3%，余量为铜，熔敷金属的抗拉强度不小于274 MPa，伸长率不小于20%。该焊条的特点是熔点低（1 027℃），焊接工艺适当时母材熔深较浅，焊缝是由锡磷青铜为基体，其中机械混合少量硬度较高的富铁相组成，白口区较窄，焊接接头可以进行加工，但仍不如镍基焊条焊缝的抗裂性能好。

铜基焊缝的颜色与灰铸铁相差很大，故对补焊区有颜色一致或相近要求时，不宜采用。

（3）钢基铸铁焊条

1）EZFe-1（Z100）铸铁焊条。该焊条为强氧化型铸铁焊条，采用低碳钢焊芯（H08），在药皮中加入适量强氧化性物质（赤铁矿、大理石、锰矿等），增强熔渣氧化性，将来自母材中的碳、硅及杂质元素氧化烧损，以获得塑性较好的碳钢焊缝。但是，熔渣与熔池金属的作用只在接触面上进行，反应很不充分；而碳由母材进入熔池是靠近熔池底部，且熔池存在时间短，使碳的氧化烧损不能充分进行。因此，焊缝成分和组织很不均匀，第一层且靠近母材一侧的焊缝含碳量往往达到高碳钢的含碳量，且由于母材中的碳向焊缝一侧扩散，使熔合区白口层宽度增大，焊接接头硬度很高，难以机械加工，产生裂纹的倾向也较大。

EZFe-1（Z100）铸铁焊条成本低，焊缝与母材熔合好，并且熔渣流动性好，脱渣容易，但由于接头加工性差，裂纹倾向较大，只能用在灰铸铁钢锭模等不要求加工和致密性、受力较小部位铸件缺陷的补焊。

2）EZFe-2（Z122Fe）铸铁焊条。该焊条为碳钢型铸铁焊条，采用低碳钢焊芯，药皮为钛钙型并加入一定量的铁粉。加入铁粉的目的是降低焊缝的含碳量，并使焊条的熔化速度加快，第一层焊缝中焊条熔入量增加，减少了母材的熔入量，因而就可以降低母材熔入焊缝的碳量；并且当药皮中铁粉含量达到一定水平时，药皮也能导电，使电弧热比较分散，有利于减小母材熔深。焊接灰铸铁时，在采用小的焊接热输入量的情况下，可使单层焊缝的含碳量达到中碳钢的上限。焊缝硬度仍然较高，难于机械加工，且有较大的裂纹倾向。因此该焊条主要用于铸件非加工面的补焊。

3）EZV（Z116、Z117）铸铁焊条。该焊条为高钒钢铸铁焊条，采用低碳钢焊芯，药皮为低氢型，并在药皮中加入大量钒铁，焊缝为高钒钢组织。因焊条药皮中含有大量钒，为了有利于钒的过渡，应降低熔渣的氧化性，故该类焊条均采用低氢型药皮。在药皮中加入钒铁的目的是利用钒的强碳化物形成能力，使熔池中的碳和钒形成高度弥散分布的碳化钒质点，分布于铁素体基体组织中。由于碳的存在形式得到改变，焊缝塑性得以改善，故可避免焊缝中白口组织和淬硬组织的产生，可提高焊缝的抗裂能力。

高钒钢焊缝金属具有很好的力学性能和抗裂性能，抗拉强度可达 558 ~ 588 MPa，断后伸长率高达 28% ~ 36%，且硬度较低（ <230 HBW），适用于补焊高强度的灰铸铁和球墨铸铁。但钒是强碳化物形成元素，焊接过程中钒从焊缝、碳从母材同时向熔合线方向扩散，因而在焊缝底部形成了一条主要由碳化钒颗粒组成的高硬度带状组织，加上熔合区白口层，宽度可达 0.5 mm，因此接头加工性差，只能是用于非加工面的补焊。

（4）细丝 CO_2气体保护焊。细丝（ϕ0.6 ~ 1.0 mm）CO_2气体保护焊是短路过渡过程，采用小电流、低电压焊接，母材熔深浅；随着电流减小，电压降低，母材在第一层焊缝中的比例也有所减少。此外，CO_2气体保护焊有一定的氧化性，对焊缝中碳的氧化烧损也能起一些作用，这些都可使焊缝含碳量得到降低。细丝 CO_2气体保护焊焊接热输入量可控制得较小，气流还有一定冷却作用，这些都有利于降低温差，减小焊接应力及焊缝的裂纹敏感性。焊接热输入量小还有利于减小热影响区宽度，其中包括白口区宽度。结合细丝 CO_2气体保护焊的这些特点，采用适当的焊接参数可对铸铁件进行有效的补焊。

细丝 CO_2气体保护焊补焊铸铁件在汽车、拖拉机修配厂已有一些应用。

（5）非铸铁型焊缝的电弧冷焊工艺。获得满意的铸铁焊接接头质量，除了要正确选择焊接材料外，还要采取正确的焊接工艺。非铸铁型焊缝的电弧冷焊工艺可归纳为四点：焊前准备要做好、焊接参数适当小、短段断续分散焊、焊后小锤敲焊道。

1）焊前准备。焊前准备工作是指清除焊件及缺陷的油污、铁锈及其他杂质，同时针对缺陷预制适当的坡口，以备焊接。

补焊处的油、锈等脏物可用碱水、汽油、丙酮等化学溶剂清洗，或用气焊火焰加热清除，也可用砂轮、钢丝刷或扁铲等工具机械清理，若清除不干净，容易使焊缝出现气孔等缺陷。对裂纹缺陷，可通过肉眼或放大镜观察，必要时可借助水压试验、煤油试验、着色探伤等方法检测出裂纹两端的终点，然后在裂纹端部 3 ~ 5 mm 处打止裂孔。当铸件厚度或缺陷深度大于 5 mm 时，应开坡口进行补焊。开坡口时可以用机械加工的方法，也可以用电弧或氧乙炔火焰，坡口表面要尽可能平整，在保证施焊方便及焊接质量的前提下尽量减小坡口角度及减少母材的熔化量，以降低焊接应力及焊缝中碳、硫的含量，防止产生裂纹。

2）选择合适的最小焊接电流。异质焊缝与同质焊缝的区别在于必须严格控制灰铸铁母材对焊缝的稀释作用。因此采用合适的最小焊接电流才能减少焊缝中的碳、硫、磷等有害杂质；减小热输入量，HAZ 宽度和焊接应力也相应减小，既提高了抗裂性，又降低了半熔化区白口倾向，而提高了加工性。

焊接电流可根据焊条直径选择 $I=(29\sim34)d$。在焊第一、二层时，宜选择小直径焊条。

此外，在保证焊缝成形及与母材熔合良好的前提下，应采用较快的焊速及短弧焊接。以减小母材的熔合比和热输入量。短弧焊的目的也是降低熔宽而减少母材熔化量。

3）短段焊、断续焊、分散焊及焊后锤击。异质焊缝电弧冷焊时，应防止补焊处局部过热，即应使该处保持最小温差，以减小裂纹倾向。由于焊缝越长，所承受的拉应力越大，因而要采取短段焊，薄壁件散热慢，取 10 ~ 20 mm 为一段；厚件散热快，取 30 ~ 40 mm 为一段。为避免补焊处局部高温，不能连续焊，可在多处分散起焊。每道焊缝应冷却至近缝区不烫手时（50 ~ 60℃）再焊下一道。焊完一道后立即用带圆角的小锤快速锤击焊缝，使焊缝金属承受塑性变形而降低焊接应力。

4）结构复杂或厚大铸件的焊接工艺要点。补焊结构复杂或厚大的灰铸铁件时，选择正确的焊接方向和合理的焊接顺序非常重要，选择的原则是从拘束度大的部位向拘束度小的部位施焊。如图 6—1—4 所示，灰铸铁缸体侧壁有 3 处裂纹，焊前在裂纹 1、2 端部钻止裂孔，适当开坡口。补焊裂纹 1 时，应从有止裂孔的一端向开口端方向分段焊接。裂纹 2 处在侧壁中间位置，拘束度较大，且裂纹两端的拘束度比中心大，因此可采用从两端交替向中心方向分段焊接的工艺，有助于减小焊接应力，但要注意止裂孔最后焊接。裂纹 3 由多个交叉裂纹组成，逐个焊接时会产生新的焊接裂纹，因此，采用镶块补焊法焊接时先将缺陷整个加工掉，按尺寸准备一块低碳钢平板，在其中切割出一条窄缝，如图 6—1—5 所示，以降低拘束度，并按图示顺序焊接，最后用结构钢焊条将中间切缝焊好，以保证缸体侧壁的致密性。补焊时低碳钢板容易变形，有利于减小应力，防止产生焊接裂纹。

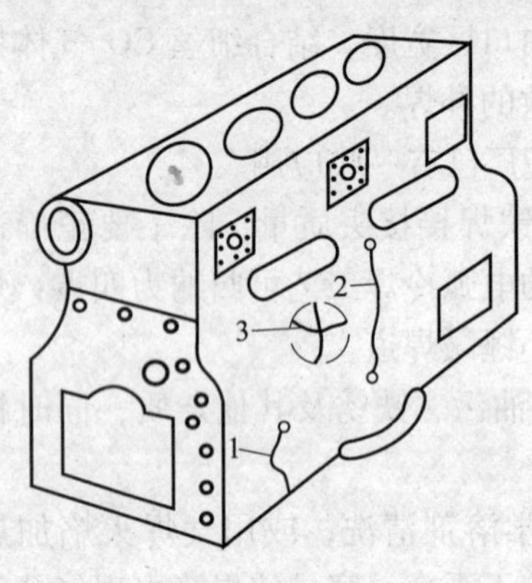

图 6—1—4　灰铸铁缸体侧壁裂纹的补焊

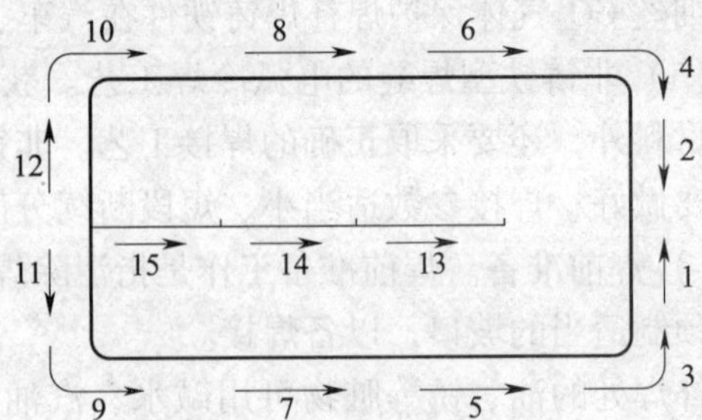

图 6—1—5　镶块补焊法

厚壁铸铁件大尺寸缺陷补焊时，需要开坡口进行多层焊。由于多层焊时焊接应力的积累而导致补焊处焊接应力大，焊缝产生裂纹及焊缝与母材交界处发生剥离性裂纹的危险性增大，除了采用短道多层焊，还可采用栽螺钉补焊法防止产生剥离性裂纹。如图 6—1—6 所示，通过碳钢螺钉将焊缝与未受焊接热影响的母材固定在一起，由于碳钢螺钉承受了大部分焊接应力，因而能防止焊缝剥离，并提高该区承受冲击载荷的能力。栽螺钉焊主要应用于承受冲击载荷的厚大铸铁件（厚度大于 20 mm）裂纹的补焊。

3. 灰铸铁的气焊

气焊与电弧焊相比，有如下特点：

(1) 氧乙炔气焊火焰的温度为 3 100℃，比电弧温度（约 6 000 K）低得多，而且火焰分散，热量不集中。因此，补焊前和补焊时都需要对铸件进行较长时间加热，使补焊区加热面积大，补焊后冷却慢。同时，焊后还可用焊炬继续加热一段时间，更保证了补焊区缓慢冷却，有利于石墨化。

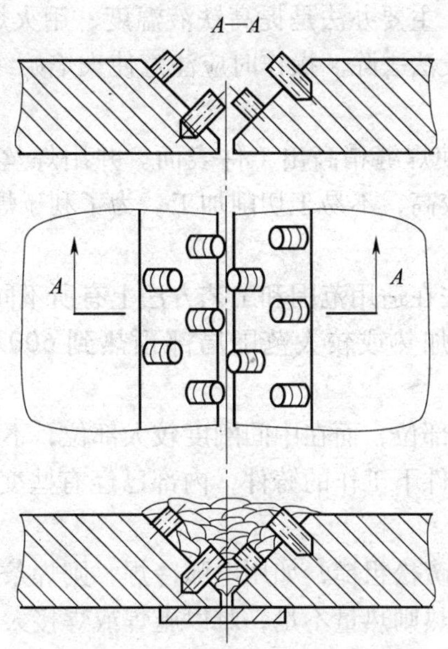

图 6—1—6 栽螺钉补焊法示意图

（2）由于加热时间长，局部区域过热严重，以致加热区产生巨大热应力，容易引起裂纹。所以，复杂部件或薄壁构件补焊时，要进行整体或局部预热，或采取有效的措施减小热应力。

（3）气焊前对清理污物和开坡口的要求不高，可以用火焰直接进行清理和开坡口，使准备工作简化。

（4）焊缝金属是灰铸铁，颜色、硬度等与母材相近，加工性能良好。

（5）工作条件差，劳动强度高。

气焊补焊也分热焊和不预热焊两种工艺，要共同注意以下问题：

（1）焊炬功率宜大些，否则不易消除气孔、夹渣，气焊焊炬的选择见表 6—1—3。

表 6—1—3　　　　气焊焊炬的选择

铸件壁厚（mm）	焊嘴孔径（mm）	氧气压力（MPa）
20～50	3	0.6
<20	2	0.4

清理缺陷底部和开坡口时可用氧化焰，焊接过程中须用弱碳化焰或中性焰，焊接结束时宜用碳化焰使补焊区缓冷。这样可以减少碳和硅的烧损，消除过厚的氧化膜，防止白口冷硬发生。

（2）厚大件不预热气焊宜用含硅量较高的焊丝，焊丝内不能有气孔、夹渣。

（3）用火焰清理缺陷时应把熔化的母材清除出去，防止熔化物冷硬。熔透母材后再滴入焊丝金属，以防熔合不好。不预热焊时不要过多地熔化母材。

（4）焊接时，如果发现熔池中有白亮点夹杂物，这就是高熔点的二氧化硅（SiO_2）。可往熔池中加入少量焊粉，把二氧化硅去掉，消除夹渣。焊粉不宜加入过多，否则会降低熔池温度，容易引起夹渣和气孔。主要办法是提高铁液温度，用火焰向熔池中吹，往深处熔化，促使气体、夹杂物浮起，并设法去除。操作时应注意使火焰始终盖住熔池，并保持焰心距熔池 15 ~ 20 mm。

(5) 焊接快结束时，应使焊缝稍高出工件表面。并用焊丝刮去表面层。由于焊缝表面层的杂质较多，冷却后硬度较高，不易于切削加工。为了利于焊后的切削加工，应尽快去除焊缝表面层。

气焊热焊法和不预热焊法在适用范围和工艺方法上有所不同，分别介绍如下。

(1) 热焊法。铸件整体加热或较大范围局部预热到 600 ~ 700℃，一般用于以下情况：

1) 补焊区不在铸件边角部位，而在中间刚度较大部位，不能自由地热胀冷缩。

2) 长期在高温、腐蚀条件下工作的铸件，内部已经有些变质，例如气缸排气孔、排气管和锅炉片等。

3) 铸件材质较差，组织疏松粗糙，如用电弧冷焊，则焊条金属很难与母材熔合。

4) 铸件较厚较大，不预热则热量不足，难以施焊或焊接太慢。

铸铁在 400℃温度以下为弹性变形，400 ~ 600℃为弹塑性变形，高于 600℃则为完全塑性变形。当铸件预热到 600℃以上时，由于完全没有弹性而为塑性状态，所以，首先可以消除铸件原有的铸造应力，其次在焊接过程中产生的热应力可以通过铸铁的塑性变形而抵消。

(2) 不预热焊法。操作中掌握好焊接方向和速度，巧妙地运用热胀冷缩规律，使补焊区在焊接过程中能够比较自由地收缩，从而减小焊接应力，避免热应力裂纹。用加热减应区法防止裂纹。补焊件上有一个区域，如果在此处加热，即可使补焊件的焊接热应力减小甚至消除，这一区域称为减应区。

1) 选择减应区原则。减应区选在阻碍焊缝热胀冷缩的部位；减应区本身与其他部位连接不多，强度及刚度较大，且与补焊区共同受热之后冷却时，能够比较自由地与补焊区一起收缩；减应区根据需要可选定一处或几处。

2) 加热减应区法气焊注意事项。不焊接时，气焊火焰应对着空间或减应区，绝不能对着其他不焊的区域；减应区温度不宜过高，一般不超过 750℃，以免该区性能降低；在室内避风处焊接。

4. 灰铸铁的钎焊

钎焊时母材不熔化，故钎焊接头的热影响区一般不会形成白口组织，有利于改善接头的加工性。但钎焊时若灰铸铁母材的加热温度超过 820℃（常用灰铸铁共析转变的上限温度），则快冷情况下仍可能产生部分马氏体或贝氏体组织。

常用的铸铁钎焊热源为氧乙炔焰，由于钎焊是靠钎料的扩散过程完成的，故对灰铸铁钎焊前准备工作的要求比电弧焊、气焊高，需将焊件表面的氧化物、油污去除得很干净，并露出金属光泽。由于氧乙炔焰温度较低，且钎焊前需将母材加热到一定温度，因此钎焊的生产效率不高，主要用于加工面的缺陷补焊。

由于银基钎料昂贵，而锡铅基钎料强度低，故铸铁补焊主要应用铜基钎料，灰铸铁钎焊时一般应用黄铜钎料。

任务实施

一、焊前准备

1. 焊接材料的选用

采用 $\phi3.2$ mm 的 EZNiFe－1 焊条，焊前须经 150℃烘干 1～2 h。

2. 坡口制备

在裂纹端部钻 $\phi5$ mm 的止裂孔，并用钻头和砂轮清除裂纹，注意务必将裂纹清除干净，开出 X 形坡口。清除坡口周围 50 mm 范围内的油污、锈蚀，直至露出金属光泽。

3. 焊接电源采用直流正接法。

二、焊接参数及操作要点

1. 焊接时预热温度为 60℃左右。

2. 采用分段焊，焊接方向由内壁向外缘进行，以减小最后焊道的应力。

3. 焊接电流为 90～100 A，焊条不要摆动，每焊完 20～30 mm 焊缝后，要立即用圆头小锤锤击焊缝及其周围，以清除焊渣，更主要的是使焊缝金属产生一定的塑性变形以消除内应力及可能产生的气孔，使焊缝金属的组织更加致密。

4. 注意保持道间温度，待焊缝冷却到 50～60℃时（不烫手），再继续焊接下一区段。

三、焊后热处理及检验

焊后保温或进行低温回火。打磨箱盖接合面焊道，检查补焊焊缝质量。

任务评价

灰铸铁的焊接评分标准见表 6—1—4。

表 6—1—4　　灰铸铁的焊接评分标准

序号	考核内容	评分标准	配分	得分
1	焊前的准备工作	坡口制备 5 分，坡口清理 5 分，钻止裂孔 5 分	15	
2	焊接方法的选择	选择合适的焊接方法 10 分	10	
3	焊接材料的选择	合理选用铸铁焊接材料 15 分	15	
4	焊接操作	焊接参数选择合理 10 分，焊缝无缺陷 30 分；焊缝不合格之处，酌情扣分	40	
5	焊前预热及焊后热处理	焊前预热至 60℃左右，占 10 分；焊后进行保温或进行低温回火，占 10 分	20	
		总分合计	100	

思考与练习

1. 试述灰铸铁电弧热焊和半热焊的补焊工艺。

2．试述灰铸铁铸铁型焊缝电弧冷焊的工艺特点。

3．试述灰铸铁非铸铁型焊缝电弧冷焊的焊接工艺。

任务2　球墨铸铁的焊接

技能点

◎ 能够根据球墨铸铁的焊接要求选择焊接方法、焊接材料及制定焊接工艺。

知识点

◎ 球墨铸铁的焊接性、焊接方法、焊接材料及焊接工艺特点。

任务提出

球墨铸铁与灰铸铁相比，具有强度高、塑性好和韧性好的特点，故获得迅速发展。随着球墨铸铁在生产中的大量应用，如制造曲轴、大型管道、受压阀门和泵的壳体、汽车减速器外壳及齿轮、蜗轮、蜗杆等，其铸件的焊接修复问题也越来越受到重视。

某大型轧钢机由于使用不当，有一对齿轮运转时掉入铁块，损坏两个齿。齿轮直径为740 mm，齿长105 mm，齿高42 mm，材质为球墨铸铁。请根据球墨铸铁的焊接性制定补焊工艺方案。

任务分析

球墨铸铁的焊接主要用于铸件缺陷的修复。针对高含碳量要求采取特殊措施，以降低焊接应力与接头的淬硬程度。为避免裂缝，焊前需要预热并选用合适的热输入量，可采用栽螺钉加固、CO_2气体保护半自动焊堆焊方法对其进行补焊。

相关知识

一、球墨铸铁的性能特点

球墨铸铁与灰铸铁的不同之处，是其在熔炼过程中加入了一定量的镁、铈和钇等球化剂，经过球化处理的石墨以球状析出；有些球墨铸铁中还含有钼、铜等合金元素，使其力学性能明显提高。所以，球墨铸铁的焊接与灰铸铁有很多相似之处，但也有其自身的特点。

1．球墨铸铁焊接接头白口化倾向及淬硬倾向比灰铸铁大

球化剂镁、铈和钇等都有强烈阻碍石墨化作用，增大了焊接区的过冷倾向，提高了临界淬硬冷却速度。因此，同质焊缝中球化剂达到使石墨球化的含量之后，更容易出现白口组织，热影响区淬硬倾向更大，容易形成马氏体组织。

2. 焊缝组织、性能难与母材相匹配

球墨铸铁主要用来制造强度和塑性要求较高的零部件，因此对焊接接头的力学性能要求也较高。在熔焊条件下，局部加热，结晶速度快，焊缝的成分又较复杂，很难实现焊接接头与母材在组织、力学性能和加工性能等方面的匹配。总之，球墨铸铁比灰铸铁的焊接难度更大。

由于球墨铸铁具有较高的强度和一定的塑性，母材能承受较大的焊接应力，所以焊接时产生裂纹的倾向减小。球墨铸铁的焊接，除了要防止白口组织及淬硬组织产生外，为了保证焊接接头的力学性能，主要应考虑到焊缝中的石墨球化及焊后热处理问题。

二、球墨铸铁的焊接工艺要点

球墨铸铁常用的焊接方法为气焊和焊条电弧焊。

1. 球墨铸铁的气焊

气焊火焰的温度较低，会使焊缝中镁的蒸发烧损量减少，有利于石墨球化。同时由于加热和冷却过程都比较缓慢，故可减小白口化及淬硬倾向，对石墨球化过程也较为有利。因此，气焊方法适合于球墨铸铁的焊接。

球墨铸铁气焊时一般要采用有较强球化和石墨化能力的焊丝，以保证焊缝获得球铁组织。球墨铸铁焊丝分为加轻稀土（铈）镁合金和加钇基重稀土两种。由于钇的沸点（3 038℃）比镁的沸点（1 070℃）高，不易烧损，在熔池中停留时间长，抗球化衰退能力强，更利于保证焊缝的石墨球化。因此，钇基重稀土球墨铸铁焊丝的焊缝石墨球化能力比轻稀土镁合金球墨铸铁焊丝强，故应用较多。

气焊采用钇基重稀土球墨铸铁焊丝及轻稀土镁合金球墨铸铁焊丝时，气焊剂可采用 CJ201 铸铁焊剂。球墨铸铁气焊焊丝化学成分见表 6—2—1。

表 6—2—1　球墨铸铁气焊焊丝化学成分（质量分数,%）

焊丝种类	C	Si	Mn	S	P	其他
钇基重稀土球墨铸铁焊丝	3.5～4.0	3.5～3.9	0.5～0.8	≤0.03	≤0.08	钇基重稀土：0.08～0.10
轻稀土镁合金球墨铸铁焊丝	3.5～4.0	3.5～3.9	0.5～0.8	≤0.03	≤0.08	Mg：0.035～0.06，RE：0.03～0.04

焊接时，为减少母材及焊丝中球化元素的烧损，气焊火焰一般应采用中性焰或弱碳化焰。因球墨铸铁接头的白口化及淬硬倾向大，焊接前要对焊接区进行预热，一般预热温度为 600℃左右，刚度大的铸件应在较大范围内预热或整体预热。

在焊接过程中，为了保证焊缝中的石墨球化，在采用钇基重稀土球墨铸铁焊丝时，连续施焊的时间不宜过长，一般不应超过 20 min。否则会因熔池存在时间过长，增大球化元素的烧损，造成熔池中球化元素残留量不足而产生球化衰退。球化衰退会导致焊缝中石墨球化不良，或使其以片状形式析出，大大降低接头的力学性能。当采用轻稀土镁合金球墨铸铁焊丝时，因镁更易烧损，故连续施焊的时间应更短。

采用钇基重稀土球墨铸铁焊丝焊接后，其焊接接头相当于 QT600—02 珠光体球墨铸铁的性能；经退火处理后，其接头的性能接近于 QT420—10 球墨铸铁的性能，焊后可进行机械加工，并且焊缝颜色与母材一致。

由于气焊加热速度慢，焊接效率低，而且焊接厚大件时需要预热，故球墨铸铁的气焊一般适用于焊接壁厚不大的铸件，在生产中常用于壁厚小于 50 mm、缺陷不大且接头质量要求较高的中小铸件的补焊。

2. 球墨铸铁的焊条电弧焊

用焊条电弧焊补焊球墨铸铁时，按所用焊条不同，可分为同质和异质焊缝两种形式。

（1）同质焊缝的焊条电弧焊。同质焊缝即球墨铸铁焊缝，是采用含有球化及石墨化剂的钢芯铸铁焊条（Z238）配合一定的工艺而获得的。同质焊缝多用于补焊较大的缺陷，为防止白口及冷裂纹等缺陷，一般用热焊工艺。

焊接前的清理方法与灰铸铁相同，电源采用直流反接或交流。焊接时要预热，球墨铸铁件较小时预热温度为 500℃左右，而厚大球墨铸铁件焊接时，预热温度应提高到 700℃。其焊接电流应稍低于灰铸铁热焊时的电流值。因为，焊接电流过大时，会使药皮中的球化剂烧损严重，影响焊缝的石墨球化。但焊接电流过小又会影响焊缝的熔合，降低焊接生产率。

球墨铸铁焊后应保温缓冷。为了保证接头的力学性能，球墨铸铁在焊后应根据要求进行正火或退火处理。正火处理一般是为了得到珠光体基体组织，以获得较高的强度。其热处理规范是，将球墨铸铁加热至 900 ~ 920℃，保温后随炉冷至 730 ~ 750℃，然后取出空冷。退火处理是为了得到铁素体基体组织，以得到较高的塑性和韧性。其热处理规范为：加热至 900 ~ 920℃，保温后随炉冷却。

采用 Z238 焊条进行电弧热焊后，其焊缝组织为球墨铸铁，经过焊后热处理后，基本上可使接头的组织、性能及颜色等都与母材接近。但是，因焊缝热焊工艺存在球化元素烧损、焊接工作环境温度高等问题，使其推广和应用受到了一定的限制。

我国焊接工作者研制出了一种新型的同质焊条：铁素体球墨铸铁焊条 Z238F。这种焊条采用 H08A 低碳钢焊芯，药皮中含有球化剂和强石墨化剂，其焊缝成分是新型的轻稀土合金系（RE – Mg – Ba – Ca – Bi）。用这种焊条焊接时可以不预热，采用大电流、连续冷焊工艺。焊后的焊缝组织为铁素体基体（80% 以上）+ 球状石墨，半熔化区的渗碳体量少（或呈断续分布），接头最高硬度在 241 HBW 以下，加工性能较好，其力学性能可达到球墨铸铁 QT500—05 的要求。Z238F 球墨铸铁焊条具有工艺性能良好、成本低、制造方便等优点，在冷焊或热焊情况下均可进行焊接。冷焊适用于补焊缺陷体积在 10 cm^3 以上的球墨铸铁件。

（2）异质（非铸铁型）焊缝的焊条电弧焊。焊接球墨铸铁时，非铸铁型焊缝多为强度较高的金属，如补焊非加工面时，可采用高钒铸铁焊条（Z117），获得高钒钢焊缝；补焊加工面时，则采用镍铁焊条（Z408），获得镍基焊缝。其工艺与灰铸铁冷焊工艺基本相同，因球墨铸铁的淬硬倾向较大，在气温较低或焊接厚大的加工铸件时，应适当预热，预热温度为 100 ~ 200℃。焊接时，在保证焊缝熔合的前提下焊接电流要尽量小。例如，用 ϕ3. 2 mm 焊条，焊接电流为 90 ~ 100 A；ϕ4. 0 mm 焊条，焊接电流为 135 ~ 145 A。

采用 Z408 镍铁焊条焊接球墨铸铁，从接头力学性能的等强性来看，存在着强度和伸长率偏低的问题。例如，用 Z408 镍铁焊条焊接球墨铸铁，其焊接接头的抗拉强度 $\sigma_b \leq 395$ MPa，伸长率 $\delta \leq 1.2\%$，强度虽接近于 QT420—10，但伸长率偏低；而在退火后，接头强度 $\sigma_b \leq$

320 MPa，伸长率 $\delta \leqslant 3.2\%$，强度已达不到球墨铸铁的最低要求。其主要原因是焊缝中的石墨析出不规则，呈点状或片状分布，影响了接头的力学性能。另外，Z408 镍铁焊条冷焊铸铁后，仍有少量（约 0.15 mm 厚）的白口层存在，接头的机械加工性能也不太好（但勉强可以加工）。

为了克服 Z408 镍铁焊条在球墨铸铁焊接中存在的问题，我国焊接工作者已在此焊条的基础上，制成了一种新型的镍铁球墨铸铁焊条：球 408 焊条。这种焊条采用镍铁焊芯，外涂具有球化、石墨化及合金化作用的药皮。用球 408 焊条冷焊的球墨铸铁件，其焊缝中的石墨大部分为球状，基体为奥氏体组织，不仅接头强度有较大提高，可达 400 ~ 450 MPa，并具有较高的抗热裂性能和优良的机械加工性能。用球 408 焊条代替 Z408 用于球墨铸铁焊接，基本上可以满足铁素体球墨铸铁的强度要求，但伸长率仍低于母材。

任务实施

一、焊前准备

1. 焊接方法的选择

选用 CO_2 气体保护半自动焊。采用 CO_2 气体保护焊补焊铸铁件具有成本低、工艺简单、质量好和便于机械化等优点。CO_2 焊的熔深浅，可以控制焊缝金属的熔合比，使焊缝金属的 90% 由焊丝金属填充，母材在焊缝金属中所占的比例很小，焊后可获得低碳钢焊缝金属，熔合区为中碳钢，这样能有效地防止裂纹和熔合区的白口层。另外，CO_2 气体有一定的氧化性，可以烧损焊缝中过多的碳，因此 CO_2 气体保护焊有利于减少半熔化区白口组织和减少裂纹，多层焊时效果更佳。

2. 焊接材料的选择

采用 $\phi 1.0$ mm 的 H08Mn2SiA 焊丝。该焊丝含有一定量的 Mn、Si 元素，具有较强的脱氧性，可避免气孔形成，有利于获得致密的焊缝组织。

3. 用角向砂轮机将断齿处磨平，并清理油污等，使之露出金属光泽。

4. 沿齿的长度方向均匀钻三个孔，攻螺纹，栽入 M14 螺钉，拧入深度为 30 mm，露出高度为 20 mm。

5. 用石墨碳块作齿模镶入断齿处，如图 6—2—1 所示。

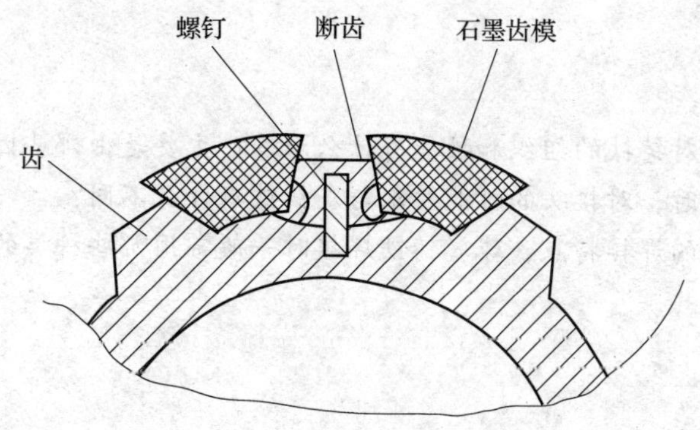

图 6—2—1　齿轮断齿补焊前准备示意图

二、焊接参数及操作要点

1. 预热

将断齿处朝上垫稳后，用氧乙炔焰加热断齿处，温度达300℃左右。

2. 焊接参数

（1）先将三个螺钉与齿轮焊牢，然后连续将断齿堆焊至高于齿平面2～3 mm。

（2）焊接电流：150～160 A；电弧电压：22～24 V；CO_2气流量：15 L/min；焊丝伸出长度：10～12 mm。

3. 每焊完一段都应锤击焊缝。多层焊时应先焊坡口两边，然后焊中间，以减小热应力。

三、焊后处理

检查确无裂纹、气孔、未熔合等缺陷后，迅速将补焊部位埋入白灰中，使其缓冷。冷却后，用样板（按原齿尺寸用薄钢板制成）检查外形，用角向砂轮打磨至原齿尺寸即可使用。该方法既保证了齿轮的使用强度和补焊质量，同时也易于操作，修复时间短，效果明显。

任务评价

球墨铸铁的焊接评分标准见表6—2—2。

表6—2—2　球墨铸铁的焊接评分标准

序号	考核内容	评分标准	配分	得分
1	焊前的准备工作	坡口制备5分，坡口清理5分，栽螺钉加固5分	15	
2	焊接方法的选择	选择合适的焊接方法10分	10	
3	焊接材料的选择	合理选用焊接材料15分	15	
4	焊接操作	焊接参数选择合理10分，焊缝无缺陷30分；焊缝不合格之处，酌情扣分	40	
5	焊前预热及焊后热处理	焊前预热至300℃左右，10分；焊后采取保温缓冷措施，10分	20	
	总分合计		100	

思考与练习

1. 铸铁的石墨化对铸铁的组织和性能有什么影响？主要是由哪些因素决定的？
2. 球墨铸铁焊接时，对接头的性能要求与灰铸铁有什么不同？
3. 试述球墨铸铁的焊接特点，球墨铸铁焊接时一般常用哪些种类的焊条？

模块七　非铁金属材料的焊接

随着工业的发展，非铁金属得到了越来越广泛的应用，其中使用最多的是铝、铜和钛等。非铁金属由于其物理和化学性能与合金钢和非合金钢有较大差异，因而其焊接性和焊接工艺也有独特性。

任务1　铝及铝合金的焊接

技能点

◎ 能够根据铝及铝合金的焊接性，正确选择焊接材料并制定合理的焊接工艺。

知识点

◎ 铝及铝合金的焊接性、焊接工艺要点。

任务提出

铝及铝合金具有密度小、比强度高和良好的耐蚀性、导电性、导热性，以及在低温下能保持良好的力学性能等特点，广泛应用于航空航天、汽车、电力、化工和交通运输等行业。

以纯铝浓硝酸储槽的熔化极氩弧焊为例，某厂储存浓硝酸专用储槽的有效容积为87 m^3，直径为2. 8 m，长度为14. 78 m，槽体采用板厚为28 mm 的工业纯铝1060（L2）制造，其中封头壁厚为30 mm，如图7—1—1 所示。请根据铝及铝合金的焊接性制定该储槽的焊接工艺方案。

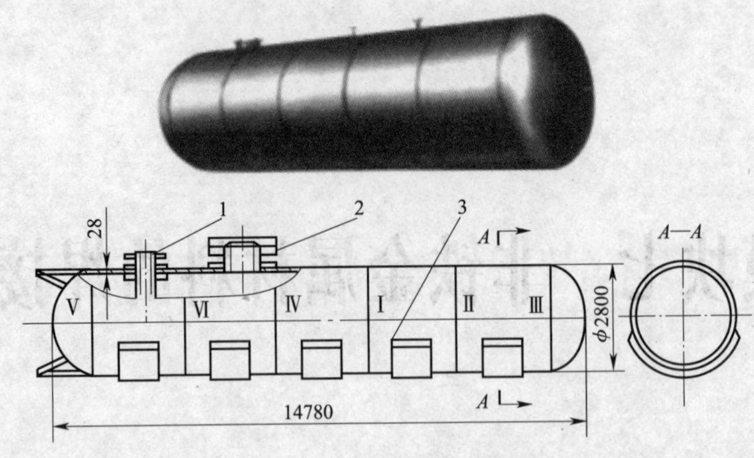

图 7—1—1　87 m^3纯铝浓硝酸储槽结构

1—接管　2—人孔　3—支座板

任务分析

纯铝与钢铁材料相比，具有一些显著的特点，必须针对其特点采取相应措施，才能获得较好的焊接质量。其主要特点为：

（1）易氧化。纯铝与氧极易生成氧化膜。纯铝熔点为 660℃，但生成的 Al_2O_3 氧化膜熔点高达 2 050℃。这种高熔点氧化膜在焊接时严重阻碍了焊丝与熔池金属的相互熔合，会造成夹渣等焊接缺陷。故在焊前应注意清理坡口表面氧化膜，焊接时利用阴极破碎作用清理氧化膜。

（2）导热快。纯铝的热导率是低碳钢的 3 倍，散热快，焊接时不易熔化。焊接时需要采用能量较为集中的焊接方法，在焊接中厚板时要对焊接区域适当预热。

（3）易吸潮。纯铝在熔化状态易吸收 H_2 等气体，其表面的 Al_2O_3 氧化膜易吸收水分，因此焊接时极易在焊缝中形成气孔。通过焊前仔细清理和采取适当的工艺措施，可减少气孔的数量。

此外，纯铝焊接还易产生变形，可通过选择合适的焊接顺序、合理的焊接参数及适宜的工装夹具等来解决。

在焊接参数的选择方面，根据所焊纯铝焊件的厚度、产品结构、接头质量要求、生产条件等方面综合考虑，选择熔化极氩弧焊，此法能产生较大电流密度，热量较集中，可焊中厚板，焊接参数调节范围广，且设备价格适中。

相关知识

一、铝及铝合金的性质和分类

1. 铝及铝合金的性质

铝及铝合金是银白色的轻金属，具有良好的塑性和耐蚀性、较高的比强度，导电性及导热性好，在低温下能保持良好的力学性能等。

在钝铝中加入镁、锰、硅、铜及锌等合金元素，形成的铝合金除了具有纯铝一系列的优良性能外，还具有较高的力学性能和良好的加工性，因此已广泛用于航空、造船、化工及机械制造等工业部门。

2. 铝及铝合金的分类

铝及铝合金材料根据化学成分和制造工艺的不同可按图 7—1—2 所示形式分类。

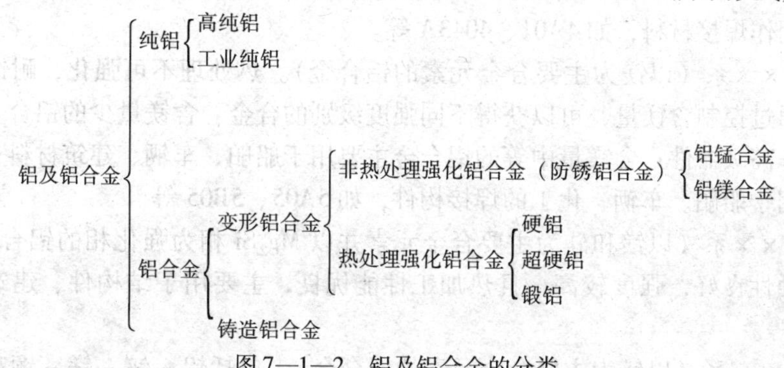

图 7—1—2 铝及铝合金的分类

（1）纯铝。高纯铝的含铝量不小于 99.999%，主要用于制作电子工业的导电元件、制造高纯铝合金和激光材料。

工业纯铝的含铝量在 99% 以上（其中主要杂质是铁和硅），可制作电缆、电容器、铝箔等。

（2）铝合金。在纯铝中加入各种合金元素冶炼出的材料称为铝合金，加入合金元素的目的是提高材料强度并获得其他需要的性能。

铝合金根据工艺性能特点可分为变形铝合金和铸造铝合金两大类。

1）变形铝合金（又称加工铝合金）。变形铝合金是单相固溶体组织，它的变形能力较强，适于锻造和压延。变形铝合金又可分为非热处理强化铝合金和热处理强化铝合金。

①非热处理强化铝合金。非热处理强化铝合金主要有铝锰合金和铝镁合金等。此类铝合金都具有优良的耐蚀性能，故又称为防锈铝合金。主要通过所加入的锰、镁等元素的固溶强化及加工硬化作用来提高力学性能，不能通过热处理来提高其强度。非热处理强化铝合金的特点是强度中等、具有很好的塑性和压力加工性。在铝合金材料中其焊接性又是最好的，所以是目前铝合金焊接结构中应用最广的一类铝合金材料。

②热处理强化铝合金。热处理强化铝合金主要分为硬铝、超硬铝和锻铝。这类铝合金材料主要是通过固溶、淬火、时效处理等工艺来提高力学性能。

2）铸造铝合金。铸造铝合金分铝硅合金、铝铜合金、铝镁合金和铝锌合金四类，其中铝硅合金用得最多，常用来制造发动机、内燃机的零件等。

3. 纯铝及变形铝合金新牌号的表示方法

国家标准（GB/T 3190—1996）将纯铝及变形铝合金按主要合金元素的种类分为 9 个系列。各系列的主要用途为：

（1）1×××系（工业纯铝）。具有优良的可加工性、耐蚀性、表面处理性和导电性，但强度较低，主要用于对强度要求不高的家庭用品、电气产品等，如 1070A、1060 等。

（2）2×××系（以铜为主要合金元素的铝合金）。具有很高的强度，但耐蚀性较差，用于腐蚀环境时需进行防蚀处理，多作为飞机结构材料，如 2014、2A20 等。

(3) 3×××系（以锰为主要合金元素的铝合金）。热处理不可强化，可加工性、耐蚀性与纯铝相当，而强度有较大提高，焊接性能良好，广泛用于日用品、建筑材料等方面，如 3003、3103 等。

(4) 4×××系（以硅为主要合金元素的铝合金）。具有熔点低、流动性好、耐蚀性强等优点，可用作焊接材料，如 4A01、4043A 等。

(5) 5×××系（以镁为主要合金元素的铝合金）。热处理不可强化，耐蚀性强，焊接性能优良。通过控制含镁量，可以获得不同强度级别的合金。含镁量少的铝合金主要用作装饰材料和制作高级器件；含镁量中等的铝合金主要用于船舶、车辆、建筑材料；含镁量高的铝合金主要用于船舶、车辆、化工的焊接构件，如 5A05、5B05 等。

(6) 6×××系（以镁和硅为主要合金元素并以 Mg_2Si 相为强化相的铝合金）。热处理可强化，耐蚀性良好，强度较高，且热加工性能优良，主要用于结构件、建筑材料等，如 6061、6A02 等。

(7) 7×××系（以锌为主要合金元素的铝合金）。包括铝－锌－镁－铜高强度铝合金和铝－锌－镁焊接构件用铝合金两大类，前者如 7075，后者如 7003。7075 在铝合金中强度最高，主要用于制造飞机零件与体育用品。7003 具有强度高、焊接性与淬火性优良等特点，主要用作铁道车辆的焊接结构材料，同属一类的还有 7A04、7050 等。

(8) 8×××系（以其他合金元素为主要合金元素的铝合金）。8090 是典型的 8×××系挤压铝合金，其最大特点是密度小、高刚度、高强度。

(9) 9×××系（备用合金组）。

铝合金按供货状态又分为软态（R，如 5000R）和硬态（Y，如 5006Y）两类。

二、铝及铝合金的焊接性

由于铝及铝合金所具有的独特的物理性能及化学性能，对它们的焊接存在一定的困难。因此，必须了解其焊接性的特点及可能出现的问题，以便采用合适的焊接方法和相应的工艺措施以保证获得优良的焊接质量。铝及铝合金焊接性的特点主要体现在以下几方面。

1. 易氧化

铝和氧的化学结合力很强，常温下就能被氧化。另外，铝合金中所含的一些合金元素也极易氧化，在焊接高温条件下氧化更加激烈。

铝与氧的亲和力很强，在空气中极易与氧结合成厚度约为 0.1 μm 的 Al_2O_3 薄膜。Al_2O_3 的熔点（约 2 050℃）远远超过了铝的熔点（约 660℃），其组织致密，覆盖在熔池表面时会妨碍焊接过程的正常进行，妨碍金属之间的良好结合，易产生未焊透缺陷。

Al_2O_3 氧化膜的密度比铝及铝合金的密度大（约为铝合金的 1.4 倍），焊接时不易上浮，容易在焊缝中形成夹渣。由于 Al_2O_3 薄膜的吸水能力强，在焊接时易于在焊缝中产生气孔。此外，由于氧化膜的电子逸出功低，易发射电子，容易造成电弧飘忽不定。

因而，铝及铝合金焊接前应严格清理焊件和焊丝表面的氧化膜，并对熔池及高温区金属进行保护，防止在焊接过程中产生氧化膜。

2. 热导率和比热容较大

铝及铝合金的热导率大（约为钢的 3 倍）、比热容高（约为钢的 2 倍），在焊接时有大量的热量被迅速传导到其他部位，需消耗大量的热量。因而焊接铝及铝合金时，为了保证接头处熔合良好，应采用能量集中、功率较大的焊接热源，有时还需采取预热等工艺措施。

3. 焊缝中容易形成气孔

铝及铝合金熔焊时，气孔是焊缝中另一种最常见的焊接缺陷，尤其是在纯铝和防锈铝熔焊时更容易产生。

实践证明，氢是铝及铝合金熔焊时产生气孔的主要因素，即铝合金焊接时产生的主要是氢气孔。铝合金焊接时不会产生一氧化碳气孔和氮气孔，是由于铝中不含碳元素和氮不溶于液态铝。此外，由于氧与铝有很大的亲和力，它们结合后以氧化铝形式存在，所以也不会产生氧气孔。

常温下，氢几乎不溶于固态铝，但在高温时能大量地溶于液态铝，所以在凝固点时其溶解度发生突变，原来溶于液态铝中的氢几乎全部析出，其析出过程是：形成气泡→气泡长大→上浮→逸出，如果形成的气泡已经长大而来不及逸出，便会形成气孔。由于铝和铝合金的比重较小，气泡在熔池中的上浮速度较慢，而铝的导热性很强，凝固迅速，不利于气泡的上浮，故铝及铝合金在焊接时容易产生气孔。

4. 热裂倾向大

铝及铝合金焊接时一般不会产生冷裂纹。

实践证明，纯铝及非热处理强化铝合金焊接时很少产生热裂纹；热处理强化铝合金和高强度铝合金焊接时，热裂倾向比较大。热裂纹往往出现在焊缝和近焊缝区，在焊缝中称为结晶裂纹，在近焊缝区则称为液化裂纹。

由于铝的线膨胀系数比钢将近大一倍，凝固时的结晶收缩又比钢大，因此，焊接时铝及铝合金焊件中会产生较大的热应力。另外，铝及铝合金高温时强度低、塑性很差（如纯铝在375℃左右的强度不超过9.8 MPa，在650℃左右的伸长率小于0.69%），当焊接内应力过大时，很容易使某些铝合金在脆性温度区间内产生热裂纹。此外，当铝合金成分中的杂质超过规定范围时，在熔池中将形成较多的低熔点共晶。两者共同作用的结果使焊缝中容易产生热裂纹。因此，热裂纹是铝合金尤其是高强铝合金焊接时最常见的严重缺陷之一。

焊接生产中常采用调整焊丝成分及严格控制杂质的方法来防止热裂纹产生，采用合理的焊接工艺对防止热裂纹产生也是非常必要的。

5. 易烧穿和塌陷

由于铝及铝合金由固态转变为液态时，无明显的颜色变化，不易从色泽变化判断熔池的加热状态，给焊工的操作带来一定困难。另外，其高温强度低，焊接时常因温度过高引起熔池金属的塌陷或烧穿下漏。因此，铝及铝合金焊接时最好不要采用悬空方式，常需采用垫板。

6. 易变形

铝及铝合金的导热性强而比热容大，线膨胀系数大，故焊接时容易变形。所以要采用夹具保证装配质量并防止变形。但不能夹得太紧，否则焊后内应力大，将影响结构的尺寸稳定性，并易产生热裂纹。

7. 合金元素的蒸发和烧损

铝合金中含的低沸点合金元素，如镁、锌、锰等，在高温的作用下极易蒸发和烧损，从而改变焊缝金属的化学成分和性能。

三、铝及铝合金的焊接工艺要点

1. 焊接方法

铝及铝合金的焊接方法较多，如钨极氩弧焊、熔化极氩弧焊、气焊、变极性等离子弧焊、激光焊和电子束焊、搅拌摩擦焊等。各种焊接方法适合于不同的场合，应根据合金牌号、焊件厚度、产品结构以及焊接质量要求等因素加以选择。

（1）钨极氩弧焊。钨极氩弧焊热量比较集中，电弧燃烧稳定，采用交流或直流反接，可用于焊接铝合金，能得到高质量的焊接接头。但由于电流大小的限制，一般用于薄板的焊接，焊接厚板时效率较低。在普通钨极氩弧焊基础上发展起来的钨极脉冲氩弧焊，可明显地改善小电流焊接过程的稳定性，能很好地控制焊接热输入量和焊缝成形，特别适合于薄板和全位置焊接，易于获得高质量的焊缝。

（2）熔化极氩弧焊。与钨极氩弧焊相比，熔化极氩弧焊可焊的铝合金件厚度明显加大，而且焊接效率高，适合于自动化生产。当采用脉冲电流焊接时，可减小热输入量和焊接变形。

（3）变极性等离子弧焊。变极性等离子弧焊技术用于铝合金焊接，明显提高了单道焊接铝合金所能达到的厚度。通过采用立向上焊接工艺，既有利于焊缝的正面成形，又有利于熔池中氢的逸出，减少气孔缺陷，提高焊接质量。

（4）激光焊和电子束焊。激光和电子束是焊接铝合金较好的热源，焊接变形小，焊接质量高。当采用激光与电弧复合进行焊接时，可明显增加熔深，减少缺陷，有效提高了可焊铝合金件的厚度。特别是电子束焊，可焊铝合金件的厚度范围很宽，能从零点几毫米到几十毫米，显著提高了厚板的焊接效率。

（5）搅拌摩擦焊。搅拌摩擦焊属于一种新型的固态连接方法，具有高质量、低成本、低变形、易于自动化等特点，克服了熔焊方法易产生气孔、裂纹及接头性能严重降低的问题，使那些曾经被认为难以焊接的铝合金变得非常容易焊接，而且焊接效率高、对环境无污染，可以焊接所有牌号的铝合金，为大型铝合金结构产品的开发提供了可能。

2. 焊接材料

铝及铝合金的焊接材料主要为焊丝，分为同质焊丝和异质焊丝两大类。为了得到质量可靠的焊接接头，应根据母材化学成分、产品结构特点及使用要求、施工条件等因素，选择合适的焊接材料。

选择焊丝首先要考虑焊缝成分要求，还要考虑抗裂性、力学性能、耐蚀性等。

（1）同质焊丝。焊丝成分与母材成分相同，有时可以直接在母材上切取板条作为填充金属。母材为纯铝、3A21、5A06、2A16 和 Al－Zn－Mg 合金时，可以采用同质焊丝。

（2）异质焊丝。主要是为满足抗裂性研制的焊丝，其成分与母材有较大的差异。为保证焊接时不产生裂纹，往往在焊丝中加入较多的合金元素，这些合金元素会降低焊接接头的耐蚀性，因此对耐蚀性有要求的焊接结构，所选焊丝中必须限定某些元素的含量。例如，对 Al－Zn－Mg 合金，为了保证抗裂性常选用 Al－4Mg－Zn 焊丝，但在结构要求具有抗应力腐蚀性能的情况下，焊丝中就要求 Mg 的含量不得超过 3%。

焊丝型号字头用 S 表示，如 SAlMg－5 型号表示以 Mg 为主要合金元素的铝镁合金焊丝。常用铝及铝合金焊丝的化学成分见表 7—1—1。

表 7—1—1　　常用铝及铝合金焊丝的化学成分

类别	型号	化学成分（质量分数,%）										
		Si	Fe	Cu	Mn	Mg	Cr	Zn	Ti	V	Zr	Al
纯铝	SAl－1	Fe＋Si：1.0		0.05	0.05			0.10	0.05	—	—	99.0
	SAl－2	0.20	0.25	0.40	0.30	0.30	—	0.04	0.03	—	—	≥99.7
	SAl－3	0.30	0.30	—	—	—		—	—	—	—	≥99.5
铝镁合金	SAlMg－1	0.25	0.40	0.10	0.50～1.0	2.4～3.0	0.05～0.2	—	—	—	—	
	SAlMg－2	Fe＋Si：0.45		0.05	0.01	3.1～3.9	0.15～0.35	0.20	0.05～0.15	—	—	
铝铜合金	SAlCu	0.20	0.30	5.8～6.8	0.2～0.4	0.02		0.10	0.01～0.205	0.05～0.15	0.1～0.25	
铝锰合金	SAlMn	0.6	0.7	—	1.6～1.6	—	—	—	—	—	—	余量
铝硅合金	SAlSi－1	4.5～6.0	0.8	0.3	0.05	0.05		0.1	0.2	—	—	
	SAlSi－2	11.0～13.0	0.8	0.3	0.15	0.1		0.2	—	—	—	

3．焊前准备

（1）焊前清理。铝及铝合金焊接时，为了保证焊接质量，在焊前必须清除焊丝（表面抛光焊丝除外）和母材表面上的油污和氧化膜。油污去除可采用汽油、丙酮、松香水及四氯化碳等溶剂，而氧化膜清理有机械清理及化学清理两种方法。

机械清理主要用于对焊缝质量要求不高、焊件尺寸较大、不易用化学方法清理或化学清理后又被局部污染的焊件。机械清理的过程为：在去除油污后，用细钢丝刷、不锈钢丝轮、铜丝轮（单根铜丝的直径不大于 0.3 mm）或刮刀将焊件坡口两侧 30 mm 左右范围内的氧化膜去除，然后再用丙酮清洗。

化学清理的清洗效率高，质量稳定，适用于清洗焊丝及尺寸不大、成批生产的工件。化学清理的过程为：先把铝合金板材、管材及焊丝放入温度为 40～60℃、质量分数为 8%～10% 的 NaOH 溶液中浸蚀，保持 5～10 min 后取出，用冷水冲洗 2 min，再置于质量分数为 30% 的稀硝酸溶液中进行光化处理，以中和余碱，最后再用流水冲洗 2～3 min。清理工作完成后，焊丝应放置于 150～200℃ 的烘箱中烘干 30 min，然后在 100℃ 的烘箱内保存，随用随取。

（2）施加垫板。铝及铝合金在高温时强度很低，焊接时容易下塌。为了保证焊透而不至于塌陷，常采用垫板来托住熔化、软化的金属。垫板可采用石墨、不锈钢或碳钢等材料。垫板表面开一个弧形槽，以保证焊缝背面成形。如果采用单面焊双面成形工艺，可以不加垫板。

（3）焊前预热。厚度超过 5 mm 的焊件，焊前需将工件慢慢加热到 100～300℃，以防止变形、未焊透，并减少气孔，可以用氧乙炔焰、电炉或喷灯等来加热，也可用焊接电弧烘烤。

4. 焊接工艺要点

铝及铝合金焊接最常用的方法是钨极氩弧焊（TIG 焊）、熔化极氩弧焊（MIG 焊）和气焊。以下分别介绍其焊接工艺要点。

（1）钨极氩弧焊。钨极氩弧焊，电弧稳定，可填丝，也可不填丝焊接，接头形式不受限制，焊缝成形美观，表面光亮；焊接接头的强度、塑性和韧性较好；焊接变形小，最适于板厚小于6 mm 的薄板焊接，并且适用于全位置焊接。交流 TIG 焊具有清理氧化膜的作用，不用熔剂，避免了焊后熔剂对接头的腐蚀作用，简化了焊后清理过程。

1）焊接接头与坡口形式。铝及铝合金钨极氩弧焊焊接接头与坡口形式及尺寸见表 7—1—2。

表 7—1—2　　铝及铝合金钨极氩弧焊焊接接头与坡口形式及尺寸

接头和坡口形式		板厚 δ（mm）	间隙 b（mm）	钝边 p（mm）	坡口角度 α（°）
对接接头	卷边	≤2	<0.5	<2	—
	I 形坡口	1~5	0.5~2	—	—
	V 形坡口	3~5	1.5~2.5	1.5~2	60~70
搭接接头		<5	0~0.5	$L\geqslant2\delta$	—
		1.5~3	0.5~1	$L\geqslant2\delta$	—
角接接头	I 形坡口	<12	<1	—	—
	V 形坡口	3~5	0.8~1.5	1~1.5	50~60
		>5	1~2	1~2	50~60
T 形接头	I 形坡口	3~5	<1	—	—

2）焊接参数。焊接铝及铝合金最适宜的焊接电源是交流电源或交流脉冲电源。由于手工焊操作灵活，使用方便，常用于焊接尺寸较小的短焊缝、角焊缝及大尺寸结构件的不规则焊缝。铝及铝合金手工交流钨极氩弧焊的焊接参数见表 7—1—3。

表 7—1—3　　铝及铝合金手工交流钨极氩弧焊的焊接参数

板厚（mm）	钨极直径（mm）	焊接电流（A）	焊丝直径（mm）	氩气流量（L/min）	喷嘴孔径（mm）	焊接层数（正面/背面）	预热温度（℃）	备注
1	2	40~60	1.6	7~9	8	正 1	—	卷边接头
2	2~3	90~120	2~2.5	8~12	8~12			对接接头
4	4	180~200	3	10~15		1~2/1		V 形坡口对接接头
5		180~240	3~4		10~12			
6	5	240~280	4	16~20	14~16	1~2/1	—	
10		280~340	4~5			3~4/1~2	100~150	
14	5~6	340~380		20~24	16~20		180~200	
16~20	6	340~380	5~6	25~30	16~22	2~3/2~3	200~260	
22~25	6~7	360~400		30~35	20~22	3~4/3~4		

由于手工钨极氩弧焊时，焊接参数由焊接工人掌握，难以准确控制，起弧、熄弧、接头部位多，接头质量难以得到有效的控制。因此在焊接质量要求较高的场合，须尽量采用自动钨极氩弧焊。由于在自动焊接过程中电弧的运动及焊丝的填送等都是自动进行的，焊接参数不受人为因素影响，焊接质量能得到严格控制，且焊缝成形均匀美观。铝及铝合金自动交流钨极氩弧焊的焊接参数见表7—1—4。

表7—1—4　铝及铝合金自动交流钨极氩弧焊的焊接参数

焊件厚度（mm）	焊件层数	钨极直径（mm）	焊丝直径（mm）	喷嘴孔径（mm）	氩气流量（L/min）	焊接电流（A）	送丝速度（m/h）
1	1	1.5～2	1.6	8～10	5～6	120～160	—
2		3	1.6～2		12～14	180～220	65～70
4	1～2	5	2～3	10～14	14～18	240～280	70～75
5	2			12～16	16～20	280～320	
6～8	2～3	5～6	3	14～18	18～24		75～80
8～12		6	3～4			300～340	80～85

脉冲钨极氩弧焊扩大了钨极氩弧焊的应用范围，已广泛应用于各种精密铝合金零件的焊接。脉冲钨极氩弧焊可以通过脉冲频率和脉宽比的变化来有效控制焊接能量的输出，特别有利于薄铝件的精细焊接。铝及铝合金交流脉冲钨极氩弧焊的焊接参数见表7—1—5。

表7—1—5　铝及铝合金交流脉冲钨极氩弧焊的焊接参数

母材	板厚（mm）	钨极直径（mm）	焊丝直径（mm）	电弧电压（V）	脉冲电流（A）	基值电流（A）	脉宽比（%）	气体流量（L/min）	频率（Hz）
5A03	1.5	3	2.5	14	80	45	33	5	1.7
5A06	2.5			15	95	50			2
2A12	2		2	10	83	44			2.5
	2.5			13	140	52	36	8	2.6

3）操作技术要点。铝及铝合金手工钨极氩弧焊采用高频振荡器或高压脉冲引弧装置引弧，不允许在焊件上接触引弧，熄弧时应在熄弧处加快焊接速度及填丝速度，将弧坑填满后慢慢拉长电弧使之熄灭。

手工钨极氩弧焊一般采用左焊法，焊炬应均匀、平稳向前作直线运动，应尽量保持弧长高度恒定不变。为了保证熔透和避免出现咬边，尽量采用短弧焊。填充焊丝与焊件应保持一定角度，一般为10°～15°，倾角不宜太大，以免扰乱气流和电弧的稳定性。

（2）熔化极氩弧焊

1）特点及应用。中等厚度、大厚度铝及铝合金件广泛采用自动和半自动熔化极氩弧焊。焊接薄、中等厚度板材时，可用纯氩作保护气体；焊接厚大件时，采用（Ar+He）混合气体作保护气体，也可采用纯氦作保护气体。焊前一般不必预热，即使板比较厚，也只需预热引弧部位。焊丝在焊接过程中熔化，不受钨极氩弧焊电极熔化温度的限制，因此可选用较大的焊接电流，热能利用率提高，焊接速度相应增加，所以效率与钨极氩弧焊相比显著提高，且随板厚增加，这种效果更加突出。自动熔化极氩弧焊适用于较规则的纵缝、环缝及水平位置的焊接；半自动熔化极氩弧焊大多用于定位焊点、短焊缝、断续焊缝以及铝容器中封头、人孔接管、加强圈等各种工件的焊接。

2）焊接参数。在确定焊接参数时，应先根据焊件厚度、坡口尺寸选择焊丝直径，再根据熔滴的过渡形式（短路或喷射）来确定焊接电流、电弧电压及其他焊接参数。表7—1—6列出了铝及铝合金半自动熔化极氩弧焊的焊接参数。自动钨极氩弧焊焊接参数与半自动熔化极氩弧焊相似。铝及铝合金熔化极氩弧焊目前都采用直流反接形式，几乎不用直流正接或交流电源。

表7—1—6　铝及铝合金半自动熔化极氩弧焊的焊接参数

板厚（mm）	坡口形式	坡口尺寸（mm）	焊丝直径（mm）	焊接电流（A）	焊接电压（V）	氩气流量（L/min）	喷嘴孔径（mm）	备注
6	对接	间隙0~2	2.0	230~270	26~27	20~25	20	反面采用垫板，仅焊一层焊缝
8~12	单面V形坡口	间隙0~2 钝边2 坡口角度70°	2.0	240~320	27~29	25~36	20	正面焊两层，反面焊一层
14~18	单面V形坡口	间隙0~0.3 钝边10~14 坡口角度90°~100°	2.5	300~400	29~30	35~50	22~24	正面焊两层，反面焊一层
20~25	单面V形坡口	间隙0~0.3 钝边16~21 坡口角度90°~100°	2.5~3.0	400~450	29~31	50~60	22~24	

可以通过电弧电压与焊接电流的密切配合得到稳定的喷射过渡或半射流过渡。当焊接电流小于临界电流，熔滴的过渡形式为喷射过渡并间有短路过渡，则电弧稳定，气体保护性能好，飞溅少，焊缝成形美观，表面鱼鳞纹细密。

脉冲熔化极氩弧焊可以将熔池控制得很小，容易进行全位置焊接，尤其在焊接薄板、薄壁管的立焊缝、仰焊缝和全位置焊缝时是一种较理想的焊接方法。

3）焊接操作。无论自动还是半自动熔化极氩弧焊，保持焊接过程中焊接参数稳定是保证焊接质量的关键。半自动熔化极氩弧焊时焊炬移动速度与焊接电流、电弧电压等密切相关。焊炬沿焊缝移动应使电弧永远保持在熔池上面，若速度过快，将致使电弧越出熔池，或容易烧穿或熔合不良；速度过慢，容易造成烧穿。

焊接时焊炬应与工件保持一定的倾斜角度，以便于操作者对熔池进行观察。当焊炬后倾时，焊缝的保护效果变差，焊缝呈黑色；当焊炬前倾且保持合适角度时，自动熔化极氩弧焊保护效果好。熄弧时，熔池应一直保持到焊接完成，焊炬在移动方向上作反向移动20~

30 mm，同时增加送丝速度，使熔池逐步缩小直至填满弧坑。续焊时，应先用铣刀修整前段焊道的弧坑和起弧部分后再起焊。多层焊在焊接每层焊道前均应采用不锈钢丝刷清除附着在前层焊道上的黑色粉末，然后再焊接后层焊道。

（3）气焊。气焊主要用于厚度较薄（0.5～10 mm）、对焊接质量要求不高的铝及铝合金铸件焊补。一般，工业纯铝比较适于气焊，5A02、5A03 尚可，而 5A05、5A06、2A11、2A12 不适于采用气焊方法。

1）气焊火焰。气焊应采用中性焰或乙炔稍多的微弱碳化焰，严禁采用氧化焰。如果乙炔量过多，火焰中游离的氢会产生焊缝气孔，氧化焰会使熔池金属强烈氧化，难以保证焊接质量。

2）接头形式。气焊铝及铝合金时，应尽可能采用对接接头，不宜采用搭接接头和 T 形接头，因为这些接头的缝隙中易于残留气焊熔剂和熔渣，焊后难于清理。为保证焊件焊接时既焊透又不塌陷和烧穿，可以采用带槽的垫板，垫板一般用不锈钢或纯铜等制成，带垫板焊接可获得良好的反面成形，提高焊接生产率。

3）定位焊缝。为防止焊件在焊接中产生尺寸和相对位置的变化，焊件焊前均需要进行定位焊。由于铝的线膨胀系数大、导热速度快、气焊加热面积大，因此，定位焊缝比钢件应密一些。定位焊用的填充焊丝与产品焊接时相同，定位焊前应在焊缝间隙内涂一层气剂。定位焊的火焰功率比气焊稍大。

4）气焊操作。铝及铝合金加热到熔化，其颜色变化不明显，这将给操作带来困难，可根据以下现象掌握施焊时机。当加热表面由光亮银白色变成暗淡的银白色，表面氧化膜起皱，加热处金属有波动现象时，即达熔化温度，可以施焊；用蘸有熔剂的焊丝端头触及加热处，焊丝与母材能熔合时，即达熔化温度，可以施焊；母材边棱有倒下现象时，母材达熔化温度，可以施焊。

气焊薄板可采用左焊法，焊丝位于焊接火焰之前，这种焊法因火焰指向未焊金属，故热量散失一部分，有利于防止熔池过热、热影响区金属晶粒长大和烧穿。母材厚度大于或等于 5 mm 时，可采用右焊法，此法焊丝在焊炬后面，火焰指向焊缝，热量损失小，熔深大，加热效率高。气焊厚度小于 5 mm 的薄件时，焊炬倾角为 20°～40°，随着焊接板厚的增大，焊炬倾角应相应增大。

5）焊后处理。铝及铝合金气焊后，焊后留在焊缝及邻近区的残存熔剂和焊渣会破坏铝材表面的氧化膜，引起接头腐蚀。因此，应在焊后 1～6 h 内将其清理干净。清理工序如下：

①焊后将焊件放入 40～50℃的热水槽中浸渍（最好用流动的热水），用硬毛刷清刷焊缝及焊缝附近残留熔剂、熔渣的地方，直至清除干净。

②经上述刷洗后，再放入 60～80℃、质量分数为 2%～3% 的稀铬酸水溶液中浸洗 5～10 min，并用硬毛刷仔细清刷；或者先用 60～80℃热水刷洗，再用质量分数为 5% 的硝酸和质量分数为 2% 的重铬酸的混合液清洗 5～10 min。

③将焊件置于有流动热水（温度为 40～50℃）的槽中浸渍 5～10 min。

④用冷水将焊件冲洗 5 min。

⑤将焊件自然晾干，也可放在干燥箱中烘干或用热空气吹干。

任务实施

一、焊前准备

1. 选用焊接材料与焊接参数

焊丝选用 HS301 纯铝焊丝，直径为 4 mm。焊前应对焊丝进行化学清理，清洗后要存放在 80～100℃的专用焊丝箱中备用，并对每盘焊丝贴上标签，注明材质，以防用错。喷嘴直径为 26 mm，氩气流量选择 50～60 L/min。

2. 坡口制备

对于这种中厚度板的焊接，可选择如图 7—1—3 所示的钝边较大的 X 形坡口。筒节纵缝的焊接坡口加工应在筒体卷圆之前用刨边机进行加工，单筒节体端部坡口及封头的环缝在大型立式车床上车削，以保证坡口的装配间隙均匀。

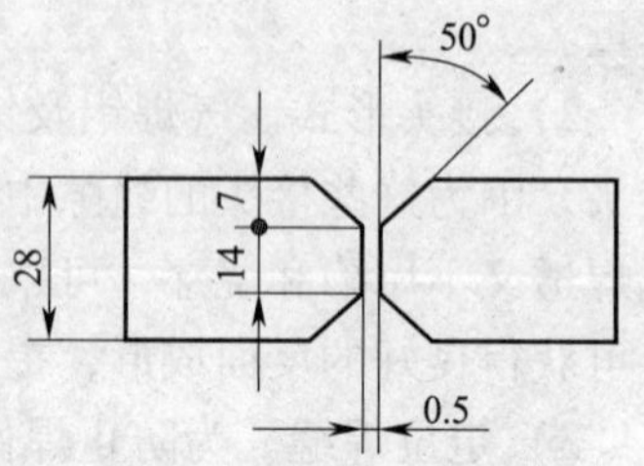

图 7—1—3　坡口形式

3. 焊前清理

坡口在焊前应采用化学清理和机械清理。机械清理是先用丙酮溶液将坡口 20 mm 范围内的油污、污物等杂质擦干净；再用不锈钢钢丝轮打磨，直至露出金属光泽，以除去氧化膜。打磨宽度为坡口两侧 50～90 mm。化学清理是先在坡口两侧 100 mm 内用氧乙炔焰加热到 100℃以上；再用质量分数为 10% 的 NaOH 水溶液擦洗，以除去氧化膜；最后用质量分数为 30% 的 HNO_3水溶液进行光化处理。化学清理后，在焊接前要再用不锈钢钢丝轮打磨坡口内部及两侧。

二、焊接操作要点

1. 纵缝的焊接

（1）拼接筒节。由于储槽筒体直径为 2. 8 m，制作时先用两大张（1 m×3 m）铝板拼接。拼接铝板前要在坡口背面进行定位焊，定位焊缝的长度为 50～60 mm，间距为 400～500 mm。然后将经定位焊的焊件置于 3 mm 厚的不锈钢垫板上焊接。焊接参数为：焊接电流 560～570 A，电弧电压 29～31 V，焊接速度 13～15 m/h，氩气流量 50～60 L/min，焊炬前倾角 15°，喷嘴端部到焊件距离保持为 10～15 mm。

（2）筒体的焊接。拼接好后的长方形铝板用专用的卷板机卷成直径为 2. 8 m 的筒体后再焊接。焊接顺序是先焊内焊缝再焊外焊缝。筒体内、外纵缝焊接时，分别将焊机置于筒体内、外端的钢轨上，由焊机沿轨道自动行走，进行熔化极氩弧自动焊。

2. 环缝的焊接

如图 7—1—1 所示，整个储槽上有 6 条环缝接头，其焊接顺序是在分别焊好第Ⅰ、Ⅱ、Ⅲ和Ⅴ、Ⅵ条环缝后，进行 X 射线探伤检验，然后将焊好的两个一半的储槽定位焊合拢，最后焊接位于中间位置的第Ⅳ条环缝。

各纵缝、环缝的内焊缝焊完后，反面全部进行铲除焊根处理，然后进行外焊缝的焊接。

3. 附件的焊接

附件包括接管、人孔、加强板和支座板等。焊接附件时可采用半自动熔化极氩弧焊。其焊接参数为：焊接电流 320～340 A，电弧电压 29～30 V，焊丝直径 2. 2 mm，焊炬前倾角

10°～20°，喷嘴与焊件的距离10～20 mm。

任务评价

铝及铝合金的焊接评分标准见表7—1—7。

表7—1—7　　铝及铝合金的焊接评分标准

序号	考核内容	评分标准	配分	得分
1	焊前的准备工作	坡口制备10分，坡口清理10分，焊丝的清理10分	30	
2	焊接方法的选择	选择合适的焊接方法15分	15	
3	焊接材料的选择	合理选用焊接材料15分	15	
4	焊接操作	焊接参数选择合理10分，焊缝无缺陷30分；焊缝不合格之处，酌情扣分	40	
总分合计			100	

思考与练习

1. 铝及铝合金焊接工艺的特点是什么？
2. 试述铝及铝合金的焊接性。
3. 试述铝及铝合金焊前的准备工作。

任务2　铜及铜合金的焊接

技能点

◎ 能够根据铜及铜合金的焊接性，正确选择焊接材料并制定合理的焊接工艺。

知识点

◎ 铜及铜合金的焊接性、焊接工艺要点。

任务提出

铜是人类历史上应用最早的金属，也是应用最为广泛的金属材料之一，主要用于制作导电、导热并兼有耐蚀性的器材及制造各种铜合金，是电气仪表、化工、造船、机械等工业部门中的重要材料。

如图 7—2—1 所示的铸铜件，成分为 w（Cu）= 66.8%，w（Zn）= 22.2%，w（Mn）=1.5%，w（Al）=5.8%。在浇铸该铸件时，由于浇铸温度过低，在肋部出现一条长约 140 mm，深度约 8 mm 的裂纹，同时在图中的左上端出现一处面积约 740 mm^2，深度约 26 mm 的缩孔。为了满足使用要求，请制定对其进行补焊修复的工艺方案。

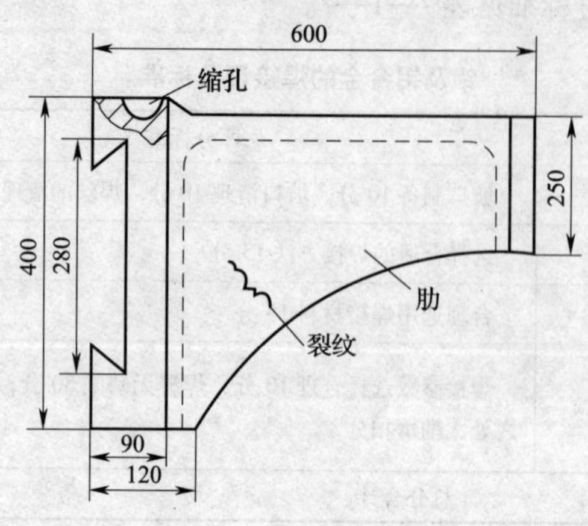

图 7—2—1　铸铜件缺陷示意图

任务分析

铸铜件补焊涉及该铸铜件的使用寿命和工作可靠性。为了保证此铸铜件修补后的可靠性能够达到正常使用的要求，就必须对修补工艺和焊补质量予以高度重视。在铸铜件的修补过程中应严格检验补焊前缺陷处是否清理干净、待焊表面是否清洁、焊接工艺是否合理和焊补后的焊缝是否平整、补焊处及周围有无裂纹和夹缝等缺陷，以保证其补焊质量的可靠性。

相关知识

一、铜及铜合金的分类和特性

铜及铜合金根据其颜色和成分的不同，可分为纯铜（紫铜）、黄铜（铜锌合金）、青铜（铜锡合金、铜铝合金等）、白铜（铜镍合金）等，见表 7—2—1。铜及铜合金的力学性能和物理性能见表 7—2—2。

表 7—2—1　　铜及铜合金的分类

名称	合金系	性能特点	典型牌号
纯铜	Cu	导电性、导热性好，良好的常温和低温塑性，对大气、海水和某些化学药品的耐腐蚀性好	T2
黄铜	Cu－Zn	在保持一定塑性的情况下，强度、硬度高，耐腐蚀性好	H62

续表

名称	合金系	性能特点	典型牌号
青铜	Cu - Sn	较好的力学性能、耐磨性能、铸造性能和耐腐蚀性能，并保持一定的塑性，焊接性能好	QSn6.5 - 0.4
	Cu - Al		QAl9 - 2
	Cu - Si		QSi3 - 1
	Cu - Be		QBe2
白铜	Cu - Ni	力学性能、耐蚀性能较好，在海水、有机酸和各种盐溶液中具有较高的化学稳定性，优良的冷、热加工性能	B5

表 7—2—2　　铜及铜合金的力学性能和物理性能

材料名称	材料状态或铸模	力学性能			物理性能			
		抗拉强度（MPa）	伸长率（%）	硬度（HBW）	密度（g/cm^3）	线膨胀系数（$\times10^{-6}/K$）	热导率［W/（m·K）］	熔点（℃）
纯铜	软态	196 ~ 253	50	—	8.94	1.68	391	1 083
	硬态	329 ~ 490	6	—				
黄铜	软态	313.6	55	—	8.5	19.9	117.04	932
	硬态	646.8	3	150				
	软态	323.4	49	56	9.43	20.6	108.68	905
	硬态	588	3	164				
青铜	砂模	343 ~ 441	60 ~ 70	70 ~ 90	8.8	19.1	50.16	995
	金属模	686 ~ 784	7.5 ~ 12	160 ~ 200				
	软态	441	20 ~ 40	80 ~ 100	7.6	17.0	71.06	1 060
	硬态	584 ~ 784	4 ~ 5	160 ~ 180				
	软态	343 ~ 392	50 ~ 60	80	8.4	15.8	45.98	1 025
	硬态	637 ~ 735	1 ~ 5	180				
白铜	软态	—	—	—	—	—	30.93	1 149
	硬态	—	—	—				

1. 纯铜

纯铜外观呈紫红色，故又被称为紫铜，其含铜量一般不低于99.5%。纯铜的密度为8.94 g/cm^3，熔点为1 083℃，与铝一样是面心立方晶格类的金属，具有优良的导电性、导热性、良好的耐蚀性和低温塑性。经冷加工变形后，纯铜的强度和硬度可成倍增加，而塑性会明显降低；冷加工后再经550 ~ 600℃退火，可使其塑性完全恢复。由于纯铜强度低，一般不用作结构零件，主要用于制造导线和导电零件，以及散热器、热交换器中的传热元件。

纯铜的牌号有一号铜（T1）、二号铜（T2）、三号铜（T3）。纯铜的牌号、化学成分和用途见表7—2—3。

表 7—2—3　　纯铜的牌号、化学成分和用途

牌号	组别	代号	化学成分（质量分数,%）									用途
			Cu + Ag	P	Fe	Ni	Pb	Sn	S	Zn	O	
一号铜	纯铜	T1	99.95	0.001	0.005	0.002	0.003	0.002	0.005	0.005	0.02	电线、电缆、雷管
二号铜		T2	99.90	—	0.005	—	0.005	—	0.005	—	—	导电用铜材，冷凝管
三号铜		T3	99.70	—	—	—	0.01	—	—	—	—	一般用铜材，如电器开关、散热片

2. 黄铜

黄铜是指以锌为主要合金元素的铜合金，因表面呈淡黄色而得名。黄铜具有比纯铜高得多的强度、硬度和耐腐蚀性，并保持较好的塑性，能承受冷热加工，价格比纯铜便宜，可用于制造水管、油管、螺钉等零件。

铜与锌组成的二元合金为普通黄铜。在普通黄铜的基础上加入一种或几种其他合金元素（如 Ni、Mn、Si、Sn 等）形成的黄铜，称为特殊黄铜，如镍黄铜、锰黄铜、硅黄铜、锡黄铜等。根据生产方式的不同，黄铜又分为加工黄铜和铸造黄铜。加工黄铜常用的代号有 H62、H90、HPb59 - 1、HSn62 - 1 等，铸造黄铜常用的牌号有 ZCuZn38、ZCuZn40Pb2、ZCuZn40Mn2 等。

3. 青铜

青铜是人类历史上最早应用的一种铜合金。我国早在夏朝和商朝就利用青铜制造铜鼎、武器和铜镜等。最早，青铜是指铜锡合金，颜色呈青灰色。目前，青铜实际上是指除黄铜、白铜以外的其他铜合金，有锡青铜（如 QSn4 -4 -1）、铝青铜（如 QAl9 -2）、硅青铜（如 QSi3 -1）和铍青铜（如 QBe2）等。

锡青铜是最古老的铜合金，由于 Sn 价格高，以 Al 代 Sn，得到铝青铜；铍青铜是 w（Be）=1.7% ~2.5% 的铜合金，它可以时效硬化，因而具有很高的强度和弹性。青铜耐蚀性好于纯铜和黄铜，并且强度、硬度高，常用于制造弹性元件及耐磨、耐蚀零件，如弹簧、轴瓦、阀门和衬套等。

4. 白铜

白铜是铜镍合金，因为镍的加入使铜由紫色逐渐变白而得名。由于镍无限固溶于铜，白铜合金呈单相组织，这类合金不能进行热处理强化。

白铜具有较高的耐腐蚀性和抗腐蚀疲劳性能，且冷热加工性能优良。按照性能和应用范围，可把白铜分为结构用白铜和电工用白铜两大类。结构用白铜的力学性能和耐腐蚀性较好，用于制造精密机械、化工机械和船舶零件；电工用白铜具有特殊的热电性能，用于制造精密电工测量仪器、变阻器和热电偶等。

二、铜及铜合金的焊接性

铜及铜合金的焊接性是比较差的，焊接它们比焊接低碳钢困难得多，其主要问题有下面

四点。

1. 难熔合及易变形

焊接纯铜及某些铜合金时，如果采用的焊接规范小，则母材就很难熔化，填充金属和母材也不能很好地熔合，产生焊不透现象。另外，铜及铜合金焊后变形也较严重。

产生这些现象的主要原因与铜及铜合金的热导率、线膨胀系数和收缩率有关。铜与铁物理性能的比较见表7—2—4。

表7—2—4　铜和铁物理性能的比较

金　属	热导率［W/（m·K）］		线膨胀系数（20～100℃）（$\times10^{-6}$/K）	收缩率（%）
	20℃	1 000℃		
Cu	393.6	326.6	16.4	4.7
Fe	54.8	29.3	14.2	2.0

铜的热导率大，20℃时铜的热导率比铁大近7倍，1 000℃时大近10倍。焊接铜时热量可以迅速从加热区传导出去，使母材与填充金属难以熔合。所以焊接时要使用大功率的热源，通常在焊前或焊接过程中还要采取预热措施。

铜的线膨胀系数比铁大15%，而收缩率比铁大一倍以上。再加上铜及多数铜合金导热能力强，焊接热影响区宽，焊接时如工件刚度不大，又无防止变形的措施，必然会产生较大的变形。如强力组装或工件刚度很大时，由于变形受阻又会产生很大的焊接应力。

2. 产生裂纹

焊接铜及铜合金时，在焊缝及近缝区均可能产生裂纹，其中最常见的是焊缝热裂纹。

焊缝热裂倾向与两个因素有关：一是焊缝中杂质和合金元素的影响，二是焊接过程中所产生的应力。

氧是铜中经常存在的杂质，氧对焊缝的热裂倾向影响很大。由铜—氧平衡状态图可知，氧在铜中的溶解度是非常小的。高温下铜中的氧主要是以Cu_2O的形式存在的。Cu_2O能溶解于液体铜中，其溶解度随温度的升高而增大。当在1 200～1 065℃之间冷却时，Cu_2O会从饱和铜液中析出。Cu_2O在固态铜中实际是不溶解的。Cu_2O能与铜形成$Cu+Cu_2O$共晶体并分布于晶界，共晶温度为1 065℃，低于铜的熔点约20℃，扩大了高温时的脆性温度范围，使焊缝产生热裂纹的倾向增大。

铅和铋是铜及铜合金的主要有害杂质，它们几乎不溶于铜，而且本身熔点也较低（Pb的熔点为327.4℃、Bi的熔点为217℃），在熔池结晶过程中析出晶界，并与铜形成低熔点共晶体，如熔点为270℃的Cu＋Bi共晶体和熔点为326℃的Cu＋Pb共晶体，它们均易促使焊缝形成裂纹。

铜合金焊缝的热裂倾向除与上述杂质有关外，还与合金元素的种类、数量及其与铜的结晶特性有关。用不同成分焊丝焊接黄铜和青铜，当焊缝为（$\alpha+\beta$）双相组织时，焊缝即使含铅量、含铋量较高也未出现裂纹，焊缝有较好的抗裂能力。其原因是，焊缝为（$\alpha+\beta$）双相组织时，焊缝晶粒变细，晶界增长，同样数量的易熔共晶体以不连续状分布于晶界，故抗裂能力提高。而当焊缝为单相α组织时，焊缝晶粒粗大，晶界面少，Pb与Bi的低熔点共晶体形成较厚的夹层状连续分布于晶界，所以焊缝抗裂能力较差。当焊缝一定要保持单相α

组织时，要提高焊缝抗裂能力，就要注意限制 Pb、Bi 等有害杂质的含量，在焊接黄铜及青铜时，如使焊缝成为 $\alpha+\beta$ 双相组织，可使其抗裂能力大大提高，但由于 β 脆性相的存在，这时焊缝的塑性有所降低。

由于铜及铜合金线膨胀系数及收缩率都较大，而且导热性强，焊接时又多采用较大的焊接热功率，使加热区域较宽，焊接接头呈现的都是较大的拉应力，这也是促使铜及铜合金焊接接头发生裂纹的一个影响因素。

3. 气孔

铜及铜合金中常见气孔有氢气孔和由冶金反应生成的水蒸气和二氧化碳在熔池凝固时来不及逸出而形成的气孔。

(1) 氢在铜中的溶解度和在钢中的一样，随着温度升高而增大，如图 7—2—2 所示，氢在高温液态铜中的溶解度远远大于凝固时的溶解度，因而在结晶过程中会析出大量的氢气，铜的热导率（20℃）比低碳钢高 7 倍以上，所以铜焊缝结晶凝固过程进行得特别快，氢来不及析出，熔池容易为氢所饱和而形成气泡，已经析出的气泡又来不及上浮逸出而形成气孔。

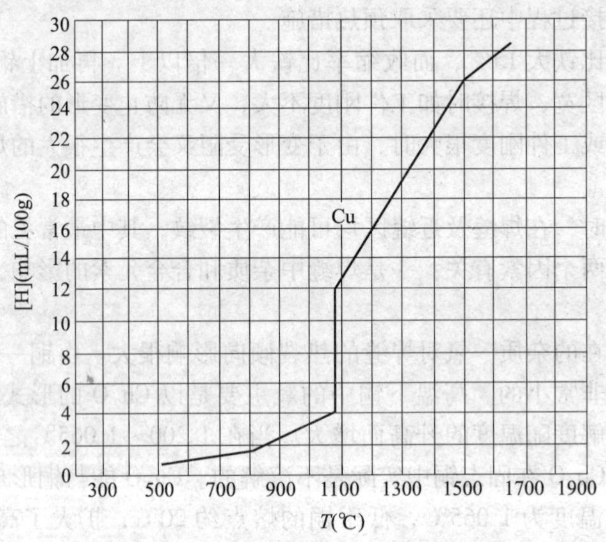

图 7—2—2 氢在铜中的溶解度和温度的关系

为了消除氢气孔，应控制焊接时氢的来源，并降低熔池冷却速度（如预热等），使气体有时间析出。

(2) 另一种气孔是通过冶金反应而生成的，称为反应气孔。在高温时铜与氧有较大的亲和力而生成 Cu_2O，它在 1 200℃以上能溶解于液态铜，在 1 200℃就从液态铜中开始析出，随温度下降，其析出量也随之增大，它与溶解在液态铜中的 H 或 CO 发生下列反应：

$$Cu_2O + 2H = 2Cu + H_2O\uparrow$$

$$Cu_2O + CO = 2Cu + CO_2\uparrow$$

所形成的水蒸气和二氧化碳不溶于铜，由于铜的导热性能强，熔池凝固快，水蒸气和二氧化碳来不及逸出而形成焊缝气孔。当铜中含氧量很少时，产生反应气孔的可能性是很小的。防止上述反应气孔产生的主要途径是减少氧、氢来源，对熔池进行适当脱氧。采取使熔池慢冷的措施也能起防止气孔的作用。

（3）有些研究还发现，氩弧焊时氮也是形成气孔的一种原因，随着氩气中氮气含量的增加，焊缝气孔数量随之上升。避免和减少氮气孔的措施是采用含适量脱氮元素（Ti、Al）的焊丝。

4. 焊接接头力学性能、导电性能及耐腐蚀性能的变化及控制

焊后，铜及铜合金焊接接头的力学性能有所下降。例如，用纯铜电焊条焊接纯铜时，焊缝金属的抗拉强度虽与母材相近，但伸长率只有10% ~25%；又如，用埋弧焊焊接纯铜时，焊接接头的抗拉强度虽与母材接近，但伸长率一般为20%。

造成力学性能降低的一个重要因素是焊接接头的粗晶组织。轧制的铜及铜合金多数为单相组织，加热和冷却过程中没有同素异构转变，即没有再结晶细化晶粒的作用，因此焊接这类合金时，无论是焊缝还是近缝区都呈粗大晶粒组织。解决粗大组织的措施是焊接时往熔池中加入某些变质剂，如钛、锰、硅、铬等，能使晶粒细化而改善焊缝的力学性能。

焊接接头力学性能恶化的另一个因素是焊接接头晶界上存在一定数量的脆性共晶体，如果熔池脱氧不足，则 $Cu + Cu_2O$ 共晶体就会在粗大柱状晶体端部交界处析集，从而大大削弱焊缝中心处的强度和塑性。

改善接头力学性能的一些措施：控制焊缝和母材中氧的含量，对焊缝金属进行适当合金化和变质处理，合理地选择焊接方法和焊接参数。

另外，焊缝杂质过多和合金元素过量能引起焊接接头导电性能降低。

为了避免接头导电能力降低，应尽量减少焊缝中杂质和合金元素的含量。如果为了保证接头力学性能而必须渗合金时，则应选用对导电能力影响较小的合金元素，如 Ag 和 Cr 等。埋弧焊和惰性气体保护焊，熔池保护好时，如果填充材料选用得当，焊缝金属纯度较高，其导电能力可达到母材的90% ~95%。

铜及铜合金耐腐蚀性能较高，但在焊接时也会发生接头抗腐蚀性能下降的问题。焊接时合金元素的烧损和蒸发、接头上各种焊接缺陷、近缝区晶界上集中的 $Cu + Cu_2O$ 共晶体等，都可能降低其抗腐蚀性能。

高锌黄铜、锰青铜、镍锰青铜、铝青铜和白铜等对应力腐蚀特别敏感。焊后冷却过程中所形成的拉应力，将使工件在腐蚀环境中过早地破坏。防止应力腐蚀的措施是工件焊后应进行适当的热处理，以消除焊接应力的影响。

三、铜及铜合金的焊接工艺要点

1. 焊接方法的选择

铜及铜合金的焊接方法有很多，在选用焊接方法时，应该根据被焊材料的成分、厚度、结构特点及使用性能要求综合考虑。由于铜的导热性能很好，因此焊接应采用大功率、高能量密度的焊接方法，热效率越高、能量越集中越好。另外，焊接不同厚度的材料应采用不同的焊接方法，如焊接薄板时宜采用钨极氩弧焊或气焊，中厚板宜采用熔化极氩弧焊或电子束焊，厚板则推荐使用熔化极氩弧焊或电渣焊。铜及铜合金焊接方法的选择及应用见表7—2—5。

表 7—2—5　铜及铜合金焊接方法的选择及应用

焊接方法（热效率 η）	纯铜	黄铜	锡青铜	铝青铜	硅青铜	白铜	应用
	焊接性						
钨极氩弧焊（0.65～0.75）	好	较好	较好	较好	较好	好	用于薄板（$\delta \leqslant 12$ mm）。铝青铜用交流，硅青铜用交流或直流，纯铜、黄铜和白铜等采用直流正接
熔化极氩弧焊（0.70～0.80）	好	较好	较好	好	好	好	用于板厚 $\delta \geqslant 3$ mm，若 $\delta \geqslant 15$ mm，则优点更显著，采用直流反接
等离子弧焊（0.80～0.90）	较好	较好	较好	较好	较好	好	板厚在 3～6 mm 可不开坡口，最适合 3～15 mm 中厚板的焊接
焊条电弧焊（0.75～0.85）	尚可	差	尚可	较好	尚可	好	采用直流反接，操作技术要求高，适用于板厚 2～10 mm
埋弧焊（0.80～0.90）	较好	尚可	较好	较好	较好	—	采用直流反接，适用于 6～30 mm中厚板
钎焊（0.30～0.50）	好	较好	较好	差	尚可	好	常用于各种复杂结构的焊接，焊缝成形美观

2. 焊接材料的选择

铜及铜合金熔焊时，焊接材料是控制焊接过程冶金反应、调整焊缝成分以保证优质焊缝的主要手段。母材不同，选择熔焊方法不同，所选用焊材有一定的差别。

（1）焊丝。焊接铜及铜合金的焊丝除了要满足一般工艺与冶金要求之外，主要应控制杂质含量和提高脱氧能力，以避免热裂纹及气孔。常用铜及铜合金焊丝见表 7—2—6。

表 7—2—6　常用铜及铜合金焊丝

牌号	名称	主要化学成分（质量分数,%）	熔点（℃）	主要用途
HSCu	纯铜焊丝	Sn1.1，Si0.4，Mn0.4，Cu 余量	1 050	纯铜的氩弧焊、气焊（和焊剂 CJ301 配用）和埋弧焊（和焊剂 HJ431 或 HJ150 配用）
HSCuZn－2	锡黄铜焊丝	Cu59，Sn1，Zn 余量	886	黄铜的气焊、惰性气体保护焊和铜及铜合金钎焊
HSCuZn－4	铁黄铜焊丝	Cu58，Sn0.9，Si0.1，Fe0.8，Zn 余量	860	黄铜的气焊、碳弧焊和钎焊，铜、白铜和灰铸铁等的钎焊
HSCuZn－5	硅黄铜焊丝	Cu62，Si0.5，Zn 余量	905	黄铜气焊、碳弧焊，铜、白铜等的钎焊
SCuAl（非国际牌号）	铝青铜焊丝	Al7～9，Mn≤2.0，Cu 余量	—	铝青铜的 TIG 焊、MIG 焊或用作焊条电弧焊用焊芯

焊丝中一般用 P、Si 和 Mn 作脱氧剂。对黄铜来说，脱氧剂 Si 还可抑制 Zn 的烧损，因为 Si 可在熔池表面形成一层氧化硅薄膜，能很好地阻止锌的蒸发和烧损，一般 w（Si）≤0.7%，否则，氧化硅薄膜增厚，会影响熔池中气体析出，使气孔倾向增大。此外，手工钨极氩弧焊时，宜选用无锌的青铜焊丝（如 SCuAl），避免锌的严重蒸发影响氩气的保护效果，使焊接质量不稳定。

（2）焊条。焊条电弧焊用的铜及铜合金焊条分为纯铜焊条、青铜焊条两类，应用较多的是青铜焊条。黄铜中的锌易蒸发，极少用于焊条电弧焊。铜及铜合金焊条的用途见表 7—2—7。

表 7—2—7　　铜及铜合金焊条的用途

牌号	药皮类型	焊缝主要成分（质量分数，%）		焊缝金属力学性能	主要用途
ECu	低氢型	纯铜	Cu＞99	σ_b≥176 MPa	在大气及海水介质中具有良好的耐蚀性，用于焊接脱氧或无氧铜构件
ECuSi	低氢型	硅青铜	Si≈3 Mn＜1.5 Sn＜1.5 Cu 余量	σ_b≥340 MPa δ_5≥20% 110～130 HV	适用于纯铜、硅青铜及黄铜的焊接，以及化工管道等内衬的堆焊
ECuSnB	低氢型	磷青铜	Sn≈8 P≤0.3 Cu 余量	σ_b≥270 MPa δ_5≥20% 80～115 HV	适用于焊接纯铜、黄铜、磷青铜，堆焊磷青铜轴衬、船舶推进器叶片等
ECuAl	低氢型	铝青铜	Al≈8 Mn≤2 Cu 余量	σ_b≥410 MPa δ_5≥15% 120～160 HV	用于铝青铜及其他铜合金、铜合金与钢的焊接以及铸件补焊

3. 焊前准备

（1）接头形式及坡口制备。铜及铜合金焊接时，最好采用散热条件对称的对接接头和端接接头，尽量不采用搭接接头、T 形接头和内角接头等，因这些接头散热快，不易焊透，且焊后清理困难。不同厚度（厚度差超过 3 mm）的铜板对接焊时，应对厚度大的一端按照规定进行削薄处理。为了保证背面成形良好，在采用单面焊接时，必须在背面加成形垫板。一般情况下，铜及铜合金不易采用立焊和仰焊。

（2）焊前清理。在焊接铜及铜合金之前，应先对焊丝和工件坡口两侧 30 mm 范围内表面的油脂、水分及其他杂质，以及金属表面氧化膜进行仔细清理，直至露出金属光泽。铜及铜合金焊前清理及清洗方法见表 7—2—8。经清洗合格的焊件应及时施焊。

表 7—2—8　　铜及铜合金焊前清理及清洗方法

目的	清理内容及工艺措施
去油污	1. 去氧化膜之前，将待焊坡口处及两侧各 30 mm 内的油污、脏物等杂质用汽油，丙酮等有机溶剂进行清洗 2. 用温度为 30～40℃的 10% 氢氧化钠水溶液清除坡口油污→用清水冲洗干净→置于 35%～40% 的硝酸（或 10%～15% 的硫酸）水溶液中浸渍 2～3 min→再用清水洗刷干净，烘干

续表

目的		清理内容及工艺措施
去除氧化膜	机械清理	用风动钢丝轮（钢丝刷）或砂布打磨焊丝和焊件表面，直至露出金属光泽
	化学清理	置于7% HNO_3 +10% H_2SO_4 +0.1 %HCl混合溶液中进行清洗后，用碱水中和，再用清水冲净，然后用热风吹干

4. 焊接工艺要点

（1）焊条电弧焊。焊条电弧焊所用的焊条能使铜及铜合金焊缝中含氧量、含氢量增加，其中Zn蒸发严重，容易形成气孔。因此在焊接过程中应控制焊接参数。

焊条要经200～250℃、2 h烘干，去除药皮中吸附的水分。焊接前和多层焊的层间应对工件进行预热，预热温度根据材料的热导率和工件厚度等确定。纯铜预热温度在300～600℃范围内选择；黄铜导热性比纯铜差，为了抑制Zn的蒸发须预热至200～400℃；锡青铜和硅青铜预热不应超过200℃；磷青铜的流动性差，预热不超过250℃。

为了改善焊接接头的性能，同时减小焊接应力，焊后可对焊缝和接头进行热态和冷态的锤击。对性能要求较高的接头，采用焊后高温热处理消除应力和改善接头韧性。铜及铜合金焊条电弧焊的焊接参数见表7—2—9。

表7—2—9　铜及铜合金焊条电弧焊的焊接参数

材料	板厚（mm）	坡口形式	焊条直径（mm）	焊接电流（A）	说明
纯铜	2～4	I形	3.2，4	110～220	铜及铜合金采用焊条电弧焊时所选用的电流一般可按公式 $I=(3.5\sim4.5)d$（d为焊条直径）确定，并要求： （1）随着板厚增加，热量损失大，焊接电流选用上限，甚至可能超过直径的5倍 （2）在一些特殊的情况下，工件的预热受限制，也可适当提高焊接电流予以补充
	5～10	V形	4～7	180～380	
普通黄铜	2～3	I形	2.5，3.2	50～90	
铝青铜	2～4	I形	3.2，4	60～150	
	6～12	V形	5，6	230～300	
锡青铜	1.5～3	I形	3.2，4	60～150	
	4～12	V形	3.2～6	150～350	
白铜	6～7	I形	3.2	110～120	平焊
	6～7	V形	3.2	100～150	平焊和仰焊

（2）钨极氩弧焊（TIG焊）。钨极氩弧焊是铜及铜合金的主要焊接方法之一。钨极氩弧焊由于具有电弧热量集中、热影响区窄、操作灵活的优点，特别适合于薄板和小件的焊接与补焊。TIG焊主要采用直流正接，一般采用左焊法。铍青铜、铝青铜采用交流TIG焊，有利于清除表面氧化膜。硅青铜的流动性差，是唯一可以采用手工TIG焊进行立焊和仰焊的铜合金。铜及铜合金钨极氩弧焊的焊接参数见表7—2—10。

表 7—2—10　　铜及铜合金钨极氩弧焊的焊接参数

材料	板厚（mm）	钨极直径（mm）	焊丝直径（mm）	焊接电流（A）	氩气流量（L/min）	预热温度（℃）	备注
纯铜	3	3～4	2	200～240	14～16	不预热	不开坡口，对接
	6	4～5	3～4	280～360	18～24	400～450	V形坡口，钝边 1.0 mm
	10	5～6	4～5	340～400		450～500	V形坡口，正面焊两层，反面焊一层
硅青铜	3	3	2～3	120～160	12～16	不预热	不开坡口，对接
	9	5～6	3～4	250～300	18～22		V形坡口，对接
	12		4	270～330	20～24		
锡青铜	1.5～3.0	3	1.5～2.5	100～180	12～16	不预热	不开坡口，对接
	7	4	4	210～250	16～20		V形坡口，对接
	12	5	5	260～300	20～24		
铝青铜	3	4	4	130～160	12～16	不预热	V形坡口，对接
	9	5～6	3～4	210～330	16～24		
	12			250～325			
白铜	<3	3～5	3	300～310	18～24	不预热	V形坡口
	3～9		3～4	300～310			

（3）熔化极氩弧焊（MIG 焊）。MIG 焊是焊接铜及铜合金中、厚板的常用方法。MIG 焊电流密度大、电弧穿透力强、焊接速度快、焊缝成形美观及焊接质量高，因此在生产中得到了广泛应用。

MIG 焊焊接铜时，焊丝的选用原则与 TIG 焊焊丝的选择完全一样。用该方法焊接脱氧铜，能获得无气孔、强度较高的焊缝。MIG 焊在焊接脱氧元素不足的铜时，焊缝的气孔较多，且强度较低。

MIG 焊焊接铜及铜合金时宜采用直流反接、大电流、高焊速，这样可提高电弧的稳定性，避免硅青铜、磷青铜的热脆性和近缝区晶粒的长大。在焊接厚度大于 6 mm 或采用直径大于 1.6 mm 的焊丝焊接 V 形坡口时均需预热。对于硅青铜和铍青铜，根据其脆性及高强度的特点，焊后应进行消除应力退火和500℃下保温 3 h 的时效硬化处理。焊接时由于熔池的增大，保护气体的流量相应也成倍增加。表 7—2—11 为铜及铜合金熔化极氩弧焊的焊接参数。

表 7—2—11　　铜及铜合金熔化极氩弧焊的焊接参数

材料	板厚（mm）	坡口形式	焊丝直径（mm）	焊接电流（A）	焊接电压（V）	氩气流量（L/min）	预热温度（℃）
纯铜	3	I形	1.6	300～350	25～30	16～20	—
	10	V形	2.5～3	480～500	32～35	25～30	400～500
	20	V形	4	700	28～30	25～30	600
	22～30	V形	4	700～750	32～36	30～40	600

续表

材料	板厚（mm）	坡口形式	焊丝直径（mm）	焊接电流（A）	焊接电压（V）	氩气流量（L/min）	预热温度（℃）
普通黄铜	3	I形	1.6	275～285	25～28	16	—
	9	V形	1.6	275～285	25～28	16	—
	12	V形	1.6	275～285	25～28	16	—
锡青铜	3	I形	1.0	140～160	26～27	—	—
	9	V形	1.6	275～285	28～29	18	100～150
	12	V形	1.6	315～335	29～30	18	200～250
铝青铜	3	I形	1.6	260～300	26～28	20	—
	9	V形	1.6	300～330	26～28	20～25	—
	18	V形	1.6	320～350	26～28	30～35	—

（4）等离子弧焊。等离子弧具有比 TIG 焊和 MIG 焊电弧更高的能量密度和温度，很适合于焊接高热导率和过热敏感的铜及铜合金。厚度 6～8 mm 的铜件可不预热、不开坡口一次焊成，接头质量达到母材水平。厚度 8 mm 以上的铜件可采用留大钝边、开 V 形坡口的等离子弧焊与 TIG 焊或 MIG 焊联合的焊接工艺，即先用不填丝的等离子弧焊焊底层，然后用 TIG 焊或 MIG 焊填满坡口。纯铜和黄铜等离子弧焊的焊接参数见表 7—2—12。

表 7—2—12　　纯铜和黄铜等离子弧焊的焊接参数

材料	板厚（mm）	钨极直径（mm）	保护气体流量（L/min）	等离子气体流量（L/min）	焊接电流（A）	送丝速度（cm/min）	说明
纯铜	6	5	12～14	正 4～4.5 反 4.5～5	正 140～170 反 160～170	—	不开坡口对接，正反面各焊一层
	8	6	—	11.6	670	7.2	焊接速度 48 cm/min，氩气压力 0.15 MPa
	10	5	20～22	正 4～4.5 反 4.5～5	正 210～220 反 220～240	—	V 形坡口 60°，钝边 2 mm，正反面各焊三层
	16	5	21～23	5～5.5	正 210～240 反 240～260	—	正面焊四层，反面焊三层
黄铜	6	—	正 25 反 10	4～4.5	280～290	—	无坡口，无间隙，不加丝，不预热

（5）埋弧焊。铜及铜合金埋弧焊时，板厚小于 20 mm 的工件在不预热和不开坡口的条件下可获得优质接头，使焊接工艺大为简化，特别适合中厚板焊件及长而规则焊缝的焊接。纯铜、青铜埋弧焊的焊接性较好，黄铜的焊接性尚可。

1）焊丝与焊剂的选择。焊接铜及铜合金可选用高硅高锰焊剂（如 HJ431）而获得满意的工艺性能。对接头性能要求高的工件宜选用氧化性小的 HJ260、HJ150 或选用陶质焊剂、氟化物焊剂。

2）焊接参数。铜及铜合金埋弧焊的焊接参数见表7—2—13。铜的埋弧焊通常是采用单道焊。厚度小于20 mm的铜及铜合金可采用不开坡口的单面焊或双面焊。厚度更大的工件最好开U形坡口（钝边为5~7 mm）并采用并列双丝焊接（丝距约为20 mm），这样可以获得比较合理的焊缝成形系数，避免产生热裂纹。

表7—2—13　铜及铜合金埋弧焊的焊接参数

材料	板厚（mm）	接头、坡口形式	焊丝直径（mm）	焊接电流（A）	焊接电压（V）	焊接速度（m/h）	备注
纯铜	5~12	对接，不开坡口	—	500~800	38~44	15~40	—
	16~20		—	850~1 000	45~50	12~8	—
	25~50	对接，U形坡口	—	1 000~1 400	45~55	4~8	—
	25~60	角接，U形坡口	—	1 000~1 600	45~55	3~8	—
黄铜	4~8	—	2	180~300	24~30	20~25	单、双面焊，封底焊缝
	12~18	—	2、3	450~750	30~34	25~30	单面焊，封底焊缝
铝青铜	10~15	V形坡口	焊剂层厚度25~30	450~650	35~38	20~25	双面焊
	20~26	X形坡口	>3	750~800	36~38	20~25	双面焊

埋弧焊使用的焊接热输入量较大，熔化金属多，为防止液体铜的流失和获得理想的反面成形，无论单面焊还是双面焊，接头反面均应采用各种形式的垫板。垫板与铜板的接触面要吻合得很好，需要专门机械加工。为了保持焊剂垫层有一定的透气性，以利焊缝中气体的析出，又不对反面成形造成很大的压力使焊缝底部向下凹，应选颗粒度稍大的焊剂（2~3 mm）作为焊剂层，而且焊剂层应有一定的厚度，一般不小于30 mm。

（6）钎焊。铜及铜合金具有优良的钎焊性，无论是硬钎焊（钎料熔化温度高于450℃）还是软钎焊（钎料熔化温度低于450℃）都容易实现。因为铜及铜合金有较好的润湿性，表面的氧化膜也容易去除。只有部分含铝的铜合金由于表面形成Al_2O_3氧化膜较难去除，故钎焊较困难。

铜及铜合金钎焊多采用氧乙炔焰，也可根据工件的形状、尺寸和数量，采用烙铁、浸渍、火焰、电感应、电阻和炉中钎焊等加热方法进行钎焊，同时应注意合理选择相应的钎料、钎剂和保护气氛。

1）铜及铜合金的硬钎焊。用于铜及铜合金硬钎焊的钎料有Cu-Zn钎料、Cu-P和Cu-P-Ag钎料、Ag-Cu钎料等，可根据被焊工件的要求选用。钎剂有粉状、膏状和液状。

绝大多数钎剂吸潮性很强，需严格密封保管。

对具有热脆性或在熔化钎料作用下易发生自裂的铜合金和接头，必须在钎焊前进行消除应力处理，并尽量缩短钎焊时间，不要采用快速加热法。炉中钎焊黄铜和铝青铜时，为避免Zn的烧损及Al向银钎料扩散，工件表面可预先镀上铜层或镍层。在还原性气氛中钎焊铜及铜合金时要注意氢的不利影响，只有无氧铜才能在氢气中钎焊。

2）铜及铜合金的软钎焊。铜及铜合金软钎焊时一般选用润湿性和工艺性极好的锡—铅钎料。铜及铜合金软钎焊用钎剂分为有机钎剂和弱腐蚀性钎剂两类。有机钎剂一般采用活性松香酒精溶液，焊后不必清除钎剂残渣；弱腐蚀性钎剂一般使用 $ZnCl_2-NH_4Cl$ 水溶液、$ZnCl_2-HCl$ 溶液或 $ZnCl_2-SnCl_2-HCl$ 水溶液，焊后需要清除钎剂残渣。另外，活性元素Sn容易和Cu反应，在铜表面形成金属间化合物 Cu_6Sn_5。若高温长时间加热，这层金属间化合物增厚后会使接头强度降低，脆性增加。

任务实施

一、焊前准备

1. 选择焊接方法

由于该铸铜件的尺寸较大，焊接时散热较快，补焊的方法选择焊条电弧焊。

2. 焊接材料和焊机的选用

选用ECu（T107）焊条，焊条直径为4 mm，焊前将焊条在250℃下烘焙1 ~ 2 h。焊机选用直流反接的形式。

3. 坡口制备

在裂纹处开60° ~ 70°的V形坡口，缩孔处用扁铲铲除杂质后开U形坡口。开好坡口后，用风铲和钢丝刷等工具将坡口两侧20 mm内清理干净，直至露出金属光泽。

4. 采取固定措施

由于黄铜焊接时极易变形，因此，焊前应采取固定措施将铸铜件固定好，以防止焊接变形过大。

二、焊接操作要点

1. 将工件整体放入加热炉内预热至400℃后，出炉后置于平焊位置。

2. 先补焊裂纹，其工艺要点如下：

（1）采用短弧从裂纹两端向中心部位焊接。

（2）焊缝共分为两层焊接，焊接电流为130 ~ 170 A。第1层焊接时，焊接电流为170 A，从裂纹的两端往中间焊，焊接时焊条作往复运动，焊接速度要快；第2层焊接时，焊接电流比第1层要略小，焊条可适当地作横向摆动，以保证边缘熔合良好。

（3）裂纹的补焊过程尽量不要中断，每条焊缝一次焊接完成，焊接速度越快，焊接质量越好。焊缝要高于焊件表面1 mm左右。

3. 补焊完裂纹后，再补焊缩孔，其工艺要点是：

（1）由于缩孔处的深度和面积较大，呈U形坡口，填充金属量较大，故采用堆焊方法完成，焊接顺序如图7—2—3所示。

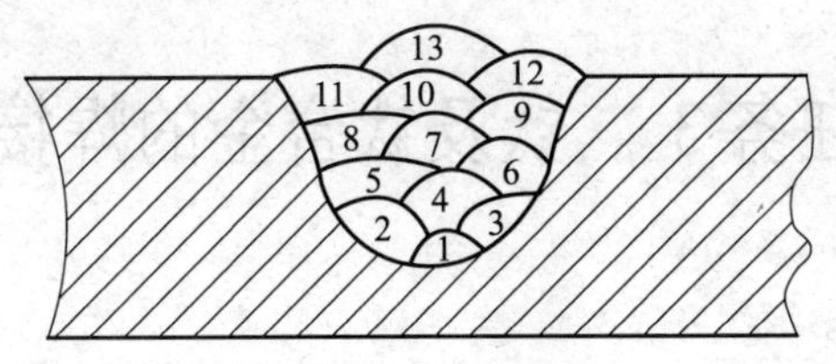

图 7—2—3　焊接顺序

（2）堆焊时可采用前一层焊接电流较大、其余层较小（大的为 160 A，小的为 150 A）的方式交替进行。焊接中，各层间要严格清渣，并用锤子锤击焊缝，以消除焊接应力，改善力学性能。

（3）在整个焊接过程中，应注意在搬动或翻动焊件时，因焊件处于高温状态，容易使之发生变形和损坏。堆焊后要求焊缝高出焊件表面 1 mm。

三、焊后处理

焊后用平头锤敲击焊缝，消除应力，使组织致密，改善力学性能。焊件置于室内自然冷却即可。缩孔部位经机械加工后，除焊缝颜色和母材金属略有差异外，应未发现有裂纹、夹渣和气孔等焊接缺陷。

任务评价

铜及铜合金的焊接评分标准见表 7—2—14。

表 7—2—14　　铜及铜合金的焊接评分标准

序号	考核内容	评分标准	配分	得分
1	焊前的准备工作	坡口制备 5 分，坡口清理 5 分，固定措施 5 分	15	
2	焊接方法的选择	选择合适的焊接方法 10 分	10	
3	焊接材料的选择	合理选用焊接材料 15 分	15	
4	焊接操作	焊接参数选择合理 10 分，焊缝无缺陷 30 分；焊缝不合格之处，酌情扣分	40	
5	焊前预热及焊后热处理	预热至 400℃，10 分；焊后用平头锤敲击焊缝，消除应力，使组织致密，改善力学性能，10 分	20	
总分合计			100	

思考与练习

1. 铜及铜合金焊接时的主要问题是什么？
2. 试述铜及铜合金的焊接性。
3. 试述铜及铜合金的焊接工艺要点。

任务3　钛及钛合金的焊接

技能点

◎ 能够根据钛及钛合金的焊接性，正确选择焊接材料并制定合理的焊接工艺。

知识点

◎ 钛及钛合金的种类、性能、焊接性和焊接工艺要点等。

任务提出

钛及钛合金作为结构材料有许多特点，如密度小、抗拉强度高、比强度（强度/密度）大。在300～550℃高温下，钛合金仍具有足够高的强度，钛及钛合金在海水及大多数酸、碱、盐介质中均具有较优良的抗腐蚀性能。此外，还有良好的低温冲击韧性和可加工性能等优点，因此，在航空航天、化工、造船、冶金、仪器仪表等领域得到了广泛的应用。

以纯钛外冷器的焊接为例，用于制碱工业生产的大型纯钛外冷器，其主要技术参数见表7—3—1。请根据纯钛的焊接性制定该外冷器的焊接工艺方案。

表7—3—1　　外冷器的主要技术参数

技术参数名称	指标		技术参数名称	指标
	管内	管间		
操作压力（MPa）	0.03～0.15	0.1～0.2	换热面积（m^2）	480（按平均直径计算）
操作温度（℃）	8～10	−2～6	筒体尺寸（mm）	ϕ1 600×8×6 000
			管板尺寸（mm）	δ=28，ϕ1 717×28
物料名称	NZ_4Cl母液	卤水	列管尺寸（mm）	ϕ51×2×6 000，共511根

任务分析

钛及钛合金的性质活泼，对氧、氮、氢等气体具有很强的亲和力，因此应对焊接区进行良好的保护。对处于400℃以上的熔池后部焊缝及热影响区，均应进行氩气保护，为了防止空气侵入，焊接时采用带有拖罩的焊炬和背面保护装置对焊缝进行有效保护。由于常规的焊条电弧焊、气焊、CO_2气体保护焊不适合用于钛及钛合金的焊接，因此可选择最为常用的钨极氩弧焊。焊接过程中应防止焊接接头的污染脆化、焊接区的裂纹倾向和焊缝气孔的生成等问题。

相关知识

一、钛及钛合金的种类及性能特点

钛及钛合金的分类有很多方法。工业纯钛的牌号分别为TA0、TA1、TA2、TA3。钛合金根据退火组织的不同，可分为 α 型钛合金、β 型钛合金和 $\alpha+\beta$ 型钛合金三大类，牌号分别以 TA、TB、TC 和顺序数字表示。TA4～TA10 表示 α 型钛合金，TB2～TB4 表示 β 型钛合金，TC1～TC12 表示 $\alpha+\beta$ 型钛合金。钛合金按性能和用途可分为结构钛合金、耐蚀钛合金、耐热钛合金和低温钛合金等。表 7—3—2 为钛及钛合金的主要牌号及化学成分。表 7—3—3 为常用钛及钛合金的力学性能。

1. 工业纯钛

工业纯钛是一种银白色金属，密度小，熔点高，线膨胀系数小，导热性差。工业纯钛不含合金元素，不能通过热处理强化。其性质与纯度有关，纯度越高，强度和硬度越低，塑性越好，越容易加工成形。钛在 885℃时发生同素异构转变，在 885℃以下，为密排六方晶格结构，称为 α 钛；在 885℃以上，为体心立方晶格结构，称为 β 钛。工业纯钛具有很高的化学活性，钛与氧的亲和力很强，在室温条件下，就能在表面生成一层致密而稳定的氧化薄膜。由于薄膜的保护作用，使钛在硝酸、稀硫酸、磷酸、氯盐溶液以及各种浓度碱液中都有良好的耐蚀性。工业纯钛有良好的焊接性，也常被用作其他钛合金焊接的填充金属。工业纯钛一般不在冷作硬化状态下焊接，而只在退火状态下焊接。

工业纯钛中的杂质元素有氢、氧、铁、硅、碳、氮等。其中氧、氮、碳与钛形成间隙固溶体，铁、硅等元素与钛形成置换固溶体，起固溶强化作用，显著提高钛的强度和硬度，降低塑性和韧性。氢以置换方式固溶于钛中，微量的氢能够使钛的冲击韧性急剧降低，增大缺口敏感性，并引起氢脆。

2. 钛合金

在工业纯钛中加入合金元素后便可以得到钛合金。钛合金的强度、塑性、抗氧化等性能显著提高，其相变温度和结晶组织发生相应的变化。

（1）α 型钛合金。α 稳定化元素有 Al、O、N、C，它们能提高钛发生同素异构转变的温度，扩大 α 相区的范围并起强化作用。其中 N、O、C 在提高钛强度的同时使钛的塑性严重下降，金属变脆，故属于不希望存在的元素。α 型钛合金主要是通过加入 α 型稳定元素 Al 和中性元素 Sn、Zr 等进行固溶强化而形成的。

α 型钛合金有时也加入少量的 β 稳定元素，因此 α 型钛合金又分为完全由 α 相单相组成的 α 型钛合金、β 稳定元素含量小于 20% 的类 α 型钛合金和能够时效强化的 α 型钛合金［w（Cu）<2.5% 的 Ti－Cu 合金］。α 型钛合金中的主要合金元素是铝，铝溶入钛中形成 α 固溶体，从而提高再结晶温度，此外还能提高耐热性和力学性能。铝还能够扩大氢在钛中的溶解度，减小氢脆的敏感性。但铝的加入量不宜过多，否则容易出现 Ti_3Al 相而引起脆化，通常铝的含量不超过 7%。

α 型钛合金具有高温强度高、低温韧性好、抗氧化能力强、焊接性优良、组织稳定等特点，强度比工业纯钛高，但是加工性能比 β 型和 $\alpha+\beta$ 型钛合金差。α 型钛合金不能进行热处理强化，可冷作硬化，但会导致塑性降低，可通过 600～700℃的退火处理来消除加工硬化，或通过不完全退火（550～650℃）消除焊接时产生的应力。

TA7（Ti－5Al－2.5Sn）是一种广泛应用的 α 型钛合金，具有较好的高温强度和高温蠕变性能，540℃时蠕变强度达到 516 MPa，适用于制造在 450℃以下连续承载的构件。TA7 加工后一般要进行 800～850℃的退火处理，以消除应力。

（2）β型钛合金。β型钛合金含有很高比例的β稳定化元素，如Mo和V等，使马氏体转变（β→α）进行得很缓慢，在一般工艺条件下，其组织几乎全部为β相。通过时效热处理，β型钛合金的强度可以得到提高，这主要是因α相或化合物的析出沉淀而强化。β型钛合金在单一β相条件下的加工性能良好，并具有优良的加工硬化性能，其缺点是低温脆性大，焊接性能较差，容易形成冷裂纹，在焊接结构中应用得较少。

（3）α+β型钛合金。α+β型钛合金的组织是由以α相为基的固溶体和以β相为基的固溶体两相组织构成的。α+β型钛合金中都含有α稳定元素Al，同时为了进一步强化合金，添加了Sn、Zr等中性元素和β稳定元素，其中β稳定化元素的加入量通常不超过6%。

α+β型钛合金兼有α型钛合金和β型钛合金的优点，既具有良好的高温变形能力和热加工性，又可通过热处理强化提高强度。但是，随着α相比例的增加，其加工性能变差；随着β相比例增加，其焊接性能变差。α+β型钛合金退火状态时断裂韧性高，热处理状态时比强度大，硬化倾向比α型和β型钛合金大。α+β型钛合金的室温、中温强度比α型钛合金高，并且由于β相溶解氢等杂质的能力比α相大，因此，氢对α+β型钛合金的危害比α型钛合金小。由于α+β型钛合金的力学性能可以在较宽的范围内变化，从而可以使其适应不同的用途。

TC4（Ti-6Al-4V）是一种典型的α+β型钛合金，其综合性能良好，在航空、航天等领域应用广泛。TC4的基本相由α相和β相组成，在不同的热处理和热加工条件下，两相的比例、性质和形态是不相同的。TC4钛合金的室温强度高，在150~350℃时具有良好的耐热性。此外，还具有良好的焊接性，焊后不作任何处理即可使用，而且可以通过焊后的固溶和时效处理进一步强化。

表7—3—2　钛及钛合金的主要牌号及化学成分

合金牌号	名义化学成分	主要化学成分（质量分数，%）					杂质（质量分数，%）≤				
		Ti	Al	Sn	Mo	V	Fe	C	N	H	O
TA1	工业纯钛	余量	—	—	—	—	0.20	0.08	0.03	0.015	0.18
TA2	工业纯钛	余量	—	—	—	—	0.30	0.08	0.03	0.015	0.25
TA3	工业纯钛	余量	—	—	—	—	0.30	0.08	0.05	0.015	0.35
TA4	工业纯钛	余量	—	—	—	—	0.50	0.08	0.05	0.015	0.40
TA6	Ti-5Al	余量	4.0~5.5	—	—	—	0.30	0.08	0.05	0.015	0.15
TA7	Ti-5Al-2.5Sn	余量	4.0~6.0	2.0~3.0	—	—	0.50	0.08	0.05	0.015	0.20
TB2	Ti-5Mo-5V-8Cr-3Al	余量	2.5~3.5	—	4.7~5.7	4.7~5.7	0.30	0.05	0.04	0.015	0.15
TC1	Ti-2Al-1.5Mn	余量	1.0~2.5	—	—	—	0.30	0.08	0.05	0.012	0.15
TC2	Ti-4Al-1.5Mn	余量	3.5~5.0	—	—	—	0.30	0.08	0.05	0.012	0.15
TC3	Ti-5Al-4V	余量	4.5~6.0	—	—	3.5~4.5	0.30	0.08	0.05	0.015	0.15
TC4	Ti-6Al-4V	余量	5.5~6.75	—	—	3.5~4.5	0.30	0.08	0.05	0.015	0.20

表 7—3—3　　常用钛及钛合金的力学性能

合金系	合金牌号	材料状态	板材厚度（mm）	室温力学性能（≥）		
				抗拉强度（MPa）	伸长率（%）	弯曲角（°）
工业纯钛	TA1	退火	0.3～2.0 2.1～10.0	370～530	40 30	140 130
钛铝合金（α 型钛合金）	TA6	退火	0.8～2.0 2.1～10.0	685	15 12	50 40
钛铝锡合金（α 型钛合金）	TA7	退火	0.8～2.0 2.1～10.0	735～930	20 12	50 40
钛铝钼铬合金（β 型钛合金）	TB2	淬火 淬火＋时效	1.0～3.5	≤980 1 320	20 8	120
钛铝锰合金（α＋β 型钛合金）	TC1	退火	0.5～2.0 2.1～10.0	590～735	25 20	70 60
钛铝钒合金（α＋β 型钛合金）	TC4	退火	0.8～2.0 2.1～10.0	895	12 10	35 30

二、钛及钛合金的焊接性

1. 焊接接头的污染脆化

常温下钛及钛合金比较稳定，与氧生成致密的氧化膜，具有高的耐蚀性，但在 540℃以上生成的氧化膜则较疏松。随着温度的升高，钛及钛合金吸收 O、N、H 的能力也随之明显上升，如图 7—3—1 所示，钛在 300℃以上快速吸氢，600℃以上快速吸氧，700℃以上快速吸氮，而且保温温度越高，时间越长，吸收的氧、氮和氢就越多。

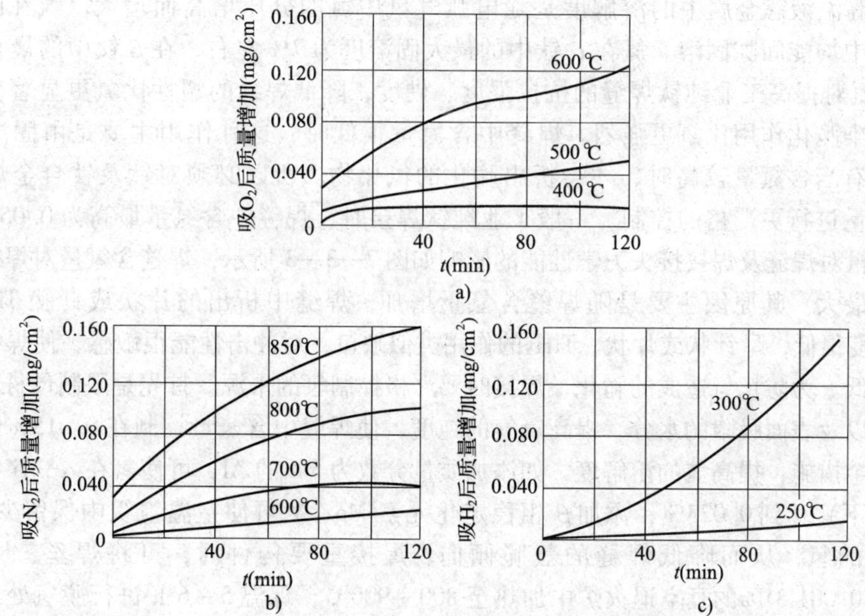

图 7—3—1　钛吸收氧、氮、氢的能力与温度、时间的关系

（质量增加用试件单位面积上增加的毫克数表示）

氧与氮间隙固溶于钛中，使钛的晶格畸变，变形抗力增加，强度和硬度增大，塑性和韧性降低，如图 7—3—2 所示。氧在 α—Ti 中的最大溶解度为 14.5%，在 β—Ti 中为 1.8%，因此氧在高温 α—Ti、β—Ti 中形成间隙固溶体，起固溶强化作用，造成钛的晶格畸变，使其强度、硬度提高，但塑性、韧性显著降低。在工业纯钛焊接时，为保证焊缝有足够的塑性，防止氧的污染脆化，一般认为焊缝中含氧量最高为 0.15%。钛合金焊接时，氧的有害影响也是明显的。

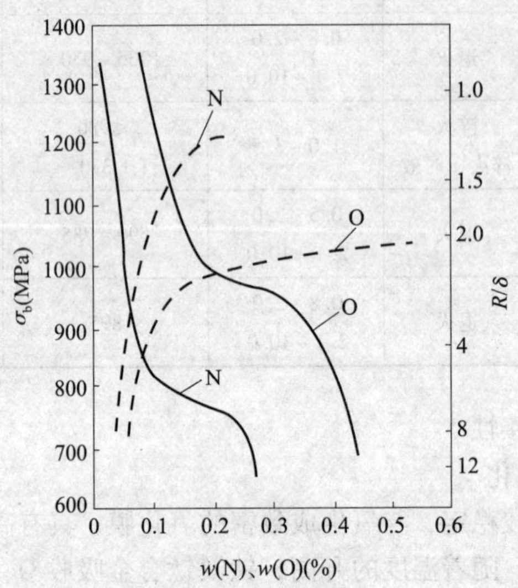

图 7—3—2　焊缝含氧量、含氮量对接头强度和弯曲塑性的影响

（图中虚线表示接头强度，实线表示弯曲塑性）

氮在高温液态金属中的溶解度是随电弧气氛中氮的分压增高而增大。氮在固态的 α 钛及 β 钛中均能间隙固溶。氮在 α 钛中的最大固溶度为 7% 左右，在 β 钛中的最大固溶度为 2%。氮对提高工业纯钛焊缝的抗拉强度、硬度，降低焊缝的塑性比氧更显著，也就是说氮的污染脆化作用比氧更强烈。焊缝中含氮量很低时，这种作用主要是由固溶强化产生的。只有当含氮量较高时，才会析出脆化的氮化物。所以必须对钛及钛合金焊接时焊缝的含氮量进行更严格的控制。一般工业纯钛焊接时，焊缝中含氮量最高为 0.05%。

含氢量对焊缝及焊接接头力学性能的影响如图 7—3—3 所示，焊缝含氢量对焊缝冲击性能的影响最大。其原因主要是随焊缝含氢量增加，焊缝中析出的片状或针状 TiH_2 增多。TiH_2 的强度很低，呈针状或片状。TiH_2 的作用类似缺口，对冲击性能很敏感，使焊缝冲击性能显著降低。为防止氢造成的脆化，焊接时要严格控制氢的来源。首先是限制母材和焊材中的含氢量以及表面吸附的水分，提高氩气的纯度，使焊缝中含氢量控制在 0.015% 以下。还可采用冶金措施，提高氢的溶解度，如添加质量分数为 5% 的 Al，可使氢在 α—Ti 中的溶解度（常温下）达到 0.023%；添加 β 相稳定化元素 Mo、V 可使室温组织中保留少量 β 相，溶解更多的氢，从而降低焊缝的氢脆倾向。焊接重要构件时，可将焊丝、母材放入 0.013 0 ~ 0.001 3 Pa 的真空退火炉中加热至 800 ~ 900℃，保温 5 ~ 6 h 进行脱氢处理，将含氢量控制在 0.001 2% 以下，以提高焊接接头的塑性和韧性。

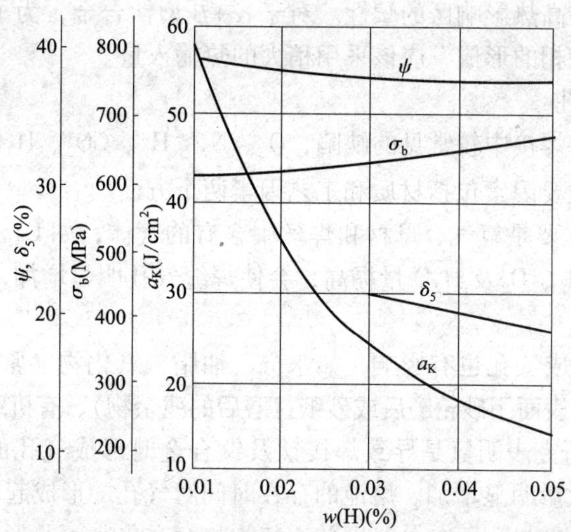

图 7—3—3　含氢量对焊缝及焊接接头力学性能的影响

碳也是钛及钛合金中常见的杂质，主要来源于母材、焊丝和油污等。当焊缝中存在碳时，则会以间隙固溶体形式固溶于α钛中，其影响不及氧与氮。钛及钛合金母材中含碳量应不大于0.1%，焊缝含碳量应不超过母材含碳量。

由于以上原因，在焊接钛及钛合金时，对于刚凝固的焊缝金属和高温近缝区，不管是正面还是背面，如果不能受到有效保护，必将引起塑性下降。液态的熔池和熔滴金属若得不到有效保护，则更容易受空气等杂质污染，脆化程度更严重。钛及钛合金的气焊与焊条电弧焊由于难以防止气体等杂质的污染脆化，故均不能满足焊接质量要求。氩弧焊应用较广，但对氩气的纯度要求很高，氩弧焊炬必须采用拖罩，以便对焊缝及附近400℃以上高温区进行保护，另外，还要对焊缝反面400℃以上区域进行有效保护。一些结构复杂的零件可在充氩箱内进行焊接。

2. 焊接区裂纹倾向

（1）热裂纹。由于钛及钛合金中含S、P、C等杂质较少，很少有低熔点共晶体在晶界处生成，而且结晶温度区间很窄，焊缝凝固时收缩量小，因此热裂纹敏感性低。当母材和焊丝质量差，特别是当焊丝有裂纹、夹层等缺陷时，会在夹层和裂纹处积聚有害杂质而使焊缝产生热裂纹。

（2）冷裂纹和延迟裂纹。当焊缝含氧量、含氮量较高时，焊缝变脆，在较大的焊接应力作用下，会出现裂纹，这种裂纹是在较低温度下形成的。

在焊接钛合金时，热影响区有时也会出现延迟裂纹。氢是引起延迟裂纹形成的主要因素。防止延迟裂纹的办法主要是控制焊接接头处的氢的来源，必要时可进行真空退火处理，以减少焊接接头的含氢量。

此外，钛的熔点高、比热容大、导热性差，因此在焊接时易形成较大的熔池，并且熔池温度高，这使得焊缝及热影响区金属在高温停留的时间比较长，晶粒长大倾向明显，使接头塑性和韧性降低，易导致裂纹产生。长大的晶粒难以用热处理方法恢复，所以焊接时应严格控制焊接热输入量。熔焊时应采用能量集中的热源，减小热影响区；采用较小的焊接电流和较快的焊接速度，以提高热影响区的塑性。对于 $\alpha+\beta$ 型钛合金，为了避免 α 相和 β 相产生不良结合以及避免脆性相的形成，应该采用稍大的热输入量。

3. 易生成焊缝气孔

气孔是钛及钛合金焊接中较常见的缺陷，O_2、N_2、H_2、CO_2、H_2O 都可能引起气孔。影响焊缝中气孔产生的主要因素包括材质和工艺因素两个方面。

（1）材质因素。主要是氩气、母材和焊丝中含有的气体，如 O_2、H_2、N_2、H_2O 等。氩气及母材、焊丝中含 H_2、O_2 及 H_2O 量提高，会使焊缝气孔明显增加，但 N_2 对焊缝气孔的影响较弱。

材质表面状况对生成气孔也有影响，如水分、油脂、氧化物（常带有结晶水）、含碳物质、砂粒、磨料质点（表面用砂轮磨后或砂纸打磨后的残余物）、有机纤维及吸附的气体等。

（2）工艺因素。研究表明氢是导致焊接钛及钛合金时形成气孔的主要气体，当焊缝中含氢量增加时，气孔数量明显增加。熔池的存在时间对气孔的形成起着重要作用。当熔池存在时间很短时，氢的扩散过程不充分，即使有气泡核存在也来不及形成气泡；当熔池存在时间逐渐增加时，有利于氢向气泡核扩散及宏观气泡的形成，所以，焊缝中的气孔不断增多；当熔池存在时间再进一步增长时，由于有利于气泡的逸出，所以此时的气孔是逐渐减少的。

钛及钛合金焊缝气孔大多分布在熔合线附近，这是钛及钛合金焊接气孔的一个特点，这种气孔的形成与氢在钛中的溶解度有关。由于氢在钛中的溶解度随着温度升高而降低，在凝固温度处有突变，如图 7—3—4 所示，因此，在冷却结晶时，过饱和的氢来不及从熔池中析出，便聚集形成焊缝气孔；由于焊接熔池中部比边缘温度高，则中部的氢向熔池边缘扩散聚集，从而形成熔合线气孔。

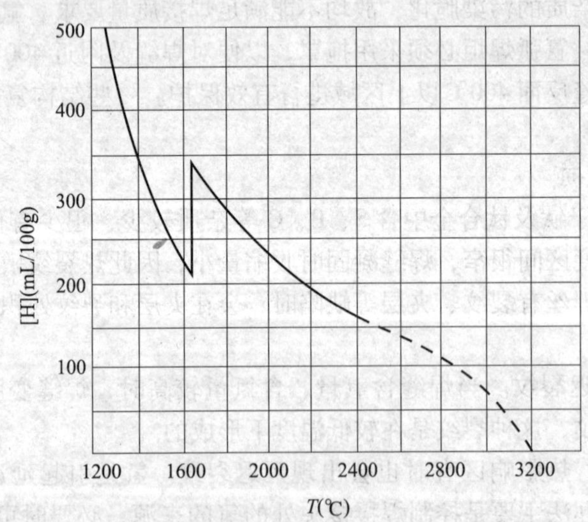

图 7—3—4　氢在高温钛中的溶解度随温度变化的曲线

防止焊接区气孔产生的关键是杜绝气体的来源，防止焊接区被污染，通常采取以下措施：

1）严格限制原材料中氢、氧、氮等杂质气体的含量；采用机械方法加工坡口端面，并除去剪切痕迹；焊前仔细清除焊丝、母材表面的氧化膜及油污等，或焊前对焊丝进行真空去氢处理来改善焊丝的含氢量和表面状态。

2）尽量缩短焊件清理后到焊接的时间间隔，一般不要超过 2 h。否则要妥善保存焊件，以防吸潮。

3）正确选择焊接参数，延长熔池停留时间，以便于气泡的逸出；控制氩气流量，防止湍流现象将空气带入焊接区。

4）采用纯度大于 99. 99% 的低露点氩气；氩气管路不宜采用橡胶管，以尼龙软管为宜。

5）正确选择焊接方法。采用氩弧焊、真空电子束焊或等离子弧焊。

三、钛及钛合金的焊接工艺要点

1. 焊接方法的选择

钛及钛合金的性质活泼，溶解氮、氢、氧的能力很强，常规的焊条电弧焊、气焊、CO_2 气体保护焊不适合用于钛及钛合金的焊接。钛及钛合金的主要焊接方法及其特点见表 7—3—4。应用最多的是钨极氩弧焊和熔化极氩弧焊，等离子弧焊、电子束焊、激光焊、钎焊和扩散焊等焊接方法也有不同程度的应用。

表 7—3—4　　钛及钛合金的主要焊接方法及其特点

焊接方法	特　点
钨极氩弧焊	可以用于薄板及厚板的焊接，板厚 3 mm 以上时可以采用多层焊；熔深浅，焊道平滑；适用于修补焊接
熔化极氩弧焊	熔深大，熔敷量大；飞溅现象较严重；焊缝成形比钨极氩弧焊差
等离子弧焊	熔深大，10 mm 的厚板可以一次焊成；手工操作困难
电子束焊	熔深大，污染少；焊缝窄，热影响区小，焊接变形小；设备价格高
扩散焊	可以用于异种金属或金属与非金属的焊接；形状复杂的工件可以一次焊成；变形小

2. 焊接材料的选择

钛及钛合金焊接时的填充金属与母材的成分相似。为了改善接头的韧性和塑性，有时采用强度低于母材的填充材料，例如，用工业纯钛（TA1、TA2）作填充材料焊接 TA7 和厚度不大的 TC4。常用的焊丝有 TA1 ~ TA6 和 TC3 等，这些焊丝均以真空退火状态供应。如缺少上述标准牌号的焊丝时，也可从母材上剪下窄条作为焊丝，窄条的宽度与板厚相同。

一般采用纯度大于 99. 99% 纯氩作保护气体，只有在需要增加熔深（深熔焊）和加强保护效果（仰焊）时才用氦气。

3. 焊前准备

（1）板材切割。切割钛合金板材和管材时，应采用等离子切割、激光切割和水射流切割等方法，不能采用火焰方法进行切割，否则会使材料发生氧化和氮化而变脆。

（2）坡口形式和装配。坡口形式及尺寸的选择原则是尽量减少焊接层数和填充金属量，因为随焊接层数增多，焊缝的累积吸气量增加，从而影响焊接接头的塑性。坡口在加工时应尽量采用刨、铣等冷加工工艺，以减小热加工时容易出现坡口边缘硬度增高的现象。钛及钛合金 TIG 焊的坡口形式及尺寸见表 7—3—5。搭接接头由于背面保护困难，尽可能不采用；母材厚度小于 2. 5 mm 的不开坡口对接接头，可不添加填充焊丝进行焊接；厚度大的母材需开坡口并添加填充金属，应尽量采用平焊。

表 7—3—5　　钛及钛合金 TIG 焊的坡口形式及尺寸

坡口形式	板厚 δ（mm）	坡口尺寸		
		间隙（mm）	钝边（mm）	角度（°）
不开坡口	0.25 ~ 2.3	0	—	—
	0.8 ~ 3.2	0 ~ 0.1δ	—	—
V 形	1.6 ~ 6.4			30 ~ 60
	3.0 ~ 13			30 ~ 90
X 形	6.4 ~ 38	0 ~ 1.0δ	（0.1 ~ 0.25）δ	30 ~ 90
U 形	6.4 ~ 25			15 ~ 30
双 U 形	19 ~ 51			15 ~ 30

由于钛的一些特殊的物理性能，如表面张力大、黏度小，焊前须对焊件进行仔细装配。一般焊点间距为 100 ~ 150 mm，长度为 10 ~ 15 mm。定位焊所用的焊丝、焊接参数及保护气体等与焊接时相同，装配时应严禁敲击和划伤待焊工件表面。

（3）表面清理。焊接前应认真清理钛及钛合金坡口及其附近区域。若清理不彻底，会在焊件和焊丝表面形成吸气层，导致焊接接头形成裂纹和气孔。

1）机械清理。对焊接质量要求不高或酸洗有困难的焊件，如在 600℃ 以上形成的氧化膜很难用化学方法清除，可用细砂布或不锈钢丝刷擦刷，或用硬质合金刮刀刮削待焊边缘，去除表面氧化膜，刮削深度约 0.025 mm；然后用丙酮、乙醇、四氯化碳或甲醇等溶剂去除坡口两侧的有机物及油污等。

2）化学清理。对焊前经过热加工或在无保护情况下热处理的工件进行清理时，通常先采用喷丸或喷砂方法清理表面，然后进行化学清理。

若钛板热轧后经过酸洗，存放后又生成了新的氧化膜，可将其浸泡在体积分数为 2% ~ 4% 的 HF + 体积分数为 30% ~ 40% 的 HNO_3 + H_2O（余量）的溶液中 15 ~ 20 min，然后用清水冲洗干净并烘干。

热轧后未经酸洗的钛板，由于氧化膜较厚，可采用先进行碱洗，再进行酸洗的措施。碱洗时，将钛板浸泡在含质量分数为 80% 的 NaOH + 质量分数为 20% 的 $NaHCO_3$ 浓碱水溶液中 10 ~ 15 min，溶液的温度保持在 40 ~ 50℃ 之间。碱洗后取出冲洗，再进行酸洗。酸洗液的配方为：每升溶液中 HNO_3 55 ~ 60 mL、HCl 340 ~ 350 mL、HF 5 mL。酸洗时间为 10 ~ 15 min。取出后用热水、冷水冲洗，并用白布擦拭、晾干。

经酸洗的焊件、焊丝应在 4 h 内焊接，否则要重新酸洗。焊丝可放在温度为 150 ~ 200℃ 的烘箱内保存，随取随用，为了避免污染焊丝，取焊丝应佩戴洁净的白手套。

4. 焊接工艺及焊接参数

（1）钨极氩弧焊（TIG 焊）。钨极氩弧焊是钛及钛合金最为常用的焊接方法，主要用于厚 10 mm 以下板材的焊接。由于钛对氧、氮、氢等气体具有很强的亲和力，因此应对焊接区进行良好的保护。对处于 400℃ 以上的熔池后部焊缝及热影响区，均应进行氩气保护，根据气体保护形式的不同可分为敞开式焊接和箱内焊接两种。敞开式焊接是一种局部气体保护的焊接方法，为了防止空气侵入，焊接时采用带有拖罩的焊炬和背面保护装置对焊缝进行有效保护。箱内焊接是一种整体气体保护的焊接方法，在焊件结构复杂、难以采用拖罩或背面保护时，可采用在充满 Ar 或 Ar + He 混合气体的箱内进行焊接。焊缝保护效果可用焊接接头的颜色来鉴别，银白色表示保护效果最好，因为银白色为钛及钛合金的本色，表明无氧化现象；黄色为 TiO，表示有轻微氧化；蓝色为 Ti_2O_3，表示氧化稍微严重；灰色为 TiO_2，表示氧化很严重。

焊接参数的选择，既要防止焊缝在电弧作用下出现晶粒粗化的倾向，又要避免焊后冷却过程中形成脆硬组织。纯钛及所有的钛合金焊接都有晶粒长大的倾向，其中尤以 β 型钛合金最为显著，焊接应采用较小的热输入量。一般采用具有恒流特性的直流弧焊电源，正接，以获得较大的熔深和较窄的熔宽。已加热的焊丝也应处于气体保护之下。多层焊时，应保持层间温度尽可能低，等到前一层焊道冷却至室温后再焊下一道焊缝，以防止过热。表 7—3—6 是钛及钛合金手工 TIG 焊的焊接参数，适用于对接焊缝及环焊缝。

表 7—3—6　　钛及钛合金手工 TIG 焊的焊接参数

板厚（mm）	钨极直径（mm）	焊丝直径（mm）	焊接层数	焊接电流（A）	氩气流量（L/min）			喷嘴孔径（mm）	备注
					喷嘴	拖罩	背面		
0.5 ~ 1.5	1.5 ~ 2.0	1 ~ 2	1	30 ~ 80	8 ~ 12	14 ~ 16	6 ~ 10	10 ~ 12	I 形坡口，对接接头间隙为 0.5 mm，若加钛丝，间隙为 1.0 mm
2.0 ~ 2.5	2.0 ~ 3.0	1 ~ 2	1	80 ~ 120	12 ~ 14	16 ~ 20	10 ~ 12	12 ~ 14	
3 ~ 4	3.0 ~ 4.0	2 ~ 3	1 ~ 2	120 ~ 150	12 ~ 16	16 ~ 25	10 ~ 14	14 ~ 20	V 形坡口，坡口角度 60° ~ 65°，钝边 0.5 mm，对接，坡口间隙 2 ~ 3 mm。焊缝反面加钢垫板
4 ~ 6	3.0 ~ 4.0	2 ~ 4	2 ~ 3	130 ~ 160	14 ~ 16	20 ~ 26	12 ~ 14	18 ~ 20	
7 ~ 8	4.0	3 ~ 4	3 ~ 4	140 ~ 180	14 ~ 16	25 ~ 28	12 ~ 14	20 ~ 22	

厚度 0.1 ~ 2.0 mm 的钛及钛合金板材、对焊接热循环敏感性强的钛合金以及薄壁钛管焊接时，宜采用钨极脉冲氩弧焊进行焊接。这种方法可成功地控制钛焊缝成形，减少焊接接头过热和粗晶倾向，提高焊接接头的塑性，而且焊缝易于实现单面焊双面成形，获得质量高、变形小的焊接接头。

近年来，国内已开始研究握氩弧焊（A - TIG），通过在焊件表面涂敷活性剂，可以显著增加熔深，改善焊缝成形质量，并有助于消除气孔倾向。

（2）熔化极氩弧焊（MIG 焊）。中厚板采用 MIG 焊可减少焊接层数，提高焊接速度和生产率，降低成本，也可减少焊缝气孔。但 MIG 焊的飞溅较大，影响焊缝成形和保护效果。短路过渡适于较薄件的焊接，喷射过渡适于较厚件的焊接。MIG 焊时的填丝较多，焊接坡口角度较大。厚度 15 ~ 25 mm 的板材，可选用 90°单面 V 形坡口。钨极氩弧焊的拖罩也可用于 MIG 焊，只是熔化极氩弧焊的焊接速度高、高温区长，因而拖罩应加长，并用流水冷却。MIG 焊时焊材的选择与 TIG 焊相同，但对气体纯度和焊丝表面清洁度的要求更高。表 7—3—7 为钛及钛合金 MIG 焊的焊接参数。

表 7—3—7　　钛及钛合金 MIG 焊的焊接参数

材料	焊丝直径（mm）	焊接电流（A）	电弧电压（V）	焊接速度（cm/s）	送丝速度（cm/s）	坡口形式	氩气流量（L/min）		
							焊炬	拖罩	背面
纯钛	1.6	280～300	30～31	1	14.4	Y 形 70°	20	20～30	30～40
TC4	1.6	280～300	31～32	0.8	14.4	Y 形 70°	20	20～30	30～40

（3）等离子弧焊。等离子弧焊具有能量密度高、热输入量大、效率高的特点，可有效防止气孔的产生。等离子弧焊所用的气体为氩气，故很适于钛及钛合金的焊接。等离子弧焊常用方法有小孔法和熔透法，1.5～2.5 mm 厚的钛及钛合金可采用小孔法一次焊透；熔透法适合于焊接各种厚度的板料，但一次焊透的厚度较小，3 mm 以上的厚板一般需开坡口，进行填丝多层焊接。液态钛的表面张力大、密度小，有利于采用小孔法等离子弧焊。等离子弧焊的保护方式与钨极氩弧焊相同，只是用小孔法焊接时，为了保证小孔的稳定，工件背面不使用垫板而采用充氩沟槽。而当板厚小于 0.5 mm 时，应当采用微束等离子弧进行焊接才能保证焊接质量。钛及钛合金等离子弧焊的焊接参数见表 7—3—8。

表 7—3—8　　钛及钛合金等离子弧焊的焊接参数

厚度（mm）	喷嘴孔径（mm）	焊接电流（A）	电弧电压（V）	焊接速度（cm/s）	送丝速度（cm/s）	焊丝直径（mm）	氩气流量（L/min）			
							离子气	保护气	拖罩	背面
0.2～1.0	0.8～1.5	5～35	16～18	0.2～0.4	—	—	0.25～0.5	10～12	—	2
3～6	3.0	150～160	24～30	0.6～0.5	1.6～1.9	1.6	4～7	15～25	20～25	6～15
8～10	3.0～3.5	170～230	30～38	0.5～0.25	2～1.2	1.6	6～7	25	25	15

（4）电子束焊。电子束焊是在高真空室中进行的，可完全防止大气的污染，易于获得高质量的焊缝。其显著特点是能量密度高、焊缝窄、热影响区小、可焊厚度大、焊接变形小以及焊接效率高。当然，在真空室中焊接，有时会限制工件的形状和尺寸。

（5）激光焊。单激光束的穿透力不如电子束，对于大厚度板材的焊接，电子束焊更具有优越性。例如，20 kW 的激光器只能焊接 19 mm 厚以下的钛合金，而 5 kW 的电子束可以焊 30 mm 以下的钛合金。因此，激光束多用于焊接钛及钛合金的薄板及精密零件，具有广阔的应用前景。特别是随着航空、航天事业的发展，激光焊的需求会更明显，应用也会更广泛。

5. 焊后热处理

钛及钛合金接头在焊后存在很大的残余应力，如果不及时消除，会引起冷裂纹，增大接头对应力腐蚀开裂的敏感性，因此焊接后须进行消除应力处理。为防止工件表面氧化，在处理前焊件表面必须进行彻底的清理，然后再在真空或惰性气氛中进行热处理。钛及钛合金焊后热处理的焊接参数见表 7—3—9。

表 7—3—9　　钛及钛合金焊后热处理的焊接参数

材料	工业纯钛	TA7	TC4	TC10
加热温度（℃）	482～593	533～649	538～593	482～649
保温时间（h）	0.5～1	1～4	1～2	1～4

任务实施

一、焊前准备

1. 焊接材料的选择

手工钨极氩弧焊用的焊丝原则上是选择与基体金属成分相同的钛丝，所有焊丝均以真空退火状态供应。真空退火的工艺参数：真空度0.13～0.013 Pa，退火温度900～950℃，保温时间4～5 h。TA0、TA1、TA2、TA3纯钛焊丝的纯度为99.9%，如标准牌号的焊丝短缺时，可从与基体金属相同牌号的薄板上剪取作为填充焊丝，宽度与焊丝直径接近。焊丝可用质量分数为8%～15%的NaOH碱液来清洗，温度为60～70℃，时间2～3 min，取出用水冲，干燥，用细砂布（要求不含铁质）打磨后，再用丙酮洗一遍即可使用。

保护气体一定要采用一级纯氩（99.99%），露点为－45℃。当氩气瓶中的压力降至0.981 MPa时应停止使用，以防影响纯钛焊接接头的质量。

2. 焊前清理

钛板在焊前要仔细清理。清理母材的方法如下：

（1）机械加工坡口。

（2）在坡口两侧30 mm区域内用钢丝刷刷净，直至露出金属光泽。

（3）坡口面及其两侧40～50 mm区域内用丙酮清洗2～3遍。

（4）在坡口面上用丙酮擦洗之后，再在个别地方做铁离子污染抽查（将质量分数为36%的HCl滴入坡口处，1～2 min之后再滴入质量分数为10%的铁氰化钾，如坡口表面未呈蓝色方为合格）。

（5）用电热吹风机充分干燥坡口面，随后方可开始焊接。

二、焊接参数

焊接电源采用直流正接。焊接电流与焊接速度是主要的焊接参数，在手工氩弧焊时，既要考虑到坡口面的充分熔透，又要照顾到拖罩的跟踪，故施焊速度不宜快。当板厚为8 mm时，焊接速度以8～11 cm/min较为适宜，此时电流以180～200 A为宜。如电流过大，会使焊缝晶粒粗大、且热影响区保护变坏；电流过小，熔化不充分，易产生气孔。保护气体的流量应与喷嘴、拖罩的结构尺寸有关，当喷嘴直径为19 mm时，流量为20 L/min，背面、正面的保护辅助氩气的流量大约为20 L/min和35 L/min。

当外冷器管子与管板焊接时，选择自熔焊，管子伸出管板的高度为1.5～2 mm，焊前在距钛管焊端30～50 mm处塞进一团棉纱线，作为管子内部的气体保护措施。焊接参数：焊接电流120～140 A，喷嘴孔径16 mm，氩气流量14～16 L/min。

三、焊接操作要点

1. 焊炬的喷嘴应始终垂直于工件的表面（或微微向前倾斜一点），尤其在填丝时，喷嘴不得向前倾斜过大，避免气流偏吹。喷嘴至工件表面距离以7～10 mm为宜，在不影响填丝与可见度的情况下应尽量压低电弧，焊丝熔化填进时，焊丝端始终在氩气的保护之中。

2. 焊炬钨极始终要对中，否则会造成背面局部未熔合的缺陷。

3. 施工现场要保持清洁、干燥，室温一般要在20℃以上。在焊接中，正面与背面的保护要密切配合，熔池及受热区绝对禁水。

4. 多层焊时，层间温度不高于60℃，在生产过程中，各种保护罩均需通水冷却。

5. 为提高焊炬的保护性能，应使由喷嘴喷出的保护气流呈层流状态，并有一定的延度。可将焊炬改为径向进气结构，在喷嘴内上方装有两层0.152 mm×0.152 mm（100目）的铜丝网，使气流再分配，从而变得更加均匀和稳定。

6. 由于钛在焊接过程中，其高温区易氧化，为此，必须在工件的正面、背面（有的在侧面）用拖罩保护。拖罩的结构和尺寸由焊件的几何形状和尺寸确定。

7. 因工业纯钛在焊接时收缩变形较大，变形后的矫正较困难，所以在焊前必须根据产品的结构和尺寸作固定夹具。夹具一般设有纯铜垫板，可较快地将热量传导出去。在连续焊时焊接夹具也应设有水冷保护装置。正确合理地设计与应用夹具，有利于控制焊接变形、促进冷却及有效控制保护气体的流动。

四、焊后热处理

焊后对其进行约30 min的退火处理，以消除焊接残余应力，避免引起冷裂纹。

任务评价

钛及钛合金的焊接评分标准见表7—3—10。

表7—3—10　　钛及钛合金的焊接评分标准

序号	考核内容	评分标准	配分	得分
1	焊前的准备工作	坡口制备5分，坡口的清理干燥5分，焊丝的清洗干燥5分	15	
2	焊接方法的选择	选择合适的焊接方法10分	10	
3	焊接材料的选择	合理选用焊接材料15分	15	
4	焊接操作	焊接参数选择合理10分，焊缝无缺陷30分；焊缝不合格之处，酌情扣分	40	
5	焊前预热及焊后热处理	无须焊前预热，10分；为了消除应力，焊后对其进行约30 min的退火处理，10分	20	
		总分合计	100	

思考与练习

1. 钛及钛合金焊接时易出现的问题是什么？

2. 消除和防止钛及钛合金焊接气孔的措施是什么？

3. 手工钨极氩弧焊焊接钛及钛合金时，如何判断保护效果？

4. 钛材焊接时，为什么不能采用气焊或焊条电弧焊？

5. 钛及钛合金焊后热处理的作用是什么？

模块八 异种金属的焊接

所谓异种金属焊接是指母材的物理性能和金属组织等性质不相同的金属之间的焊接。异种金属的焊接主要包括异种钢的焊接、异种有色金属的焊接以及钢与有色金属的焊接。而异种钢的焊接主要有金相组织相同和金相组织不同两种情况：一种为金相组织相同而化学成分不同，如低碳钢与珠光体耐热钢的焊接；另一种为金属组织和化学成分都不相同，且物理性能差别很大，如珠光体钢与铁素体钢、珠光体钢与马氏体钢、珠光体钢与奥氏体钢的焊接。

由于采用异种钢制造的焊接结构，不仅能满足不同工作条件对钢材提出的不同要求（如耐高温、耐腐蚀和耐磨损等），充分发挥不同材料的性能优势，而且还能节省大量的合金材料和稀有贵重金属，并能显著地降低制造成本，因此异种钢的焊接已成为现代工程技术中不可缺少的一种重要加工方法，已在石油化工、交通运输、航天技术、核工业、动力装置等制造业中得到了越来越广泛的应用。

任务1 珠光体钢与奥氏体不锈钢的焊接

技能点

◎ 能够根据珠光体钢与奥氏体不锈钢的焊接性，正确选择焊接材料并制定合理的焊接工艺。

知识点

◎ 珠光体钢与奥氏体不锈钢的焊接性、焊接工艺要点。

任务提出

珠光体钢与奥氏体不锈钢虽然都是铁基合金，但二者的组织和成分相差较大，它们的焊接属于异种钢的焊接。这两种钢焊接在一起时，焊缝金属是由两种不同类型的母材以及填充金属材料熔合而成的，存在的问题比同种金属焊接更多，焊接工艺更为复杂。

某核反应堆压力容器是由珠光体钢（Q345）与奥氏体不锈钢（1Cr18Ni9Ti）采用焊条电弧焊焊接而成，母材的厚度均为 12.7 mm。采用不对称 V 形坡口，焊接接头结构如图 8—1—1所示。请根据珠光体钢（Q345）与奥氏体不锈钢（1Cr18Ni9Ti）的焊接性制定该压力容器的焊接工艺方案。

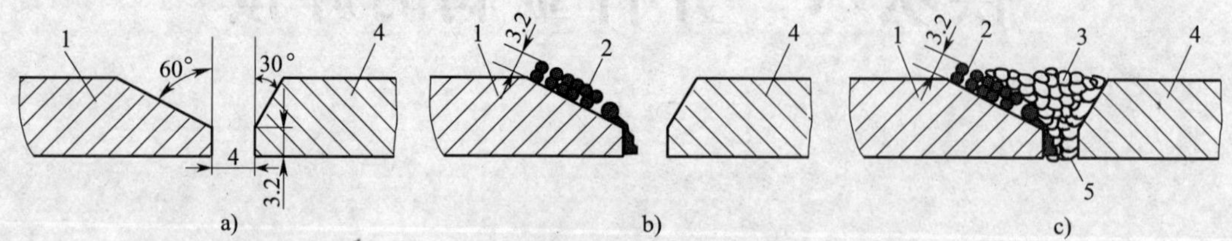

图 8—1—1　异种钢核反应堆压力容器的焊接接头结构

a）对接接头、不对称单面 V 形坡口尺寸　b）在 Q345 钢母材金属坡口上堆焊隔离层

c）核反应堆压力容器的焊接接头

1—Q345 钢　2—隔离层　3—正面焊缝

4—1Cr18Ni9Ti 钢　5—背面焊缝

任务分析

珠光体钢与奥氏体不锈钢是两种在组织、成分以及性能上不相同的钢，这两类钢进行焊接时，焊缝金属就由两种不同类型的母材以及填充金属材料熔合而成，因此会产生焊缝金属化学成分的稀释、凝固过渡层的形成和碳迁移过渡层的形成等问题。另外，珠光体钢的冷裂纹与脆化，奥氏体不锈钢的热裂纹等问题，在焊接过程中也要予以解决。

相关知识

一、异种金属的焊接性

异种金属材料焊接接头和同种金属材料焊接接头的本质差异，在于熔敷金属两侧焊接热影响区和母材有以下各方面的不均匀性。

1. 化学成分的不均匀性

异种金属焊接时，焊缝两侧的金属和焊缝的合金成分有明显的差别。随着焊缝形状、母材厚度、焊条药皮或焊剂、保护气体种类的不同，焊接熔池的形状也不一样。因而，母材的熔化量也将随之而不同。熔敷金属与母材熔合区的化学成分由于相互稀释也将发生变化。因为异种金属焊接接头各区域化学成分的不均匀程度，不仅取决于母材和填充材料各自的原始成分，同时也随焊接工艺而变化，所以异种金属施焊时所用的焊接电流要小，熔深要浅，要尽量减小实际施焊的影响。

2. 组织的不均匀性

由于焊接热循环的作用，焊接接头各区域的组织也不同，而且往往在局部出现相当复杂的组织结构。组织的不均匀性取决于母材和填充材料的化学成分，同时也与焊接方法、焊道层次、焊接工艺以及焊后热处理过程有关。

3. 接头性能的不均匀性

焊接接头各区域化学成分和组织的差异导致焊接接头力学性能的不同，接头各区域的室温强度、硬度、塑性以及韧性都有很大的差别。有时在 3～5 个晶粒的范围内，显微硬度也会出现成倍的变化。在焊缝两侧的热影响区内，其冲击值甚至有好几倍之差。高温下的蠕变极限和持久强度也会因成分和组织的不同而相差悬殊。

物理性能中对焊接接头影响最大的因素是热膨胀系数和热导率，它们的差异在很大程度上决定着焊接接头在高温下的使用性能。

4. 应力分布的不均匀性

异种金属焊接接头中焊接残余应力分布不均匀，这是因为接头各区域具有不同的塑性。另外，材料导热性能的差异将引起焊接热循环温度场的变化，这也是残余应力分布不均匀的原因之一。

由于异种金属焊接接头各区域的热膨胀系数不同。在正常使用条件下因温度循环而出现在界面上的附加热应力的分布也不均匀，甚至还会出现应力高峰，从而成为焊接接头断裂的重要原因。

由于组织结构不均匀，在整个焊接接头各区域中微观组织应力的分布和大小也将存在差异。

总之，对于异种金属焊接接头来说，成分、组织、性能和应力分布的不均匀性是其主要特征。

二、珠光体钢与奥氏体不锈钢的焊接性

珠光体钢（碳钢或低合金高强度钢）与奥氏体不锈钢是两种在组织和成分以及性能上不相同的钢，这两类钢进行焊接时，焊缝金属就由两种不同类型的母材以及填充金属材料熔合而成，因此产生了与焊接同种金属完全不同的一系列新问题。

1. 焊缝金属化学成分的稀释

珠光体钢与奥氏体不锈钢焊接时，焊缝金属平均成分是由两种不同类型的母材和填充金属混合所组成。由于珠光体钢合金元素含量相对较低，所以它对整个焊缝金属的合金浓度具有释释作用，从而改变焊缝金属的化学成分和组织状态，这种现象称为母材金属对焊缝金属的稀释作用。化学成分的稀释使得焊缝的奥氏体形成元素含量减少，结果焊缝中可能会出现马氏体组织，导致焊接接头性能恶化，严重时甚至可能出现裂纹。

焊缝的组织取决于焊缝的成分，而焊缝的成分又取决于母材的熔入量，即熔合比。因此，一定的熔合比决定了一定的焊缝成分和组织。熔合比发生变化时，焊缝的成分和组织都要随之发生相应的变化。控制熔合比，选择合适的焊条，就能得到具有较高抗裂性能的组织。奥氏体不锈钢与珠光体钢的焊缝，希望母材在焊缝金属中所占的比例要小，即熔合比小一些，而且要求熔合比稳定。影响焊缝熔合比（稀释程度）的因素很多，如焊缝形状、焊接方法、焊接电流、电弧电压、焊接速度等。

在 Q235 钢与 1Cr18Ni9 钢的焊缝金属中，如果由于母材对焊缝金属过分稀释，可使焊缝中奥氏体形成元素不足，结果在焊缝中出现马氏体组织，使焊接接头的脆性增大，导致焊接

接头形成裂纹。通过图 8—1—2 所示的不锈钢舍夫勒组织图来分析用不同奥氏体不锈钢填充材料，焊接 Q235 钢与奥氏体不锈钢的焊缝金属的金相组织以及熔合比变化（图中数字）所带来的影响。首先将钢的合金元素含量折算成铬当量和镍当量，再在图 8—1—2 中找出相应的点，即可知该焊缝的正常冷却组织中的相组成。

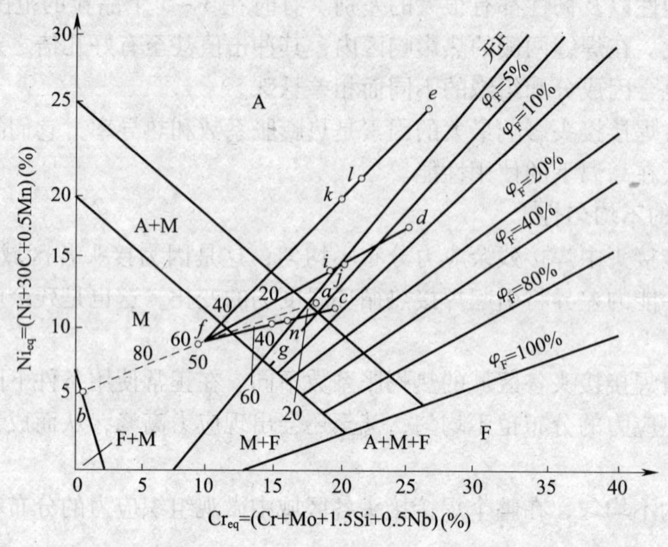

图 8—1—2　不锈钢舍夫勒组织图

1Cr18Ni9 钢与 Q235 钢焊接前，铬当量和镍当量的计算见表 8—1—1，分别对应图 8—1—2中的 *a*、*b* 两点，如果采用 TIG 焊不加填充材料，若这两种金属熔入焊道中的比例各为一半，即熔合比为 50%，则在图 8—1—2 中可找到对应的 *f* 点。从图中可以看出 *f* 点所处焊缝金属的位置为马氏体组织。马氏体组织是一个硬而脆的组织，容易使焊缝产生裂纹。

对焊接 1Cr18Ni9 钢和 Q235 钢常用的几种焊条的熔敷金属进行铬当量和镍当量的计算，计算结果见表 8—1—1。首先选用不锈钢焊条 E308 - 16 作为填充金属，其铬当量、镍当量对应于图 8—1—2 中的 *c* 点。用此焊条焊接这两种材料时，若此两种材料溶入焊缝中的数量相同，即两种材料混合熔化后铬当量和镍当量仍对应原来的 *f* 点，则当母材金属的熔合比发生变化时，焊缝金属中铬当量和镍当量将沿 *fc* 线段移动。当母材金属熔合比为 40% 时，即两种母材金属在焊缝金属中各占 20% 时，焊缝的铬当量和镍当量相当于 *g* 点；当母材的熔合比为 30% 时，焊缝的铬当量和镍当量相当于 *n* 点，从图 8—1—2 上可以看出，*g*、*n* 两点的焊缝组织为奥氏体 + 马氏体，焊接接头仍有形成裂纹的可能。在完全相同的条件下，若改变焊条熔敷金属成分，用 E309 - 15 焊条进行焊接，则焊条熔敷金属铬当量和镍当量对应图 8—1—2 中的 *d* 点。如果母材金属的熔合比为 40%，焊缝的铬当量和镍当量对应图 8—1—2 中的 *i* 点，此时焊缝金属为纯奥氏体组织，也易产生裂纹；若熔合比为 30%，焊缝的铬当量和镍当量对应图 8—1—2 中的 *j* 点，此时焊缝金属中含有体积分数为 5% 的铁素体组织，对抗裂性和耐蚀性均有利。若采用 E310 - 15 焊条焊接，则焊条熔敷金属的铬当量和镍当量对应图 8—1—2 中的 *e* 点，如果母材熔合比仍为 30% ~40%，即焊缝金属位于图 8—1—2 中 *fe* 线段上的 *k*、*l* 两点，焊缝金属为单相奥氏体组织，也易使焊接接头产生裂纹。

表 8—1—1　Q235 钢、1Cr18Ni9 钢及奥氏体不锈钢焊条的铬当量、镍当量计算

材料	化学成分（质量分数,%）					铬当量（%）	镍当量（%）	组织图上的位置
	C	Mn	Si	Cr	Ni			
1Cr18Ni9	0.07	1.36	0.66	17.8	8.65	18.79	11.56	*a*
Q235	0.18	0.44	0.35	—	—	0.53	5.62	*b*
E308 - 16（A102）	0.068	1.22	0.46	19.2	8.50	19.89	11.15	*c*
E309 - 15（A307）	0.11	1.32	0.48	24.8	12.8	25.52	16.76	*d*
E310 - 15（A407）	0.18	1.40	0.54	26.2	18.8	27.01	24.9	*e*

从上述分析可知，焊接 1Cr18Ni9 钢与 Q235 钢时，若不加填充金属或用 E308 - 16 焊条焊接时，焊缝金属不可避免地要出现硬而脆的马氏体组织，导致焊缝产生裂纹。用 E309 - 15 焊条焊接时，母材金属的熔合比要控制在 30% 以下，才能获得较为理想的奥氏体 + 铁素体双相组织。综上所述，由于珠光体钢的稀释作用，焊缝金属成分和组织会发生较大变化。但通过焊接方法和焊接材料的选择以及对母材金属熔合比的控制，可以在相当宽的范围内调整焊缝金属的成分和组织。

2. 凝固过渡层的形成

上面所谈到的焊缝化学成分是指焊缝平均化学成分，而实际上母材金属对焊缝金属熔池的稀释程度并非是完全均匀的。在焊缝金属熔池边缘，金属在液态的持续时间最短，温度也比熔池中部低，液体金属流动性较差，最先结晶形成固态。由于珠光体钢与奥氏体不锈钢化学成分相差悬殊，在珠光体钢一侧熔池边缘，熔化的母材金属和填充金属不能充分地混合，在此侧的焊缝金属中珠光体钢所占比例较大，且越靠近熔合线稀释程度就越大，而在焊缝金属熔池的中心，其稀释程度就较小。这样，在珠光体钢与奥氏体不锈钢焊接时，珠光体钢一侧熔合线的焊缝金属存在一个成分梯度很大的过渡层，宽为 0.2 ~ 0.6 mm。这种成分上的过渡变化区是因熔池凝固特性而造成的，故称为凝固过渡层，实际上是高硬度的马氏体脆性层。

凝固过渡层的大小与母材厚度、焊接参数和材料有关。当母材很薄时，凝固过渡层的宽度很小；反之，凝固过渡层宽度也要相应地增大。当选用大的热输入量焊接时，熔池在高温下停留时间增加，有助于增加熔池边缘液态金属的流动性和搅拌作用，使过渡层的宽度减小。凝固过渡层还与填充金属的成分有关，当过渡层中含镍量低于 5% 时，将产生马氏体组织，如图 8—1—3 所示。从图 8—1—3 可以看出，过渡层宽度与焊缝中含镍量成反比。当填充金属选用 1Cr18Ni9 时，过渡层宽度为 B_1，是比较大的；当采用 Cr15Ni25Mo6 填充金属时，此过渡层宽度缩小到 B_3，故采用高镍的填充金属。提高焊缝金属含镍量，可以使过渡层的宽度明显减小。

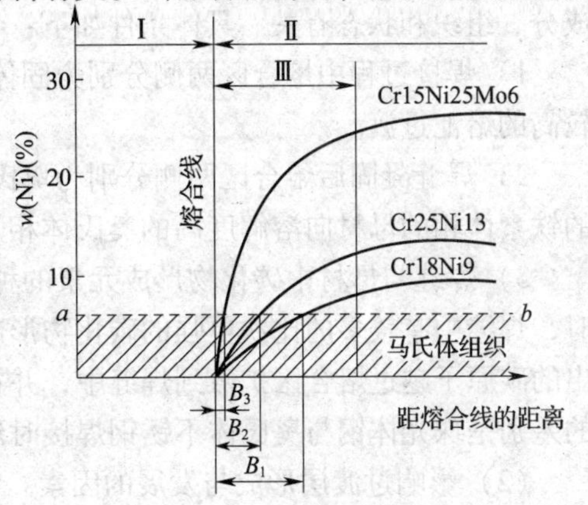

图 8—1—3　奥氏体不锈钢焊缝中含镍量对过渡层宽度的影响

Ⅰ—低合金钢母材　Ⅱ—奥氏体不锈钢焊缝　Ⅲ—过渡层

当马氏体区较宽时，会显著降低焊接接头的韧性，使用过程中容易出现局部脆性破坏。因

此，当工作条件要求接头的低温冲击韧度较好时，应选用含镍量较高的焊条。

3. 碳迁移过渡层的形成

由奥氏体不锈钢和珠光体钢形成的焊缝中，由于珠光体钢的含碳量较高，合金元素较少，奥氏体不锈钢则相反，在珠光体钢一侧熔合区两边形成了碳的浓度差。珠光体钢与奥氏体不锈钢的焊接接头，在焊后热处理或高温运行时，由于熔合区两侧的成分相差悬殊，组织也不同，在一定的温度下会发生某些合金元素的扩散。其中扩散能力最强、影响明显的是碳。碳从珠光体母材通过熔合区向焊缝扩散，从而在靠近熔合区的珠光体母材上形成了一个软化的脱碳层，而在奥氏体不锈钢焊缝中形成了硬度较高的增碳层，如图 8—1—4 所示。增碳层与脱碳层总称为碳迁移过渡层。

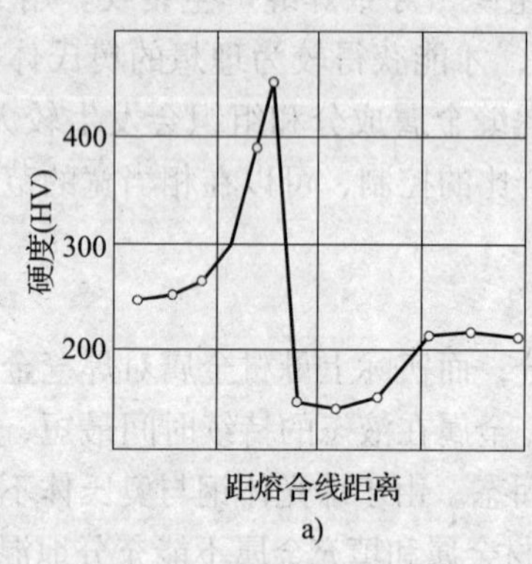

a)

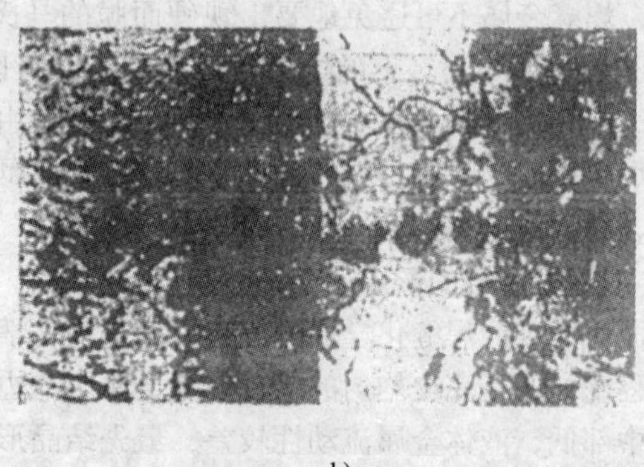
b)

图 8—1—4　珠光体钢与奥氏体不锈钢焊缝熔合区的硬度分布及扩散层（×100）

a）接头硬度分析　b）接头组织（左侧为焊缝，右侧为母材）

过渡层的形成造成脱碳层与增碳层硬度的明显差别。在长时间高温下工作时，由于对变形的阻力不同，将产生应力集中，使接头的高温持久强度极限和塑性下降，可能导致沿熔合区断裂。

（1）碳的扩散是形成过渡层的主要原因。碳的扩散取决于本身扩散能力，还与接头的成分、组织和状态有关。具体条件如下：

1）焊接过程中熔合区两侧分别为固体和液体，此时碳将由溶解度较低的母材向溶解度较高的熔池过渡。

2）焊缝凝固后熔合区两侧分别为奥氏体相和铁素体相，碳将由溶解度低而扩散系数高的铁素体相的母材向溶解度高的奥氏体相焊缝中扩散。

3）焊缝与母材中碳化物形成元素的种类与数量不同，在珠光体母材与奥氏体焊缝熔合时，焊缝中有较多的比铁更强的碳化物形成元素，促使熔合区附近母材中的渗碳体分解，析出的碳原子越过熔合区扩散到焊缝中，并在熔合区附近形成稳定的碳化物。碳化物形成元素的差别是珠光体钢与奥氏体不锈钢焊接时形成碳迁移过渡层的主要原因。

（2）影响过渡层形成与发展的因素

1）接头焊后加热温度及保温时间的影响。焊接热输入量对碳的扩散无明显影响，即使采用大的热输入量，焊后也不一定出现明显的迁移过渡层。而焊后加热到 500℃温度，保温一段时间后，碳的迁移过渡层开始发展。随着温度升高，发展逐渐强烈，到 800℃达到最大值。随着加热时间延长，过渡层也加宽。故一般情况下，异种钢接头焊后不宜进行热处理。

2）碳化物形成元素的影响。即奥氏体焊缝中合金元素对碳的亲和力越大，数量越多，则珠光体母材一侧的脱碳层就越宽。但当碳化物形成元素达到一定数量后，继续增加其数量，过渡层不再加宽。此外，珠光体钢中增加一定数量的碳化物形成元素，如 Cr、Mo、V、Ti 等，能够有效地抑制过渡层的发展。

3）母材中含碳量的影响。尽管碳从珠光体钢向焊缝扩散不是因母材与焊缝中含碳量不同而引起的，但母材中含碳量越高，过渡层的宽度也越大，如图 8—1—5 为不同母材与 Cr25Ni20 焊缝熔合区情况。可见，低合金钢中含碳量越高，过渡层发展越强烈，显微硬度升高越多。

4）镍的影响。镍是石墨化元素，降低碳化物的稳定性，削弱碳与碳化物形成元素的结合力。因此，焊缝中含镍量的提高有助于抑制碳的扩散。

4. 残余应力的形成

异种钢焊接接头，由于两种钢的线膨胀系数相差很大，不仅焊接时会产生较大的残余应力，而且在交变温度下工作必然会产生交变热应力，从而有可能发生疲劳破坏。异种钢接头中的焊接残余应力，即使通过焊后热处理也难以消除，只是焊接残余应力的重新分布。图 8—1—6 所示为异种钢接头熔合区附近的焊接残余应力特征。在焊态时，奥氏体焊缝承受拉

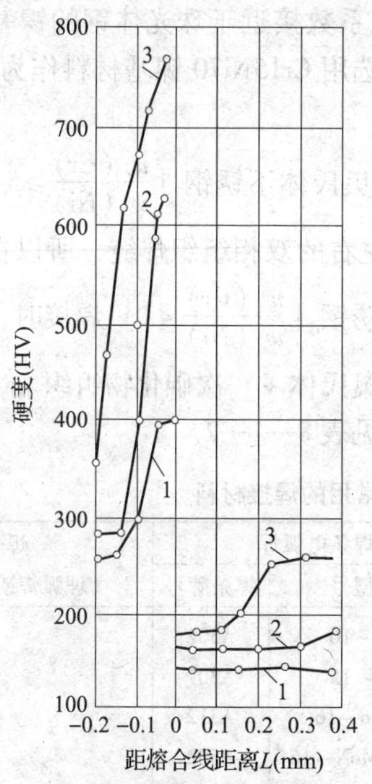

图 8—1—5　碳钢母材中含碳量对熔合区显微硬度的影响

1—工业纯铁［w（C）=0.06%］

2—30 钢［w（C）-0.32%］

3—T7 钢［w（C）=0.69%］

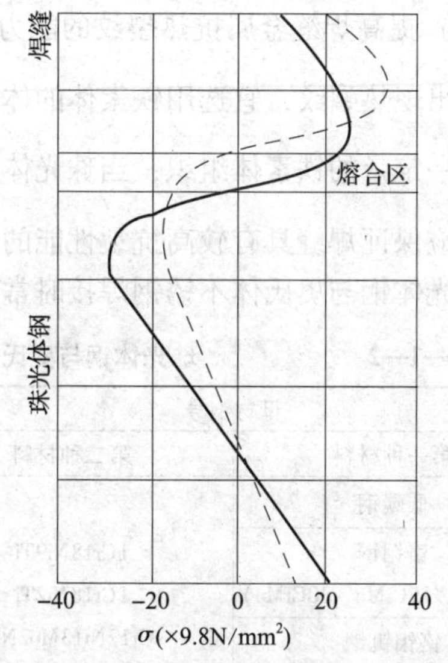

图 8—1—6　25Cr3MoWV 钢板边缘堆焊 Cr25Ni20 接头熔合区附近的焊接残余应力分布

实线—焊态　虚线—经 700℃ 2 h 退火

应力，珠光体母材承受压应力；焊后热处理并未消除残余应力，而只是使焊接残余应力重新分布。焊后热处理后的残余应力仍然是奥氏体不锈钢焊缝承受拉应力，珠光体母材承受压应力。解决这一问题的主要方法是选用线膨胀系数同低合金钢相近的奥氏体焊接材料。

三、珠光体钢与奥氏体不锈钢的焊接工艺要点

1. 焊接方法的选择

为了减小熔合比，降低对焊缝的稀释作用，选用焊条电弧焊、钨极氩弧焊、熔化极气体保护焊都比较合适，但由于焊条电弧焊时熔合比较小，而且方便灵活，不受焊件形状的限制，应用最为普遍。埋弧焊由于熔池搅拌作用强烈，高温停留时间长，形成的过渡层比较均匀。

2. 焊接材料的选择

焊缝及熔合区的组织结构和性能主要取决于填充金属材料。焊接材料应根据母材种类和工作温度条件进行选择，并考虑以下几个问题：

（1）克服珠光体钢对焊缝的稀释作用。可优先选用含镍量较高、能起到稳定奥氏体组织作用的焊接材料，如 E309－15（A307）。当把母材金属的熔合比控制在 40% 以下，就可得到具有较高抗裂性能的奥氏体＋铁素体双相组织。

（2）抑制熔合区中碳的扩散。提高焊接材料的奥氏体形成元素，提高镍的含量是控制熔合区中碳扩散最有效的手段。随着焊接接头工作温度的提高，必须提高镍的含量，以阻止碳的扩散。

（3）改变焊接接头的应力分布。最好选用线膨胀系数接近于珠光体钢的镍基合金型材料，使应力集中在奥氏体不锈钢一侧的熔合区内，如选用 Cr15Ni70 镍基材料作为填充材料，对降低接头应力有利，可提高接头的承载能力。

（4）提高焊缝金属抗热裂纹的能力。珠光体钢与奥氏体不锈钢 $\left[\frac{w(\mathrm{Cr})}{w(\mathrm{Ni})}\geqslant 1\right]$ 焊接时，为避免出现热裂纹，宜选用铁素体的体积分数为 5% 左右的双相组织焊缝，所以在焊接材料中含有一定量的铁素体组织；当珠光体钢与奥氏体不锈钢 $\left[\frac{w(\mathrm{Cr})}{w(\mathrm{Ni})}<1\right]$ 焊接时，选用的填充材料应保证焊缝具有较高抗裂性能的单相奥氏体或奥氏体＋一次碳化物组织。

珠光体钢与奥氏体不锈钢焊接时常用的焊接材料见表 8—1—2。

表 8—1—2　珠光体钢与奥氏体不锈钢焊接时常用的焊接材料

<table>
<tr><th colspan="2">母材钢号</th><th colspan="2">焊条电弧焊</th><th rowspan="2">焊丝
（埋弧焊或氩弧焊）</th></tr>
<tr><th>第一种材料</th><th>第二种材料</th><th>焊条型号</th><th>焊条牌号</th></tr>
<tr><td>低碳钢</td><td rowspan="4">1Cr18Ni9Ti
1Cr18Ni2Ti
Cr17Ni13Mo2Nb
Cr23Ni18
Cr25Ni13Ti</td><td rowspan="3">E309－16
E309－15
E309Mo－16
E16－25MoN－16
E16－25Mo6N－15</td><td rowspan="3">A302
A307
A312
A502
A507</td><td rowspan="3"></td></tr>
<tr><td>铬钼钢
（12CrMo、15CrMo、30CrMo）</td></tr>
<tr><td>铬钼钒钢
（12Cr1MoV、15Cr1Mo1V）</td></tr>
<tr><td>铬钼钢 Cr5Mo</td><td></td><td></td><td>H1Cr25Ni13
H1Cr20Ni10Mo6</td></tr>
<tr><td>铬钼钒钢
（Cr5MoV、25Cr3WMoV、
12Cr2Mo2VniS）</td><td></td><td></td><td></td><td>H1Cr20Ni17Mn6Si2</td></tr>
</table>

续表

母材钢号		焊条电弧焊		焊丝（埋弧焊或氩弧焊）
第一种材料	第二种材料	焊条型号	焊条牌号	
2CrMo、15CrMo30CrMo、12Cr1MoV、15Cr2Mo2	Cr15Ni35W3Ti Cr16Ni25Mo6	E16－25MoN－16 E16－25Mo6N－15	A502 A507	
低碳钢	Cr25Ni15TiMoV Cr21Ni15Ti	E16－25MoN－16 E16－25Mo6N－15	A502 A507	

3. 焊接工艺

（1）为了减小熔合比，应尽量选用小直径的焊条和焊丝，并选用小电流、大电压和高焊接速度。

（2）如果奥氏体不锈钢有淬硬倾向，应适当预热，其预热温度应比珠光体钢同种材料焊接时稍低一些。

（3）堆焊过渡层。对于较厚的焊件，为了防止因应力过高而在熔合区出现开裂现象，可以在珠光体钢坡口表面堆焊过渡层，如图 8—1—7 所示。过渡层中应含有较多的强碳化物形成元素，具有较小的淬硬倾向，也可用高镍奥氏体不锈钢焊条堆焊过渡层。过渡层厚度一般为 6~9 mm。

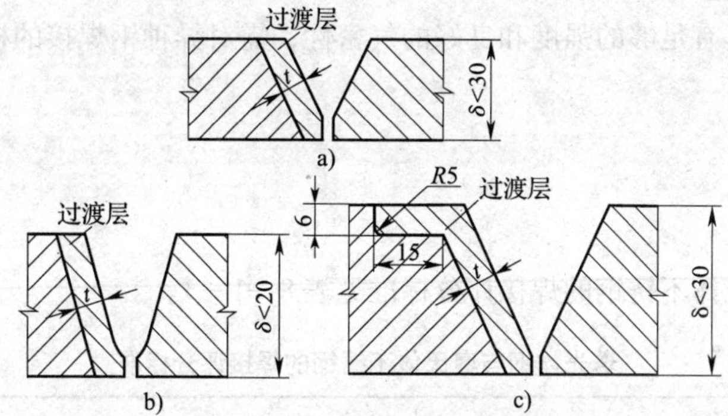

图 8—1—7　珠光体钢坡口表面堆焊过渡层

（4）珠光体钢与奥氏体不锈钢的焊接接头，焊后一般不进行热处理。

任务实施

一、焊前准备

1. 坡口的制备

采用不对称 V 形坡口，两边坡口角度分别为 30°和 60°，坡口钝边为 3.2 mm，坡口间隙为 4 mm，如图 8—1—1a 所示。

2. 坡口的清理

将坡口及其边缘彻底清理干净，使之露出金属光泽。

二、焊接操作要点

1. 堆焊隔离层

为防止碳元素从珠光体钢（Q345）向奥氏体钢（1Cr18Ni9Ti）一侧的焊缝迁移，避免增碳层和脱碳层的出现，需选用 Ni112 焊条在 Q345 钢母材金属的坡口上堆焊厚度为 3.2 mm 的隔离层，如图 8—1—1b 所示。

2. 填满坡口

选用含铌的 E318－16 焊条将整个坡口填满。焊每道焊缝时，应注意及时清整焊渣。为防止过热，各道焊缝要交叉进行焊接。

3. 背面焊缝

在正面焊缝焊完后，将焊缝背面彻底清理，然后选用同样焊条进行封底焊接，注意保证正、反面的焊缝形状尺寸，如图 8—1—1c 所示。

三、焊后检验

1. 焊缝外观检查

用肉眼检查焊缝形状尺寸及焊缝表面裂纹、气孔、夹渣及咬边等缺陷，如发现焊接缺陷要立即返修。

2. 焊缝内部检验

用 X 射线检查焊缝内部有无裂纹、夹渣等缺陷。

3. 进行水压试验

确保焊接接头具有足够的强度和良好的气密性，需对异种钢焊接的核反应堆压力容器进行水压试验。

任务评价

珠光体钢与奥氏体不锈钢的焊接评分标准见表 8—1—3。

表 8—1—3　珠光体钢与奥氏体不锈钢的焊接评分标准

序号	考核内容	评分标准	配分	得分
1	焊前的准备工作	坡口制备 5 分，坡口清理 5 分	10	
2	焊接方法的选择	选择合适的焊接方法 10 分	10	
3	焊接材料的选择	合理选用焊接材料 20 分	20	
4	焊接操作	焊接参数选择合理 10 分，焊缝无缺陷 30 分；焊缝不合格之处，酌情扣分	40	
5	焊前预热及焊后热处理	无须进行焊前预热和焊后热处理	20	
总分合计			100	

思考与练习

1. 异种金属材料焊接时应注意什么问题？
2. 试述珠光体钢与奥氏体不锈钢的焊接性。
3. 试述珠光体钢与奥氏体不锈钢的焊接工艺。

任务2　低碳钢与低合金钢的焊接

技能点

◎ 能够根据低碳钢与低合金钢的类型与特性选择焊接材料及制定焊接工艺。

知识点

◎ 了解低碳钢与低合金钢的焊接特点和方法，熟悉低碳钢与低合金钢的焊接工艺。

任务提出

目前，在焊接结构中，低碳钢和低合金钢的焊接应用很多。低合金钢是在非合金钢的基础上加入少量或微量合金元素（含量不超过5%），使非合金钢的组织发生变化，从而获得较高的屈服强度和冲击韧度。随着钢中合金元素的增加，低合金结构钢的强度等级逐步提高，碳当量也随之增加，因此，钢的淬硬性增加，焊接性变差。低碳钢具有优良的焊接性，因此，低碳钢和低合金钢焊接时的焊接性仅取决于低合金钢本身的焊接性。对于这两种异种钢焊接时的焊前准备、焊接工艺和焊后热处理等工艺措施，应根据低合金钢来拟定。

以采煤机采割部的焊接为例，如图8—2—1所示的采煤机采割部的焊接结构是由Q235A钢与35CrMnSi钢焊接而成的。该采煤机采割部为低碳钢与低合金钢焊接，属于异种钢的焊接问题。请根据低碳钢与低合金钢的焊接性制定该焊接结构的焊接工艺措施。

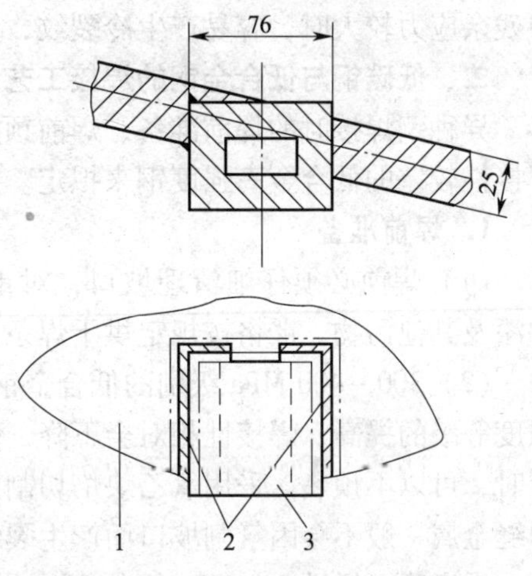

图8—2—1　采煤机采割部的焊接结构
1—Q235A钢　2—焊缝　3—35CrMnSi钢

任务分析

低碳钢Q235A的焊接性要比合金钢35CrMnSi好，并且随着合金钢中合金元素的增加，这两种金属焊接性的差异增大。因此，在焊接低碳钢与合金钢时，问题主要发生在合金钢一侧。在焊接合金钢一侧时，容易产生淬硬组织，因此在焊接方法、焊接材料、焊接参数以及工艺措施的选择上都要根据合金钢来决定，才能获得优良的焊接接头。

相关知识

一、低碳钢与低合金钢的焊接性

低碳钢具有优良的焊接性。因此，低碳钢与低合金钢焊接时的焊接性仅取决于低合金钢本身的焊接性。

低合金钢是在碳钢的基础上加少量或微量的合金元素，如铬、铂、钒、锰、硅、钛、铌、铝、硼等，使碳钢的组织发生变化，从而获得较高的屈服强度和较好的冲击韧性。随着钢中合金元素的增加，低合金钢的强度等级逐步提高，碳当量随之增加，钢的淬硬性增加，焊接性变差。强度等级较低的（300～400 MPa级）Q295、Q345、Q390等，它们的含碳量低，合金元素含量少，焊接性良好。但是，当350 MPa级的Q345、厚度超过40 mm，400 MPa级的Q390、厚度超过32 mm时，或者板不厚但结构刚度大，或者施工温度低时，焊接接头易得到淬硬组织，在残余应力的作用下，产生冷裂纹的倾向增大，焊接性变差。强度等级较高的钢（超过450 MPa级），如Q420等钢种，合金元素含量均比300～400 MPa级钢种多，含碳量较高，明显地增加了热影响区和焊缝的淬硬倾向，若焊缝含氢量较高，接头中残余应力较大时，容易产生冷裂纹，而且往往是延迟裂纹，焊接性较差。

二、低碳钢与低合金钢的焊接工艺

异种钢焊接时的焊前准备、焊前预热、焊接工艺、焊后热处理等工艺措施，应根据其中焊接性较差的低合金高强度钢来拟定。

1. 焊前准备

（1）焊前必须仔细清理坡口，对重要的焊件应磨光坡口两侧，使坡口表面无油、水、油漆及其他污物。严格按规定烘干焊条。

（2）300～400 MPa级别的低合金钢，如Q345钢，焊接性和低碳钢相差不多。随着钢种强度等级的提高，焊接性相对会下降，强度等级为450 MPa级的Q420钢，在环境温度不太低时，可以不预热。采用氧乙炔焰切割加工焊接坡口，切割后不需要加工，即可直接施焊，焊缝金属一般不会因气割坡口而产生裂纹。

强度等级超过500 MPa级的钢种，如18MnMoNb和14MnMoVB等，由于碳当量比较高，气割后会在气割边缘产生微裂纹，必须将微裂纹用砂轮打磨去除后，方能进行下一步的焊接。

对于强度等级更高或厚度较大的钢材，可采用与焊接时相同的预热参数进行预热后，再用气割加工焊接坡口，可防止裂纹的产生。碳弧气刨时，必须仔细清除残余的碳屑粒以及气刨边缘的渗碳和渗铜层，以避免其进入焊接熔池。否则，由于焊缝中渗碳，使其淬硬倾向增大，易引起裂纹。

若是焊前需要预热的钢材，在定位焊时也应该对其进行预热。

2. 装配、定位焊

（1）装配间隙不能太大，不允许强制装配，对角变形和错边量要严格控制，避免因未焊透和应力集中而引起裂纹出现。

（2）应采用与焊缝金属相同的焊接材料焊接定位焊缝。为了防止定位焊缝开裂，定位焊缝的长度一般为20～100 mm。一旦发现定位焊缝有裂纹，应立即清除，并移位重新进行定位焊。定位焊和正式焊之间的间隔时间不宜过长。

3. 预热和层间温度

预热和保持一定的层间温度可减缓焊接接头热影响区的冷却速度，有利于改善热影响区的显微组织，对于降低焊接接头的硬度和应力集中，以及促进焊缝中氢的析出都有很大的好处。

低碳钢与低合金钢焊接时，要根据低合金钢选用预热温度。当 Q345 钢和 15MnCu 钢的厚度分别超过 25 mm 和 22 mm 时，以及强度等级超过 500 MPa 级的低合金钢与低碳钢焊接时，均应进行预热。

可以对低合金钢进行单独预热，也可以在其与低碳钢装配定位焊后进行。预热温度不应低于 100℃。预热的宽度以焊缝两侧各 100 mm 左右为宜，可以用氧乙炔焰或远红外加热。

为了保持预热的作用，并促进焊接过程中氢的扩散析出，应保持层间温度，但层间温度不应过高，否则，可能会引起某些钢种焊接接头组织和性能的恶化。

4. 焊接材料

低碳钢和低合金钢焊接时，要求焊缝金属及焊接接头的强度应大于低碳钢的强度，其塑性和冲击韧性不应低于低合金钢。因此，焊接材料选择的原则是强度、塑性和冲击韧性都不能低于被焊钢材中的最低值。焊接材料的选择见表 8—2—1。

表 8—2—1　　低碳钢与低合金钢焊接时焊接材料的选择

钢种	低合金钢	电弧焊						板厚（mm）及预热温度 T（℃）
	屈服强度（MPa）	焊条电弧焊	埋弧焊		电渣焊		CO_2 气体保护焊	
		焊条	焊丝	焊剂	焊丝	焊剂	焊丝	
低碳钢	300	E3415	H08A	HJ431	H08A	HJ360	H08Mn2Si	不预热
	350	E5015	H08MnA	HJ431	H08Mn2Si	HJ360	H08Mn2Si	板厚>40，$T\geqslant100$
	400	E5015	H08MnA	HJ431	H08Mn2Si	HJ360	H08Mn2Si	板厚>32，$T\geqslant100$
	450	E5015	H08MnA	HJ431	H08Mn2Si	HJ360	H08Mn2Si	

5. 焊接热输入量

低碳钢和低合金钢焊接时，通常从调整焊缝金属的熔合比、减小热影响区的淬硬倾向、消除冷裂纹和促使氢从焊缝金属中析出等方面来选择焊接热输入和焊接参数。

对于碳当量小于 0.45% 的低合金钢，由于淬硬倾向小，焊接热输入量的变化对接头的影响不大。对于碳当量高、强度高、淬硬倾向较大的钢材，由于其热敏感性大，只有在最佳的焊接热输入量范围内和适当的冷却速度下，才能使焊接接头具有良好的综合力学性能，避免裂纹的产生。

为了减小焊接接头热影响区的淬硬倾向，消除焊接冷裂纹，一般可以采用较大的热输入量进行焊接，施焊过程中允许焊条作横向摆动，使焊接熔池缓慢凝固，以有利于氢的析出。

6. 引弧和熄弧

在焊接调质钢时不应在非焊接面上任意划擦，电弧应在引弧板上或焊件坡口内引燃。应在起焊点前 10～20 mm 处引弧，然后将电弧移到起焊点，开始正常焊接。

熄弧时必须填满弧坑，以避免产生弧坑裂纹。

7. 焊接

焊接淬硬倾向较大的低合金钢时，应尽量采用多层焊，利用后层焊道对前层焊道的回火作用，可消除热影响区的硬化。最后的回火焊道应处在焊缝中间，尽量避免与淬硬倾向较大钢种接触，一般距其 2 ~5 mm，如图 8—2—2 所示。在焊接角焊缝时，若面板为低合金钢，立板为低碳钢，则回火焊道应堆置于近立板处，距有淬硬倾向的钢板 2 ~5 mm，如图 8—2—3 所示。

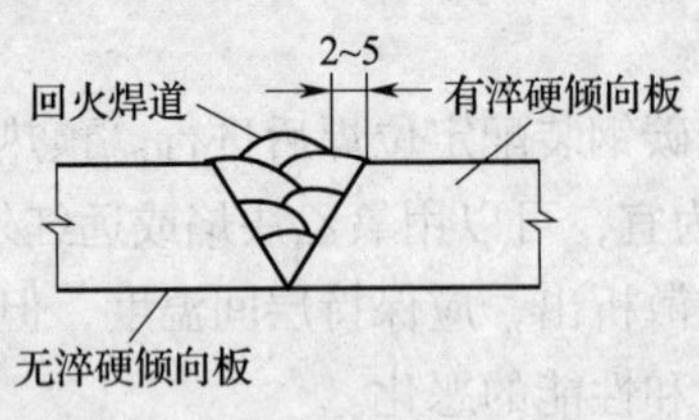

图 8—2—2　对接焊缝回火焊道布置

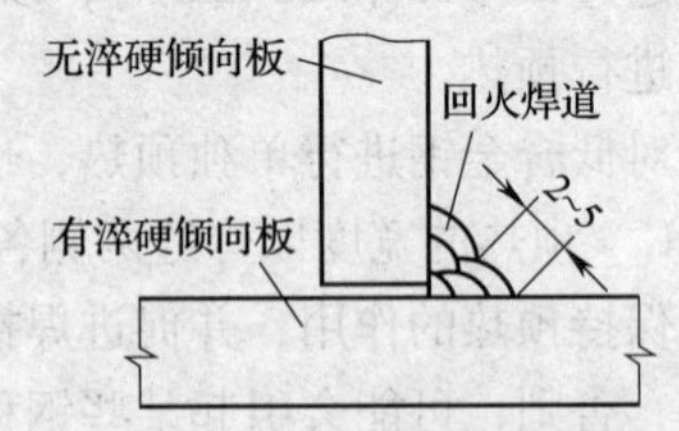

图 8—2—3　角焊缝回火焊道布置

8. 焊后热处理

应根据低合金钢来决定是否需要焊后热处理。对于强度等级大于 500 MPa，具有延迟裂纹倾向的低合金钢来说，焊后应及时进行 600 ~650℃的高温回火，以利于焊接接头中的氢的扩散析出、焊缝及热影响区组织的改善和焊接残余应力的减小。

任务实施

一、焊前准备

1. 选择焊接方法

选用焊条电弧焊。

2. 选择焊接材料

为防止异质焊缝及热影响区产生裂纹，应选用抗裂性能好的低氢型条。选用牌号为 J557 的焊条，焊条直径为 4 mm。焊条必须烘干，烘干温度为 300 ~350℃，保温 1 ~2 h。

3. 坡口制备

焊件厚度大于 25 mm 时，要开 V 形坡口。由于两种母材金属的接头为角焊缝，所以坡口不易开得太大和太深。

4. 焊接部位的清理

将坡口和焊接处 50 mm 范围内的油污、铁锈等杂质清理干净，把坡口外 20 mm 范围内的母材金属清理至露出纯净的金属光泽，并保持干燥、洁净，无任何污染。

5. 装配定位

Q235A 钢与 35CrMnSi 钢装配定位时，应使四周间隙均匀，单边间隙不大于 0.5 mm。定位焊缝长度为 50 mm。

二、焊接参数

1. 为防止产生裂纹，焊接时周围环境温度不应低于 15℃。

2. 为减小焊接温度差，焊前要对母材金属进行预热，预热温度为 300 ~350℃。

3. 由于母材金属较厚，因此焊接层数选为4～5层，层间温度为300℃。

焊接参数见表8—2—2。

表8—2—2 焊接参数

材料	母材厚度（mm）	接头形式	焊接层数	焊条直径（mm）	焊接电流（A）	电弧电压（V）	焊接速度（mm/min）
Q235A+35CrMnSi	30+30	角接*	4～5	4	200～220	26～32	48～80

*注：焊脚尺寸为8 mm。

三、焊接操作要点

操作技术是决定焊接质量的主要因素，焊接时应遵守下列操作规程：

1. 正确引弧

焊条引弧点选在离异质焊缝起点10 mm的待焊部位，电弧引燃后移到异质焊缝起点处，然后沿焊接方向进行正常焊接。

2. 适当运条

两种母材金属较厚，焊接过程中焊条要作必要的运动，由于焊角接接头，因此焊条采用月牙形摆动方式，以便满足焊缝宽度和焊脚尺寸的要求。

3. 适时收弧

为防止弧坑裂纹出现，采取划圈收弧法。当电弧移至焊缝末端时，焊条端部作圆圈运动，并稍向35CrMnSi钢侧倾斜，直至填满弧坑后再拉断电弧。

4. 焊后热处理

为防止产生淬硬和裂纹，焊后必须将焊接产品放入保温材料中缓冷，以免产生马氏体淬硬组织。

采用上述焊接工艺焊接Q235A钢与35CrMnSi钢，焊接接头不应出现焊接缺陷。

任务评价

低碳钢与低合金钢的焊接评分标准见表8—2—3。

表8—2—3 低碳钢与低合金钢的焊接评分标准

序号	考核内容	评分标准	配分	得分
1	焊前的准备工作	坡口制备5分，坡口清理5分，定位焊5分	15	
2	焊接方法的选择	选择合适的焊接方法10分	10	
3	焊接材料的选择	合理选用焊接材料15分	15	
4	焊接操作	焊接参数选择合理10分，焊缝无缺陷30分；焊缝不合格之处，酌情扣分	40	
5	焊前预热及焊后热处理	焊前进行300～350℃的预热，10分；焊后必须缓冷，以免产生淬硬组织，10分	20	
总分合计			100	

思考与练习

1. 试述低碳钢和低合金钢焊接时的焊接性。
2. 试述低碳钢与低合金钢焊接时焊接材料的选择原则。
3. 试述低碳钢与低合金钢焊接时的焊接工艺。

模块九 新材料的焊接

新材料是指除了普通钢铁材料外的那些新开发或正在开发的、具有优异性能和特殊性能的材料，如高分子材料、复合材料和新型陶瓷材料，还有超高强度钢、超低温钢、超耐蚀合金、镍及镍合金等。这些新材料是发展高新技术的重要物质基础，它们的出现和应用极大地推动了科学技术向更高的水平发展。同时，对于提高军事实力、发展经济和增强市场竞争力起着积极推动作用。新型材料的焊接对焊接技术提出了更高的要求，与此同时也要求焊接工作者能够掌握焊接各种特殊材料的工艺方法。由于特种材料的种类繁多，本章着重介绍镍及镍合金的焊接、陶瓷与金属的焊接。

任务1 镍及镍合金的焊接

技能点

◎ 能够根据镍及镍合金的焊接性，正确选择焊接材料并制定合理的焊接工艺。

知识点

◎ 镍及镍合金的焊接性、焊接工艺要点。

任务提出

镍及镍合金是化学、石油、有色金属冶炼、航空航天工业、核能工业等领域中耐高温和高压，在高浓度或混有不纯物等各种苛刻腐蚀环境中比较理想的金属结构材料。在镍中加入Cr、Mo、Cu、W 等耐蚀元素，可获得耐蚀性优异的镍基耐蚀合金，且具有良好的耐热性和高电阻性。常见的有 Ni（其他元素含量低）、Ni - Cu、Ni - Mo、Ni - Cr - Fe、Ni - Cr - Mo、Ni - Cr - Mo - Cu 与 Ni - Fe - Cr 等合金系列。

以 3 000 t 工程裂解设备中裂解筒的焊接为例。以厚度 4 mm 的 GH3030 镍基高温合金作为筒体材料。筒体直径≤225 mm，工作温度 700 ~ 800℃，介质为具有一定腐蚀性的燃气。请根据镍及镍合金的焊接性制定该裂解筒的焊接工艺措施。母材与焊丝的化学成分见表 9—1—1。

表 9—1—1　GH3030 镍合金与 HGH3030 焊丝的化学成分（质量分数，%）

材料	C	Cr	Ni	Al	Ti	Fe	Mn	Si	P	S
GH3030	≤0. 12	19. 0 ~ 22. 0	余	≤0. 15	0. 15 ~ 0. 35	≤0. 15	≤0. 7	≤0. 8	≤0. 03	≤0. 02
HGH3030 焊丝	≤0. 12	19. 0 ~ 22. 0	余	≤0. 10	0. 15 ~ 0. 35	≤0. 15	≤0. 7	≤0. 8	≤0. 015	≤0. 01

任务分析

纯镍强度较低，焊接性良好，焊接时的主要问题是易被硫和铅脆化、沿晶界开裂、磷和过高含量的硅也会引起裂纹。镍及镍合金焊接时，由于 S、Si 等杂质在熔池形成 Ni – NiS 等低熔点共晶体及脆性硅酸盐薄膜，促使焊缝产生热裂纹，耐热合金易产生热影响区显微裂纹。镍及镍合金流动性差，熔深小，不宜采用大电流焊接。因此，选用热输入量较小的 TIG 焊对其进行焊接最为理想。

相关知识

一、镍及镍合金的类型和性能特点

镍的原子量、密度、磁性、线膨胀系数、常温下的力学性能都与铁相似。但镍和铁的晶格结构不同（镍为面心立方晶格），且在熔化前晶格结构不发生变化，也没有相变。

镍对很多合金元素都有较高的溶解度，派生出许多合金，这些合金除具有耐高温或耐高温介质腐蚀等特殊性能外，还具有高的电阻性以及良好的塑性和加工性能等。

工业生产中常用的镍及镍合金的种类较多，通常是按合金元素、强化方式、成形方法和用途进行分类。

1. 按合金元素分类

镍及镍合金根据合金元素含量不同，可分为工业纯镍和镍合金。镍合金是在纯镍中加入 Cu、Cr、Mo、Fe、Nb、W 等合金元素形成的，如 Ni – Cu 和 Ni – Cr – Mo – Cu 等。

（1）工业纯镍。纯镍是银白色的，它的熔点较高（1 445℃），在抛光后能很长时间保持光泽。镍的强度适中，塑性、韧性、抗氧化性及热强性均较好，还具有耐大气、碱、淡水等介质的锈蚀能力。在工业生产中，纯镍多数是以压延制成板材用于产品结构。含镍量数占 99% 以上，含碳量不超过 0. 3%。

（2）Ni – Cu 合金。也称为蒙乃尔合金（Monel），兼备 Cu 和 Ni 的耐蚀性，在还原介质中比 Ni 的耐蚀性强。Ni – Cu 合金对中性水溶液、苛性碱溶液、稀硫酸和磷酸等具有良好的耐蚀性能，但在卤化物和浓硝酸溶液中耐蚀性较差。

（3）Ni－Cr 和 Ni－Cr－Fe 合金。也称为因康乃尔合金（Inconel），含镍量在 70% 以上。这种合金具有抗高温氧化和耐氯离子介质的应力腐蚀性能。固溶状态的 Inconel 合金在不含氯离子和氧的高纯度水中具有晶间应力腐蚀开裂倾向。

（4）Ni－Cr－Mo 和 Ni－Cr－Mo－Cu 合金。也称为哈斯特洛依合金（Hastelloy）。Ni－Cr－Mo 合金由于加入较多的 Cr 和 Mo，具有较强的耐蚀性，如耐各种氧化性氯化物、氯化盐溶液、硫酸与氧化性盐的混合物和亚硫酸的腐蚀。若经过 600～1 150℃敏化处理或焊接时，在盐酸、铬酸、碳酸等介质中容易产生晶间腐蚀。加入 Cu 元素的 Ni－Cr－Mo－Cu 合金，多用于需耐硫酸和耐磷酸腐蚀的环境中。

2. 按合金强化方式分类

镍合金根据强化方式，主要有固溶强化镍合金和沉淀强化镍合金。

（1）固溶强化镍合金。通常加入 Cr、Mo、W、Co、Al、Fe 等元素进行固溶强化。由于 Cr 在 Ni 中有较大的溶解度，所以合金的抗氧化性主要是通过 Cr 元素实现的。Cr 主要与 Ni 形成固溶体，少量 Cr 与 C 形成 $Cr_{23}C_6$ 型碳化物，可提高合金的高温持久性能。W 和 Mo 也是固溶强化元素，加入 W 和 Mo 可以提高原子结合力，产生晶格畸变，提高扩散激活能，使扩散过程缓慢，合金的再结晶温度升高，提高合金的高温性能。

（2）沉淀强化镍合金。是在加入合金元素之后，采用固溶处理，再加上时效处理，达到提高强度的目的。几乎所有时效强化的镍合金中都含有 Al 和 Ti。

对于合金的强化方式，有时不能绝对划分，因为有的合金是以固溶强化和沉淀强化相结合进行的，或是以更为复杂的强化方式实现对合金的强化处理。

3. 按成形方法分类

按合金加工成形方法，可分为变形镍合金和铸造镍合金。

（1）变形镍合金。主要是以压力加工成形的镍合金，具有较高的热稳定性和热强性。固溶处理后的变形镍合金具有良好的塑性，可承受高温动载荷，还可进行冲压加工。

（2）铸造镍合金。采用铸造方法制成一定形状和尺寸的镍合金件，这种合金具有良好的热强性和焊接性。但由于铸造合金的组织粗大，加上易出现缺陷，因此，与变形镍合金相比应用较少。

4. 按用途分类

（1）镍基高温合金。是指含镍量大于 50% 的 Ni－Cr 合金，并添加 W、Mo、Al、Ti、Nb、Co 及微量 B、Zr 等合金元素，对 Ni－Cr 固溶体进行不同方式的强化获得的。镍基高温合金在 600℃以上的高温下具有较高的力学性能和耐蚀性。

（2）镍基耐蚀合金。是指在纯镍中添加 Cu、Cr、Fe、Mo 等元素，在大气、海水、酸液等介质中具有良好耐蚀性的合金。

二、镍及镍合金的焊接性

镍及镍合金的焊接性基本良好，相当于铬镍奥氏体不锈钢。但如果焊接工艺及焊接材料选择不当，会出现以下问题：

1. 焊接接头晶粒粗大

镍及镍合金均为单相合金，有晶粒长大倾向。又由于镍及镍合金的导热性较差，电阻率也大，焊接中焊件热量难以散出，所以，容易造成焊缝和热影响区组织过热，晶粒粗大，晶间夹层增厚，减弱了晶间结合力，使焊接接头的抗腐蚀性能和力学性能降低，延长焊缝金属从液态到固态的时间，进而增大了热裂倾向。因此，应采取正确的焊接工艺措施，如控制热输入量，防止过热，尽量采用小电流、快焊速；控制层间温度，焊条尽量不作横向摆动，焊后可采取水或风强制冷却措施。

2. 易产生热裂纹

镍及镍合金焊接时产生的热裂纹有三种形式：焊缝的宏观裂纹、微观裂纹和两者并存。分析产生热裂纹的原因有两个方面：一方面由于焊缝金属中含有超出允许含量的氧、硫、铅、磷、铋等杂质，这些杂质和元素会引起偏析，尤其是硫和镍容易形成低熔点共晶体聚集在晶界上，当焊缝中含有过多的氧时，氧便与镍发生反应形成氧化镍（NiO），使晶间液态膜加厚，在焊接应力作用下，导致裂纹产生，可以说，晶间薄膜是造成镍基合金单相奥氏体焊缝凝固裂纹最主要的冶金因素；另一方面是选择过大的焊接电流、过慢的焊接速度，都会使焊缝组织过热，促使热裂纹形成。因此，在采用焊条电弧焊时，必须严格控制原材料的硫、磷、铋、硼等有害杂质，并向焊缝中过渡锰、镁、铝、钛等有益的合金元素。同时，尽可能采用与母材成分相同的焊条，若要求抗裂性好，应选用含铝、钨的镍铬钼焊条。一般选用碱性焊条，短弧焊，收尾时应注意填满弧坑或在引出板上熄弧。

3. 易产生气孔

镍及镍合金焊接时，气孔是一个较难解决的问题，特别是焊接纯镍和镍铜合金时更加严重。焊接中气孔形式主要有 H_2O（水蒸气）气孔、H_2气孔和 CO 气孔，其中，以 H_2O 气孔最为常见。高温时，液态镍能溶解大量氧（1 720℃时，氧在镍中的溶解度为 1.18%），凝固时氧的溶解度大幅度下降，过剩的氧便与镍反应生成氧化亚镍，而氧化亚镍又能与氢化合，将镍还原，氢和氧则结合成水。其反应式如下：

$$NiO + H_2 \rightarrow Ni + H_2O$$

水蒸气（H_2O）在熔池凝固前来不及逸出，便形成了气孔。

另外，镍基耐蚀合金的固液相温度间距小，流动性较小，所以，在焊接快速冷却凝固结晶条件下，也非常容易产生气孔。因此镍及镍合金焊接前，必须严格清理焊件。如对焊件焊接区的氧化膜、油污、氧化皮及水分采用化学清理方法来清除。具体做法是用酸或碱溶液清洗焊接区，然后用热水冲洗，再将焊件烘干。由于液态镍的流动性差，熔深也浅，所以坡口角度应开大一些。

4. 焊接区的腐蚀倾向增大

有些镍基耐蚀合金具有敏化温度区，如敏化状态晶界发生的铬、钼等碳化物沉淀，会引起晶界区出现贫铬和贫钼现象，致使材料的某种介质中晶间腐蚀及应力腐蚀的倾向增大。解决这一问题的最好办法是采用含碳量较低、添加钒或铌元素的焊接材料，焊后应急冷，以免焊接区在高温停留时间过长。

三、镍及镍合金的焊接方法及工艺要点

镍及镍合金常用的焊接方法有焊条电弧焊、埋弧焊、钨极氩弧焊、熔化极气体保护焊、等离子弧焊及钎焊等。

1. 焊条电弧焊工艺

（1）焊条的选择。焊接纯镍时，应选用 Ni112 焊条；焊接镍铬合金时，应选用 Ni307 焊条；焊接材质为 Cr20Ni80 或 Cr15Ni60 的镍合金时，可选用 Ni307 焊条，也可选用 A407 和 A607 焊条。大多数情况下，焊条的熔敷金属化学成分与母材类似。常用的镍及镍合金焊条成分见表 9—1—2。

表 9—1—2　　常用的镍及镍合金焊条的成分

焊条牌号	焊条型号	药皮类型	主要成分（质量分数,%）			
			C	Mn	Cr	Ni
Ni112	ENi - 0	钛钙型	约 0.04	约 1.5	—	≥92.0
Ni307	ENiCrMo - 0	低氢型	0.05 ~ 0.08	—	14 ~ 17	约 70
Ni347	ENiCrFe - 0	低氢型	约 0.04	约 4.65	约 18.55	余量

（2）工艺措施。为了获得优质的焊接接头，在焊接镍及镍合金时，焊前必须对焊件及焊丝进行清理，去除其表面的氧化膜、油污、油脂、涂层等。这是成功焊接镍及镍合金的一个严格要求。焊件清理通常采用机械加工和化学清理两种方法，正常情况下只要采用机械加工即可。但是若焊件在高温加热后长时间存放，对其焊件和焊丝表面的氧化膜必须选择化学清理方法。

纯镍的化学清理见表 9—1—3。

表 9—1—3　　纯镍的化学清理

酸洗			冲洗	碱洗（中和）			冲洗	干燥
溶液（%）	温度（℃）	时间（min）		溶液（%）	温度（℃）	时间（min）		
$H_2O:H_2SO_4:HNO_3=1:1.25:1.25$	20 ~ 40	5 ~ 20	清水	$Ca(OH)_2$ 5 ~ 8	40 ~ 50	1 ~ 3	清水	风干

（3）焊接工艺。镍及镍合金的焊接工艺与不锈钢焊接工艺基本相似。由于镍及镍合金的熔深更浅，液态焊缝金属流动性差，所以，在焊接过程中必须严格控制焊接参数的变化。焊接电源为直流反接、小电流，焊接电流过大会引起电弧不稳定、飞溅过大、焊条过热及药皮脱落，并增大热裂倾向。

焊接尽量采用平焊位置，焊接过程应始终保持短弧焊接。如果焊接位置必须是立焊和仰焊时，应选用小电流和小直径焊条，电弧应更短些，以便于更好地控制熔化金属。

为了防止焊缝产生未熔合、气孔等缺陷，焊接过程中要适当地摆动焊条，摆动的大小取决于接头的形式、焊接位置及焊条类型。摆动宽度不能超过焊条直径的 3 倍。焊条每次摆动到焊缝两侧时要稍作停顿，以便使液态金属得以充分熔合，避免咬边缺陷。焊接速度尽可能快些，尤其是断弧时通过提高焊接速度的方式来减小熔池尺寸，以减小火口裂纹。焊缝接头再引弧时，采用反向引弧技术，可使接头处焊缝平滑，同时也能抑制气孔的发生。不能采用宽焊道焊接，因为宽焊道可能造成夹渣、熔池过大、焊道表面凹凸不平，还可能破坏电弧周围的气体保护气氛，造成焊缝金属的污染。所以，焊接时应窄焊道焊接。

多层焊时，应严格控制表层温度，一般应控制在100℃以下。收弧时，要填满弧坑，必要时应加引弧板和收弧板。焊接电流的选择见表9—1—4。

表9—1—4　　镍及镍合金焊条电弧焊焊接电流的选择

焊条直径（mm）	2.5	3.2	4.0	5.0
焊接电流（A）	50～70	80～120	130～140	150～170

2. 钨极气体保护电弧焊

这种方法经常用来焊接镍基耐蚀合金，特别适用于薄板、小截面、接头不能进行背面封底焊及焊后不允许有残存熔渣的结构件。钨极气体保护电弧焊是焊接沉淀硬化镍基合金的最常用方法。

（1）保护气体的选用。可采用单一气体，也可采用混合气体。焊接镍及镍合金推荐使用氩气与氦气，或二者混合气体作为保护气体。单道焊时选择氩气+氦气（约为5%），在纯镍焊接时可以避免气孔，同时还会增加电弧的热量，易获得表面均匀的焊缝。

焊接较薄的镍合金不加焊丝时，最好用氦气作为保护气体，因为氦气与氩气相比较，具有许多优点，如氦气热导率大，热输入量也大；可以消除或减少焊缝中的气孔；焊接速度比用氩气提高40%。但需要说明的是，当焊接电流小于60 A时，氦弧燃烧不稳定。因此小电流焊接薄板时，还是采用氮气保护或另附高频电源。

（2）钨极。焊接时为保证电弧稳定和熔深足够，钨极应磨削成尖状，其尖角直径为0.4 mm，夹角为30°～60°。在焊接参数确定后，钨极形状直接影响焊缝的熔深和熔宽。钨极一旦接触熔池，其尖端就会污染，这时必须将污染部分打磨掉。

（3）焊丝。选用焊丝时其成分大多数与母材相匹配。焊接中，由于熔池会出现合金元素烧损、气孔和热裂纹，将损失部分合金元素，所以，在焊丝中常加入Ti、Mn和Nb等合金元素以补偿其损失，降低气孔和热裂倾向。

（4）焊接工艺。钨极气体保护电弧焊根据操作方式可分为手工焊和自动焊两种。无论采用手工焊还是自动焊，焊接电源均采用直流正接。焊机通常装有高频电流引弧和电流衰减装置，以便断弧时逐渐减小火口尺寸。

焊丝直径和焊接速度的选择主要取决于焊件的厚度。焊接速度应适宜，过大或过小都无法保证焊缝的熔深、熔宽和致密性，还容易增加气孔倾向。焊接过程中，焊丝加热应始终处于保护气体的气氛中，不能随意搅动熔池，焊丝应在熔池的前端进入，避免碰撞钨极和造成焊缝金属污染。焊接时，在保证钨极不接触熔池的前提下，可采用短弧焊接。

另外，要求单面焊完全焊透时，需要用带凹形槽的铜衬垫，并通以保护气体。还可以在焊嘴后侧加上一个辅助输送保护气的拖罩，以提高对焊接区的保护效果。

3. 熔化极气体保护焊

（1）熔滴过渡。熔化极气体保护焊主要用来焊接固溶强化镍基耐蚀合金，熔滴过渡形式可以根据具体情况合理地选用喷射过渡、粗滴过渡、短路过渡和脉冲喷射过渡四种。但焊接时主要过渡形式是喷射过渡，因为喷射过渡可以使用较大的焊接电流和较粗的焊丝，可大大提高焊接生产率。其次选择短路过渡和脉冲喷射过渡形式，可以使用较小的焊接电流，非常适合全位置焊接。实际生产中很少采用粗滴过渡，主要是因为粗滴过渡焊接过程中熔深不稳定，焊缝成形不美观，易产生焊接缺陷。

（2）保护气体。熔化极气体保护电弧焊主要采用氩气或氩气＋氦气的混合气体作为保护气体。保护效果取决于金属熔滴过渡的形式。当采用喷射过渡时，使用纯氩气保护效果很好。当采用短路过渡时，在氩气中添加少量的氦气就可以获得更佳的效果。因为在氩气中加入氦气后，熔池的润湿性良好、焊缝平整，还可减少未完全熔化缺陷。对于短路过渡，焊接使用的气体流量为12～21 L/min。当增加氦气含量时，气体流量也必须随之增加，才能提供更好的焊接保护气氛。

（3）气体喷嘴尺寸。气体喷嘴尺寸主要取决于送丝速度和焊接电流。当喷嘴直径为9.6 mm时，能通过体积比为50∶50的氩气和氦气的混合气体，其流量为1.1 m^3/h，送丝速度可达6.3 m/min，焊接电流最大为120 A，这时可获得优质焊缝。当喷嘴直径为16 mm时，送丝速度可提高到10 m/min以上，焊接电流可增大到160～180 A，焊缝不会出现氧化现象。

（4）焊丝选择。熔化极气体保护电弧焊所用焊丝必须与母材牌号相匹配。焊丝直径是由熔滴过渡形式和母材厚度所决定的，对于喷射过渡，应选择直径为0.8 mm、1.2 mm、1.6 mm的焊丝，而短路过渡一般选择直径为1.2 mm或更细的焊丝。

（5）焊接工艺。镍基耐蚀合金的熔化极气体保护电弧焊喷射过渡（S）、脉冲喷射过渡（SC）、短路过渡（PS）等焊接均推荐采用直流恒压电源，其典型焊接参数见表9—1—5。

表9—1—5　　　镍基耐蚀合金熔化极气体保护电弧焊的典型焊接参数

母材（合金牌号）	焊丝牌号	过渡类型	焊丝直径（mm）	送丝速度（mm/s）	保护气体	焊接位置	电弧电压（V）		焊接电流（A）
							平均值	峰值	
200	ERNi－1	S	1.6	87	Ar	平	29～31	—	375
400	ERNiCu－7	S	1.6	85	Ar	平	28～31	—	290
600	ERNiCr－3	S	1.6	85	Ar	平	28～30	—	265
200	ERNi－1	PS	1.1	68	Ar或Ar＋He	垂直	21～22	46	150
400	ERNiCu－7	PS	1.1	59	Ar或Ar＋He	垂直	21～22	40	110
600	ERNiCr－3	PS	1.1	59	Ar或Ar＋He	垂直	20～22	44	90～120
200	ERNi－1	SC	0.9	152	Ar＋He	垂直	20～21	—	160
400	ERNiCu－7	SC	0.9	116～123	Ar＋He	垂直	16～18	—	130～135
600	ERNiCr－3	SC	0.9	114～123	Ar＋He	垂直	16～18	—	120～130
B—2	ERNiMo－7	SC	1.6	78	Ar＋He	平	25	—	175
G	ERNiCrMo－1	SC	1.6	—	Ar＋He	平	25	—	160
C—4	ERNiCrMo－7	SC	1.6	—	Ar＋He	平	25	—	180

（6）焊炬角度。一般情况下，焊炬最好是垂直于焊缝，并沿焊缝中心移动而进行焊接，焊炬也可以稍后倾，以便于观察金属熔化状况。但是，焊炬的后倾角度不宜过大，否则空气

混入电弧保护区，会导致焊缝产生气孔或发生严重的氧化现象。

（7）焊炬运动方式。在采用脉冲电弧焊时，焊炬的操作方式与焊条电弧焊时使用的焊条相同。在摆动到极限位置时，稍停顿一下以避免咬边。

（8）弧长。焊接时，要严格控制弧长。如果弧长过短会产生大量的金属飞溅，弧长太长又不易控制，会使电弧热量散失而使熔深变浅，或者未焊透。

任务实施

一、焊前准备

1. 焊接材料的选用

选用同质焊丝 HGH3030，直径为 2 mm，其化学成分见表 9—1—1。

2. 坡口制备

接头处采用大坡口角、小钝边坡口，以克服母材液态流动性差、易产生气孔及未熔合缺陷的问题，如图 9—1—1 所示。

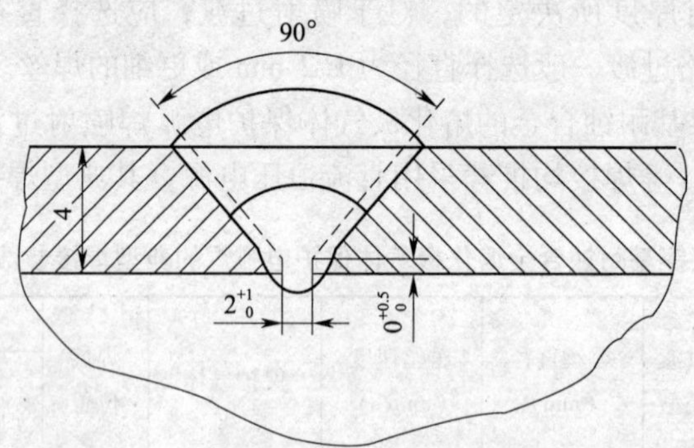

图 9—1—1 GH3030 镍合金板纵环缝坡口示意图

3. 焊前清理

焊前应严格清理待焊部位，并对设备（如卷板机、焊机等）作必要的清理，以克服母材对 S、P、Pb、Bi、Sn、Zn、Ca 等杂质的敏感性。

二、焊接参数

焊接时，对焊缝的背面进行充氩保护，焊接过程中不允许用焊丝搅拌熔池；尽量采用小热量输入、小截面焊道；焊接操作要采用快速、短弧、不摆动的焊接方式；为了防止接头过热，层间温度应控制在小于 100℃ 的范围内。焊接参数见表 9—1—6。

表 9—1—6　GH3030 镍基高温合金筒体 TIG 焊的焊接参数

焊接层次	焊丝直径（mm）	极性	焊接电流（A）	焊接电压（V）	气体流量（L/min）	
					正面	反面
打底层	5	直流正接	75 ~ 80	10 ~ 12	8 ~ 10	4 ~ 5
盖面层	2	直流反接	95 ~ 100	10 ~ 12	8 ~ 10	4 ~ 5

三、焊后检验

1. 焊缝外观检查

目视检查焊缝形状尺寸及焊缝表面裂纹、气孔、夹渣及咬边等缺陷，如发现焊接缺陷要及时进行返修。

2. 焊缝内部检验

用X射线检查焊缝内部有无裂纹、夹渣等缺陷。

任务评价

镍及镍合金的焊接评分标准见表9—1—7。

表9—1—7　　镍及镍合金的焊接评分标准

序号	考核内容	评分标准	配分	得分
1	焊前的准备工作	坡口制备7分，坡口清理8分	15	
2	焊接方法的选择	选择合适的焊接方法10分	10	
3	焊接材料的选择	合理选用焊接材料15分	15	
4	焊接操作	焊接参数选择合理10分，焊缝无缺陷30分；焊缝不合格之处，酌情扣分	40	
5	焊前预热及焊后热处理	无须焊前预热和焊后热处理	20	
		总分合计	100	

思考与练习

1. 简述镍及镍合金的类型和性能特点。
2. 试述镍及镍合金的焊接性。
3. 试述镍及镍合金的焊接工艺。

任务2　陶瓷的焊接

技能点

◎ 能够根据陶瓷的焊接性，正确选择焊接材料并制定合理的焊接工艺。

知识点

◎ 陶瓷的焊接性，陶瓷的连接方法和工艺要点。

任务提出

陶瓷具有耐高温、高强度、耐磨损、抗腐蚀等许多独特的性能。这类材料可广泛用于机械、电子、宇航、医学、能源等各领域，成为现代高科技材料的重要组成部分，同时陶瓷材料的焊接也日益受到人们的高度重视。在工业生产中应用比较多的是陶瓷与金属的焊接结构件，尤其在核工业和电真空器件生产中陶瓷与金属的焊接占据着非常重要的地位。

电子加速器中使用的加速管由陶瓷和金属两种材料组成，其结构和外形如图 9—2—1 所示。陶瓷型号为 95 等静压陶瓷（主要成分是 Al_2O_3），内径和外径分别为 164 mm 和 180 mm，高度为 20 mm；金属电极片采用工业纯钛 TA1，厚度为 0.7 mm。加速管的工作环境较为恶劣，内部是高真空，外部有 0.7 MPa 左右的气压，电极片加 0 ~ 1.5 MV 的高电压。请根据陶瓷的焊接性制定此加速管的焊接工艺方案。

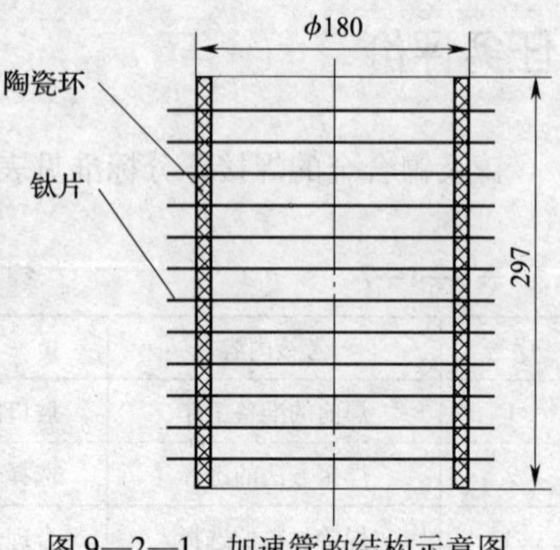

图 9—2—1　加速管的结构示意图

任务分析

由于陶瓷与金属在晶体结构、力学性能、热物理性能以及化学性能等方面存在着明显的差别，因此要实现陶瓷与金属界面的冶金结合是非常困难的。用常规的焊接材料和工艺几乎无法获得可靠连接，尤其是熔焊。固相扩散焊可避免被焊接材料的熔化，但其接头形式的局限性较大，而且工艺复杂，生产率较低。这种规格的加速管由于直径大、焊接面积大，有一定的焊接难度，可通过扩散焊方法对其进行焊接。

相关知识

一、陶瓷材料概述

陶瓷是指以各种金属的氧化物、氮化物、碳化物、硅化物为原料，经适当配料、成形和高温烧结等工序人工合成的无机非金属材料。与金属材料相比，陶瓷具有许多独特的性能。这类材料一般是由共价键、离子键或混合键结合而成，键合力强，具有很高的弹性模量和硬度。陶瓷材料的理论强度高于金属材料，但因其成分、组织不如金属那样单纯，并且陶瓷内部的缺陷多，所以陶瓷的实际强度要比金属低。在室温下陶瓷几乎不具有塑性。

陶瓷按其应用特性可分为功能陶瓷和工程结构陶瓷两大类。功能陶瓷包括电子陶瓷、高温陶瓷、光学陶瓷、高硬陶瓷等。工程结构陶瓷以其具有的耐高温、高强度、超硬度、高绝缘性、高耐磨性、耐腐蚀等性能在冶金、宇航、能源和机械等领域得到广泛应用。陶瓷也可以按其化学组成分为氧化物陶瓷和非氧化物陶瓷两大类。

1. 氧化物陶瓷

氧化物陶瓷不仅包括少量玻璃相或其他晶相的单组分陶瓷（如氧化铝、氧化铍等），也包括许多以天然矿物为原料的多组分陶瓷（如镁橄榄石等）。氧化物陶瓷料源充足，工艺成熟，目前常用的氧化物陶瓷有氧化铝陶瓷、氧化铍陶瓷和部分稳定氧化锆陶瓷等。

（1）氧化铝陶瓷。氧化铝陶瓷主要成分是 Al_2O_3 和 SiO_2。含铝量越高，性能越好，但是含铝量越高工艺越复杂，成本也越高。氧化铝陶瓷的主要性能特点是硬度高（760℃时达 87 HRA，1 200℃仍可保持 82 HRA），有很好的耐磨性、耐腐蚀性、耐高温性能，可以在 1 600℃的高温下长期使用。氧化铝陶瓷还具有良好的电气绝缘性能，在高频下的电绝缘性能尤为突出，每毫米厚度可耐压 8 000 V 以上。氧化铝陶瓷的缺点是韧性差，抗热振性能差，不能承受温度的急剧变化。氧化铝陶瓷主要用于制造刀具、模具、轴承、熔化金属的坩埚、高温热电偶套管，以及化工行业中的一些特殊零部件，如化工用泵的密封滑环、轴套和叶轮等。

（2）部分稳定氧化锆陶瓷（PSZ）。ZrO_2 有三种晶型：四方结构（t 相）、立方结构（c 相）和单斜结构（m 相）。加入适量的稳定剂后，四方结构可以在室温部分以亚稳定状态存在，称为部分稳定氧化铅，简称 PSZ。在应力作用下发生的 t 相向 m 相的马氏体转变称为应力诱发相变，在相变过程中吸收能量，使陶瓷内裂纹尖端的应力场松弛，增加了裂纹的扩展阻力，从而实现氧化锆陶瓷的增韧。部分稳定氧化锆陶瓷的断裂韧性远高于其他结构的陶瓷。目前发展起来的几种氧化锆陶瓷中，常用的稳定剂包括 MgO、CaO、CeO_2 等。

2. 非氧化物陶瓷

非氧化物陶瓷包括氮化硅（Si_3N_4）、碳化硅（SiC）、氮化硼（BN）与氮化钛（TiN）等。由于它们在高温下仍能具有高强度、超硬度、抗热振、抗磨损、耐腐蚀、自润滑等优良性能，近年来已成为机械制造、冶金和宇航等高科技领域中的关键材料。

（1）氮化硅陶瓷。氮化硅是六方晶系的晶体，氮化硅陶瓷的结构稳定，不易与其他物质发生反应，能耐除熔融的 NaOH 和 HF 外的所有无机酸和碱溶液的腐蚀，抗氧化温度可达 1 000℃。氮化硅陶瓷的硬度很高，仅次于金刚石、立方氮化硼和碳化硼等物质。氮化硅陶瓷的摩擦因数仅为 0.1 ~0.2，相当于加油润滑的金属表面的摩擦因数，所以在无润滑条件下工作的氮化硅陶瓷是一种极为优良的耐磨材料。氮化硅陶瓷主要用于热机、耐磨部件以及热交换器等，是制造新型陶瓷发动机的重要材料。用氮化硅陶瓷制造的发动机可以在更高的温度下工作，使发动机的燃料充分燃烧，提高热效率，减少能源消耗与环境污染。

（2）碳化硅陶瓷。碳化硅陶瓷的制造方法有反应烧结、热压烧结和常压烧结三种。碳化硅陶瓷的最大特点是高温强度高，在 1 400℃对抗弯强度仍保持在 500 ~600 MPa 的较高水平。碳化硅陶瓷具有很好的耐磨损、耐腐蚀、抗蠕变性能。由于碳化硅陶瓷具有高温强度高的特点，可以用于制造火箭尾喷管的喷嘴、浇铸金属用的喷嘴、热电偶套管、加热炉管以及燃气轮机的叶片、轴承等零件。

（3）赛隆陶瓷。由 Si_3N_4 和 Al_2O_3 构成的陶瓷称为赛隆陶瓷，这种陶瓷可以采用普通热挤压、模压、浇铸等技术成形，在 1 600℃常压无活性气氛中烧结即可达到热压氮化硅的性能，是目前常压烧结强度最高的陶瓷材料，近年来发展较快。

二、陶瓷焊接的基本要求

陶瓷材料的加工性能差，塑性和冲击韧性低，耐热冲击能力弱以及制造尺寸大而形状复杂的零件较为困难，而且陶瓷通常都是与金属材料一起组成复合结构使用。所以陶瓷与金属材料之间的可靠连接是陶瓷材料发挥作用的关键。焊接连接是陶瓷在生产中应用的一种重要的加工形式。从目前国内外的发展来看，陶瓷材料的焊接连接形式有陶瓷与陶瓷材料的焊接连接、陶瓷与金属材料的焊接连接、陶瓷与非金属材料（如玻璃、石墨等）的焊接连接、陶瓷与半导体材料的焊接连接。

工业中应用比较多的是陶瓷与金属材料的焊接，这种焊接结构无论是在电器制造、电子元器件方面还是在核能工业、航空航天等方面，应用范围逐渐扩大，对陶瓷与金属焊接接头性能的要求也越来越高。对陶瓷与金属焊接接头性能的总体要求如下：

（1）陶瓷与金属的焊接接头必须具有较高的强度，这是焊接结构件的基本性能。

（2）焊接接头必须具有真空的气密性。

（3）接头的残余应力应当最小，焊接接头在使用过程中应具有耐热性、耐蚀性和热稳定性。

（4）焊接工艺应尽可能简化，工艺过程稳定，生产成本低。

三、陶瓷材料的焊接性

1. 陶瓷材料焊接的一般问题

由于陶瓷材料与金属的原子键结构不同，加上陶瓷本身特殊的物理化学性能，因此，无论是与金属连接还是陶瓷本身的连接都存在不少的特点与难点。

（1）陶瓷材料主要有离子键和共价键，表现出非常稳定的电子配位，通过熔焊使金属与陶瓷产生接触通常是不可能的，也很难被熔化的金属所润湿。因此，在进行钎焊时需要对陶瓷进行金属化处理或用活性钎料进行钎焊才能获得可靠的钎焊接头。

（2）陶瓷的热膨胀系数小，与金属的热膨胀系数相差较大，通过加热连接陶瓷与金属（或用金属中间层连接陶瓷）时，接头中会产生残余应力，削弱了接头的力学性能，严重时还会导致连接后接头的破坏开裂。因此，在进行陶瓷与金属的连接或用金属中间层连接陶瓷时，还要考虑接头的热应力问题。

（3）由于陶瓷的热导率低、耐热冲击能力弱，集中加热时尤其是在用高能密度热源进行熔焊时很容易产生裂纹。因此，在焊接时应尽可能地减小焊接部位及其附件的温度梯度，并控制加热冷却速度。

（4）陶瓷的熔点高，硬度与强度高，不容易变形。陶瓷的直接扩散焊比较困难，要求被焊件表面非常平整与清洁，而且直接扩散焊的温度都很高，时间也比较长。如 Si_3N_4 陶瓷直接扩散焊时，要求被焊表面加工到表面粗糙度值低于 0.1 μm，焊接温度高达 1 500 ~ 1 750℃，因此通常都采用间接扩散焊接方法，使用中间层以降低连接温度，而且金属的塑性变形可以降低对陶瓷表面的加工要求。

（5）大多数陶瓷的导电性很差，或者根本就不导电，很难采用电弧焊方法连接。如果必须采用电弧焊方法来连接时，需采取特殊措施方可。

此外，陶瓷不仅熔点高，而且硬度和强度也高，不易变形，在连接时应施加压力，才能提高连接强度。

2. 陶瓷基复合材料的连接问题

陶瓷基复合材料的连接不仅具有连接陶瓷材料的难点，如高熔点及有些陶瓷的高温分解使熔焊困难、多数陶瓷的电绝缘性使之不能采用电弧或电阻焊、陶瓷的固有脆性使之无法承受焊接带来的热应力、陶瓷材料的塑性缺乏使之无法用需要施加大压力的方法进行固相连接、陶瓷的化学惰性使之因不易润湿而造成钎焊困难等；还应注意连接异种材料时的问题，如选择连接方法与材料时要同时考虑对基体材料与加强材料的适应性。另外，在连接陶瓷基复合材料时还应考虑避免加强相与基体之间的不利反应以及不能造成加强相如纤维的氧化与性能的降低等，因此连接时间与温度一般都不能太高或太长，如 1 425℃下用 Si 作连接材料连接 SiCr/SiC 复合材料时，保温时间为 45 min 将使 SiC 性能严重降低，而将保温时间降为 1 min后，基体的性能基本上不受影响。除此之外，由于纤维增强的陶瓷基复合材料的耐压性能较差，因而连接时不能施加较大的压力。

四、陶瓷的连接方法和工艺要点

随着陶瓷材料的发展及其在工业中应用范围的扩大，相继开发出了各种连接方法，包括钎焊法、熔焊法、固相连接法以及超声波压接、摩擦压接、过渡液相连接、微波连接、粘接以及机械连接等方法。这些连接方法中，比较成熟且真正能够应用于生产的是钎焊和扩散焊，其中钎焊具有适应性强、技术简单、连接强度高、再现性好和生产成本相对低等优点，是最具有应用价值和发展前景的一种方法。

1. 钎焊

一般来讲，陶瓷与金属的钎焊是较为困难的，因为陶瓷的化学组成非常稳定，其晶体结构的键型表现为离子键或共价键，一般很难被具有金属键型的金属钎料所润湿。若想实现陶瓷与金属的钎焊，只能通过两种途径：一是采用能够与陶瓷发生界面反应的活性钎料，通过界面反应及其产物来提高润湿性；二是对陶瓷表面进行金属化，通过表面的金属化层来提高普通钎料的润湿性。因此，形成了两种钎焊方法，即活性钎焊法和金属化钎焊法。陶瓷与金属的线膨胀系数和弹性模量差异很大，当对二者进行钎焊时，接头内会产生较大的热应力。同时，陶瓷的塑性和断裂韧度远低于金属，在较大的热应力作用下容易产生裂纹。为解决这个问题，常常选用线膨胀系数介于陶瓷与金属之间、具有良好塑性的中间层来缓解接头内的热应力，提高接头的抗裂性和力学性能。在陶瓷与金属的钎焊中，连接界面及其附近易形成多种类型的化合物，如碳化物、氮化物、硅化物以及三元或多元化合物。由于这些化合物的脆性很大，因而对接头的力学性能会产生明显的影响，特别是它们以层状形式连续分布时，影响更大。因此，如何控制这些化合物的生成和长大，已成为提高接头力学性能的关键。

陶瓷与金属的钎焊可以采用预先对陶瓷进行金属化的钎焊法，也可采用使用活性钎料进行钎焊的活性钎焊法。此外，还可根据陶瓷的组成类型，采用一种以氧化物为主或以氟化物为主的混合物作钎料的钎焊方法，并称为混合物钎焊法。

（1）金属化钎焊法。金属化钎焊法是指经过预先金属化处理的陶瓷，在高纯度的惰性气体、氢气或真空环境中，采用常规钎料进行钎焊的方法。其主要工艺过程包括表面清洗、涂膏、陶瓷表面金属化、镀镍、装配、钎焊及焊后检验等步骤。

1）表面清洗。表面清洗是为了除去母材表面的油污、汗迹和氧化膜等。对于金属零件和钎料，应先用有机溶剂去油，再酸洗或碱洗去氧化膜，最后经流水冲洗并烘干。陶瓷件应采用丙酮加超声清洗，再用流水冲洗，最后用去离子水煮沸两次，每次煮沸 15 min。清洗后的零件不得再与有油污的物体或裸手接触，应立即进入下道工序或放入干燥器内，不能长时间暴露在空气中。

2）涂膏。涂膏是陶瓷金属化的一个重要工序，主要是将制备好的膏剂涂于需要金属化的陶瓷表面上，涂层厚度一般为 30 ~ 60 μm。膏剂一般由粒度为 1 ~ 5 μm 的纯金属粉末、适量的金属氧化物和有机胶粘剂调制而成。

3）陶瓷表面金属化。陶瓷表面金属化实质是一种烧结过程，是将涂好膏剂的陶瓷件送入氢气炉中，用湿氢或裂化氨在 1 300 ~ 1 500℃下烧结 30 ~ 60 min，使膏剂中的金属与陶瓷表面发生作用，在陶瓷表面上获得金属化层。

4）镀镍。镀镍是为了进一步提高金属化层的润湿性。对于 Mo - Mn 金属化层，为了使其被钎料润湿，必须在其表面上电镀 4 ~ 5 μm 厚的镍层或涂一层镍粉。如果钎焊温度低于 1 000℃，则镍层还需在氢气炉中进行预烧结，烧结温度为 1 000℃，烧结时间为 15 ~ 20 min。

5）装配。对于处理好的陶瓷和金属件，采用不锈钢或石墨、陶瓷模具装配成组件，并在连接处装上钎料，送入炉中准备钎焊。在整个操作过程中，要保持工件清洁，不得用裸手触摸。

6）钎焊。组装后的陶瓷 - 金属件，可在氩气、氢气或真空炉中进行钎焊，钎焊温度视钎料而定。为防止陶瓷件开裂，降温速度不宜过快。此外，钎焊中还可以施加一定的压力（0.49 ~ 0.98 MPa）。

7）焊后检验。钎焊后的工件除进行表面质量检验外，还应进行热冲击及力学性能检验。对于真空器件，还应按有关规定进行检漏试验。

（2）活性钎焊法。活性钎焊法是在真空或高纯惰性气氛下，利用活性钎料对金属与陶瓷直接进行钎焊的方法。由于工艺过程简单，接头质量稳定，这种方法现已得到普遍接受和应用。

进行直接钎焊前，先对陶瓷件和金属件进行表面清洗，然后进行装配。为避免组件钎焊后因组成部分线膨胀系数不同而产生裂纹，可在组件之间放置一层或多层金属箔片作为应力缓冲层。放置钎料时，应尽可能将钎料夹在两个被焊组件之间，或放在填充间隙的部位，然后开始进行真空钎焊。

使用 Ag - Cu - Ti 钎料进行直接钎焊时，应采用真空钎焊方法。当炉内的真空度达到 2.7×10^{-3} Pa 时开始加热，此时可快速升温；当温度接近钎料熔点时应缓慢升温，以使组件各部分的温度趋于一致；待钎料熔化时，快速升温到钎焊温度，保温 3 ~ 5 min。冷却过程中，应在 700℃之下缓慢降温，而在 700℃之上可随炉自然冷却。

采用 Ti - Cu 活性钎料直接钎焊时，钎料可以是铜箔加钛粉或铜零件上直接加钛箔，也可以在陶瓷表面涂上钛粉再加铜箔。钎焊前，所有的金属零件都要真空除气，无氧铜除气的温度为 750 ~ 800℃，Ti、Nb、Ta 等要求在 900℃下除气 15 min，此时真空度应不低于 6.7×10^{-3} Pa。钎焊时，将待焊组件装配在夹具内，在真空炉中加热到 900 ~ 1 120℃，保温时间为 2 ~ 5 min。在整个钎焊过程中，真空度不得低于 6.7×10^{-3} Pa。

（3）混合物钎焊法。混合物钎焊法是指采用一种以氧化物为主或以氟化物为主的混合物作为钎料的钎焊方法。根据混合物的主要组分不同，混合物钎焊法又可分为氧化物钎焊法和氮化物钎焊法。

1）氧化物钎焊法是利用氧化物钎料熔化后形成的玻璃相，向陶瓷渗透并润湿金属表面而实现连接的方法。氧化物钎料的成分主要是 Al_2O_3、CaO、BaO 和 MgO，加入 B_2O_3、Y_2O_3 及 Ta_2O_3 等可以得到各种熔点和线膨胀系数的钎料。采用氧化物钎料既可以钎焊氧化物陶瓷与金属，也可以钎焊非氧化物陶瓷与金属。

2）氟化物钎焊法是利用以氟化物为主的钎料，对陶瓷与陶瓷、陶瓷与金属进行钎焊的方法，能获得强度高、耐蚀性好的钎焊接头，所用的氟化物主要是 CaF_2 和 NaF。氟化物钎料中还可加入一定量的氧化物。这种钎焊方法主要用于非氧化物陶瓷之间的连接，也可用于非氧化物陶瓷与氧化物陶瓷之间的连接，还可用于陶瓷与金属的连接。

2. 陶瓷的固相扩散连接

固相扩散连接最初用于连接异种材料，目前也是连接陶瓷材料的最常用方法之一，可以直接连接或使用中间层进行连接。

影响扩散连接接头强度的主要因素包括连接温度、连接时间、施加的压力、环境介质、被连接面的表面状态以及被连接材料之间的化学反应和物理性能（如热膨胀系数）的匹配程度。

（1）连接温度的影响。温度是扩散连接最重要的参数，在热激活过程中，温度对过程的动力学影响显著，连接金属与陶瓷时温度一般达到金属熔点的 90% 以上。温度通过影响反应层的形成及其厚度而影响接头的强度，连接温度偏低和偏高均会对接头性能产生不利影响。

（2）扩散焊接时间的影响。扩散焊接时间不仅影响反应层的厚度，还影响反应产物，从而影响接头的性能，在一定的扩散温度下，存在一个合适的保温时间范围，保温时间过长或过短均对接头性能不利。

（3）施加压力的影响。固相扩散焊时施加压力是为了产生塑性变形减小表面不平整程度和破坏表面氧化膜，增加表面接触，为原子或分子的扩散提供条件。但是，为了防止构件发生大的变形，连接时所加的压力一般较小，为 0 ~ 100 MPa。压力较小时，增大压力一般可以使接头强度提高，但与温度和时间的影响一样，压力也存在最佳压力范围以获得最佳强度。另外，压力的影响还与材料的类型、厚度以及表面氧化状态有关。

（4）环境气氛的影响。连接环境的气氛对接头性能也有一定的影响，一般情况下，真空连接的接头强度要高于在氩气和空气中连接的接头强度。

（5）热膨胀系数不匹配的影响。热膨胀系数的不匹配对接头性能的影响也很显著。陶瓷与金属连接时，一般陶瓷的热膨胀系数比较低，因此通常陶瓷中受压、金属中受拉；塑性中间层的使用会使接头中的应力分布复杂化。用 Al 作中间层连接氧化铝陶瓷与金属时，接头强度随金属热膨胀系数的增大而单调降低。在连接 SiC 和 Si_3N_4 等陶瓷时也存在同样的现象。因此，用热膨胀系数较小的金属与陶瓷连接可以获得应力较小的接头。

（6）中间层的影响。固相扩散连接时使用中间层是为了降低连接温度、连接时施加大的压力和减少连接时间，以促进扩散和去除杂质元素，同时也为了降低界面产生的残余应力。一般而言，中间层厚度增大，残余应力降低，中间层金属与陶瓷的热膨胀系数接近时其降低应力的作用明显。但是中间层的影响有时比较复杂，如果界面有反应产生，则中间层的作用会因反应物类型与厚度的不同而有所不同。中间层的选择很关键，选择不当会引起接头性能的恶化，如由于化学反应激烈形成脆性反应产物而使接头强度降低，或由于热膨胀系数的不匹配而增大残余应力，或使接头耐腐蚀性能降低。

中间层可以以不同的形式加入，通常以粉状、箔状形式或通过金属化反应加入。

（7）表面状态的影响。表面粗糙度对接头强度的影响十分显著，表面粗糙会在陶瓷中产生局部应力集中而容易引起脆性破坏。如 Si_3N_4 与 Al 焊接时，表面粗糙度值由 0. 1 μm 变为 0. 3 μm 时，接头强度从 470 MPa 降低到 270 MPa。

（8）焊后退火的影响。Si_3N_4 陶瓷在 1 500℃、加压 21 MPa，保温 60 min、1 MPa 的氮气中进行直接扩散焊时，界面还不能完全消失，经过 1 750℃保温 60 min 的退火处理后可以显著改善界面组织提高接头强度，使接头的室温强度从 380 MPa 提高到 1 000 MPa 左右，达到与陶瓷母材相同的强度。

任务实施

一、焊前准备

对焊件表面进行机械加工处理，陶瓷待焊接面进行磨削加工，使其表面粗糙度值 $Ra \leqslant$ 1. 6 μm，平面度为 0. 002 mm。扩散焊前对陶瓷件和纯钛片进行认真清洗；去除陶瓷件表面的油污及纯钛片表面的氧化层和油污。由于上述物质在焊接时会影响原子扩散，影响焊接效果，所以焊接过程中始终保持焊件的清洁十分必要。对清洗过的纯钛片在烘箱内进行烘干处理，以去除水分；对清洗后的陶瓷环在炉中进行焙烧以去除油污等杂质。

二、焊接参数

1. 真空度

考虑到成本、设备状况等因素，一般控制在 1×10^{-4} Pa 以上为宜，真空度过低会导致金属件被氧化等不良现象的发生。

2. 加热温度

与被焊件的材料有关，加速管是用等静压工艺制成的 95 陶瓷（Al_2O_3）和工业纯钛 TA1 二者焊接而成，同时选择厚度 $\delta = 0.2$ mm 的铝箔作为中间层。铝箔的熔点在 658℃左右，所以确定焊接加热温度为 620 ~ 630℃。

3. 保温时间

与被焊件的尺寸有关，焊接加速管的保温时间为 180 ~ 240 min。

4. 压力

经多次试验证明，压力不应超过 12 MPa（实际焊接时的压力是 11 MPa）。加压过程应分步进行，逐步加压，不宜一次加压到位，在保温之前完成加压即可，防止因温度升高陶瓷环被压裂。

5. 加热速度

加热速度不宜过快，升温太快会导致炉中的真空度迅速降低，另一方面也会导致炉内温度分布不均匀，从而使被焊件受热不均匀，影响焊接效果。所以，加热速度控制在每小时温升不超过100℃为宜。

6. 降温速度

降温速度也不宜过快，如果降温速度太快，由于材料的热胀冷缩效应会导致被焊件发生开裂，所以降温速度应不超过50℃/h。随着温度的降低（一般降到200℃左右），炉中的降温速度会越来越慢，此时不能再进行温度控制，可让炉腔自然冷却，直至室温。

三、焊后检验

焊接好的加速管要进行真空和绝缘性能测试。

1. 真空测试

分两步进行：第一步，先将加速管置于大气中，内部抽真空进行检漏；第二步，将检漏合格的加速管置于压力为1.2 MPa的高纯氮气中，在加速管外部受压的情况下内部抽真空进行检漏。经过真空检漏，加速管泄漏率在1×10^{-9} Pa·m³/s左右，即符合使用要求。

2. 加速管绝缘性能测试

对置于1.2 MPa的高纯氮气中的加速管，在相邻每个电极片上加40 kV的直流电压，无短路现象，即符合使用要求。

任务评价

陶瓷的焊接评分标准见表9—2—1。

表9—2—1　　陶瓷的焊接评分标准

序号	考核内容	评分标准	配分	得分
1	焊前的准备工作	焊件表面加工5分，表面清理5分，焊前烘干处理5分	15	
2	焊接方法的选择	选择合适的焊接方法10分	10	
3	焊接材料的选择	无须选择焊接材料15分	15	
4	焊接参数	真空度、加热温度、保温时间、压力、加热速度和降温速度各占10分	60	
总分合计			100	

思考与练习

1. 陶瓷与金属焊接接头性能的总体要求是什么？
2. 试述陶瓷材料的焊接性。
3. 简述陶瓷的连接方法和工艺要点。